Python 工匠

案例、技巧
與開發實戰

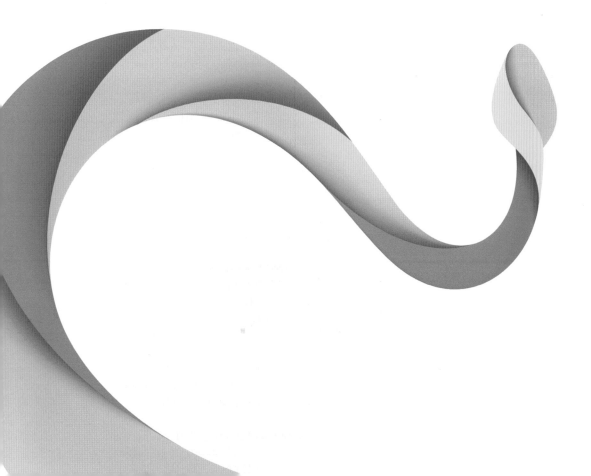

內容摘要

本書基於廣受好評的《Python 工匠》系列開源文章。全書從專案實戰角度出發，透過剖析核心知識、展示經典案例與總結實用技巧，幫助大家能系統性掌握 Python，寫好程式，做好專案實戰。本書共計 13 章，分為五大部分：變數與基礎型態、程式語法、函式與裝飾器、物件導向程式、總結與延伸，涵蓋 Python 進階程式的方方面面。本書的寫作方式別具一格，核心知識部分都會透過三大部分來說明：基礎知識、案例故事、程式設計建議。其中基礎知識幫助大家快速回顧 Python 基礎；案例故事由作者經歷的專案與案例改編而來，兼具實戰性與趣味性；程式設計建議以大家喜聞樂見的條列式知識內容呈現，短小精悍，可直接應用於自己的程式設計實戰中。

本書適合以 Python 為主要開發語言的工程師，工作中需要寫一些 Python 程式的工程師，有其他程式語言經驗、想學習如何寫出優質 Python 程式的工程師，以及任何愛好學習程式語言、喜歡 Python 語言的人士閱讀。

本書讚譽

朱雷是騰訊藍鯨工具 PaaS 平臺負責人，十餘年的 Python 使用經驗和專注的工匠精神使其從眾多研發工程師中脫穎而出。朱雷在工作中善於總結和分享，尤其關注程式碼品質。這本《Python 工匠》就是基於他多年來總結分享工作經驗的技術文章而成，可謂一本的「實戰經驗」彙集。

近年來 Python 流行，各種基礎教程、入門指南氾濫。對於剛入行的 Python 工程師來說，本書是少有的進階提升類原創讀物，致力於幫助大家寫出清晰易懂、層次分明的程式碼，既保障了軟體品質，又能為工程師累積良好的個人口碑。如同寫得一手好文章，寫得一手好程式也會獲得同行的尊重。

—— 黨受輝，騰訊 *IEG* 技術運營部助理總經理

在我 20 年的 Python 學習和使用生涯中，這是我心目中最好的 Python 參考書 —— 書中清晰、仔細地介紹了 Python 程式碼應該遵循的程式設計風格，並解釋了背後的原理和機制。

如今是 Python 急劇發展的時代，越來越多的人開始學習和使用 Python，而大家也遇到了各種問題。這樣一本能有效提升 Python 程式碼品質的好書可謂應運而生。無論是初學者還是有經驗的同行，我都推薦你讀讀這本書。

—— 劉鑫，*Python Tutorial* 譯者、*Python* 中文社區早期會員

這是國內真正關於「最佳實踐」的 Python 書 —— 什麼是 Pythonic？看完這本書就知道了。作者從專案實戰出發，選取了大量實際的案例，幫你補齊學完入門教程之後的部分。強烈推薦。

—— 明希（*@frostming*），*PyPA* 會員、*PDM* 作者

在寫了越來越多的程式之後，回頭看自己剛入行時寫的程式，我會覺得很多地方晦澀難懂甚至十分彆扭，但又說不出具體哪裡有問題。本書就描述了一些 Python 新手（甚至老手）會犯的錯誤，小到變數取名，大到程式結構，由淺入深、面面俱到。這是一本不可多得的實用好書，書中的很多技巧不僅適用於 Python，使用其他程式設計語言的讀者也能受益良多。

—— 賴信濤（@laixintao），*Shopee SRE*

透過對 Python 語言知識的精巧講述，我看到了作者縝密而不失效率的開發理念。作者曾多次提及「程式設計在於表達真實世界中的邏輯」，而這也是我推薦本書的原因：你能從這本「授之以漁」的書中，學到超越 Python 程式本身的思維模式，促使自己完成從「工具人」到「工匠」的躍進。

—— *@fantix*，活躍於 *GINO*、*asyncpg*、*uvloop*、*EdgeDB* 等開源專案

入門 Python 語言相對簡單，但寫出優雅的程式碼並非易事。本書旨在教大家寫出優雅且成熟度高的 Python 程式碼。書中深入講解了 Python 進階知識的方方面面，並配以許多有趣的案例故事，使讀者能更輕鬆地理解箇中原理，並更好地將其運用於日常工作。如果你是一位想寫出「漂亮」程式碼的 Python 開發者，我向你強烈推薦本書。

—— 李衛輝（*@liwh*），自由職業者

如果要用兩個字來形容《Python 工匠》，那就是「實用」。不論你是初學 Python，還是已經有了一定經驗，都可以從本書中獲得一些新知。這不是一本語法書，而是一本關於專案實戰的書。它試圖告訴讀者：如何正確選擇和使用 Python 語言的各種特性，寫出執行速度更快、bug 更少、易測試並且易維護的程式。而本書也不侷限於 Python，其中的很多實戰對其他程式語言同樣適用。

順便給讀者提個建議：書中涵蓋的內容很多，初學者不必強求自己理解每一句話。可以先通讀一遍，大致有個印象，等遇到相應的問題再回頭翻閱書中內容，學習結果更佳。

—— *@laike9m*，「捕蛇者說」主播、*Cyberbrain* 作者、*Google* 工程師

結緣 Python

我初次接觸 Python 是在 2008 年末。那時接近大學畢業，我憑著在學校裡學到的微末 Java 知識四處求職。我從大學所在的城市南昌出發去了北京，借住在一位朋友的租屋處，他當時在巨鯨音樂網上班，用的主要程式設計語言正是 Python。

得知我正在尋找一份 Java 相關的工作，那位朋友跟我說：「寫 Java 程式有什麼用啊？ Python 比 Java 好玩多了，而且功能更強大，連 Google 都在用！」

在他的熱情「傳道」下，我對 Python 語言產生了好奇心，於是找了一份當時最流行的開源教程 *Dive into Python*，開始學起 Python。

老實說，之前在學校用 Java 和 C 語言的程式設計時，我很少體會到寫程式的快樂，也從未期待過自己將來要以寫程式為生。但神奇的是，在學了一些 Python 的基礎知識，並用它寫了幾個小工具後，我突然意識到原來自己很喜歡寫程式，並開始期待找到一份以 Python 為主要程式設計語言的開發工作 —— 也許這就是我和 Python 之間的緣分吧！

幸運的是，在當時的 CPyUG（中國 Python 社群）郵件群組裡，正好有一家南昌的公司在招募全職 Python 工程師。看到這個消息後，我立刻做出了決定：結束短暫的「北漂」生活，回到學校準備該職位的面試。後來，我成功通過了面試，最終在那家公司謀得了一份 Python 開發的實習工作，並從此開啟了後來十餘年的 Python 程式設計生涯。

為什麼寫這本書

回顧自己的工作經歷，我從中發現一件有意思的事：程式設計作為一項技能，或者說一門手藝，為新手帶來的「蜜月期」非常短暫。

一開始，我們對一門程式設計語言只是略懂皮毛，只要能用它實現想要的功能，就會非常開心。

如果再學會語言的一些高級用法，例如 Python 裡的裝飾器，把它應用在了專案程式裡，我們便整天笑得合不攏嘴。

但歡樂的時光總是特別短暫，一些類似的遭遇似乎總會不可避免地降臨到每個人頭上。

在接手了幾個被眾人稱為「坑」的老專案，或是親手寫了一些無人敢接手的程式後；在整日忙著修 bug，每寫一個新功能就引入三個新 bug 後……夜深人靜之時，坐在電腦前埋頭苦幹的我們總有那麼一些瞬間會突然意識到：程式設計最初帶給我們的快樂已悄然遠去，寫程式這件事現在變得有些痛苦。更誇張的是，一想到專案裡的爛程式，每天起床後最想做的一件事就是辭職。

造成上面這種困境的原因是多方面的，而其中最主要、最容易被我們直觀感受到的問題就是：爛的程式碼實在是太多了。後來，在親身經歷了許多個令人不悅的專案之後，我才慢慢看清楚：即便是兩個人實現同一個功能，最終結果看上去也一模一樣，但程式品質卻可能有著雲泥之別。

好的程式碼就像好文章，語言精練、層次分明，讓人讀了還想讀；而爛的程式碼則像糊成一團的義大利麵條，處處充斥著相似的邏輯，模組間的關係錯綜複雜，多看一眼都令人覺得眼睛會受傷。

在知道了「程式碼也分好壞」以後，我開始整天琢磨怎麼才能把程式碼寫得更好。我前前後後讀過一些書 ——《程式大全》《重構》《設計模式》《程式整潔之道》—— 毫無疑問，它們都是領域內首屈一指的經典好書，我從中學到了許多知識，至今受益匪淺。

這些領域內的經典圖書雖好，卻有個問題：它們大多是針對 Java 這類靜態型別語言所寫的，而 Python 這門動態型別的指令碼語言又和 Java 不太一樣。這些書裡的許多理念和例子，如果直接套用在 Python 裡，結果不盡如人意。

於是，話又說回來，要寫出好的 Python 程式碼，究竟得掌握哪些知識呢？在我看來，問題的答案可分為兩大部分。

❑ 第一部分：語言無關的基本知識，例如變數的命名原則、寫註解時的注意事項、寫條件分支語句的技巧，等等。這部分知識放之四海而皆準，可以運用在各種程式設計語言上，不僅在 Python 上。

❑ 第二部分：與 Python 語言高度相關的知識，例如自訂容器型態來改善程式碼、在正確的時機回傳例外狀況、活用生成器改善迴圈、用裝飾器設計純正的 API，等等。

當然，上面這種回答顯然過於簡陋，省略了太多細節。

為了更好地回答「如何寫出好的 Python 程式」這個問題，從 2016 年開始，我用業餘時間寫作了一系列相關的技術文章，命名為「Python 工匠」—— 正是這十幾篇文章構成了本書的骨架。此外，本書注重故事、注重案例的寫作風格也與「Python 工匠」系列一脈相承。

如果你也像我一樣，曾被爛程式碼所困，終日尋求寫好 Python 程式的方法，那麼我鄭重地將本書推薦給你。這是我多年的經驗彙集，相信會給你一些啟發。

目標讀者

本書適合以下類型的人閱讀：

❑ 以 Python 為主要開發語言的工程師
❑ 工作中需要寫一些 Python 程式的工程師
❑ 有其他語言程式設計經驗、想學習如何寫出優質 Python 程式的工程師
❑ 任何愛好程式設計、喜歡 Python 語言的讀者

本書內容以進階知識為主。書裡雖有少量基礎知識講解，但並不全面，描述得也並不詳盡。正因如此，如果你從未有過任何程式設計經驗，我並不建議你透過本書來入門 Python。

在 Python 入門學習方面，我推薦由人民郵電出版社圖靈公司出版的《Python 程式設計：從入門到實踐》。當你對 Python 有了一些瞭解、打好基礎後，再回過頭來閱讀本書，相信彼時你可以獲得更好的閱讀體驗。

程式運作環境

如果沒有特殊說明，書中所有的 Python 程式都是採用 Python3.8 版本編寫的。

結構與特色

❖ 五大部分

全書共計 13 章，按內容特色可歸納為五大部分。

第一部分　變數與基礎型別　由第 1 章、第 2 章和第 3 章組成。在學習一門程式語言的過程中，「如何操作變數」和「如何使用基礎型態」是兩個非常重要的知識點。透過學習這部分內容，你會知道如何善用變數來改善程式碼品質，掌握數值、字串及內建容器型態的使用技巧，避開常見盲點。

第二部分　語法結構　由第 4 章、第 5 章和第 6 章組成。條件分支、例外處理和迴圈語句是 Python 最常見的三種語法結構。它們雖然基礎，但很容易被誤用，從而變成爛程式的幫兇。本部分內容會帶你深入這三種語法結構，教你掌握如何用它們簡潔而精準地表達邏輯，寫出高品質的程式碼。

第三部分　函式與裝飾器　由第 7 章和第 8 章組成。函式是 Python 語言最重要的組成元素之一。正是因為有了函式，我們才獲得了有效率使用程式的能力。而裝飾器則可簡單視為基於函式的一種特殊物件 —— 它始於函式，但又不止於函式。這兩章介紹了許多與函式和裝飾器有關的「精華」，掌握它們，可以讓你在寫程式時事半功倍。

第四部分　物件導向程式設計　由第 9 章、第 10 章和第 11 章組成。眾所皆知，Python 是一門物件導向程式設計語言，因此「物件導向技術」自然是 Python 學習路上的重中之重。第 9 章圍繞 Python 語言的物件導向基礎概念和高級技巧展開。第 10 章和第 11 章則是為大家量身定制的物件導向設計進階知識。

第五部分　總結與延伸　由第 12 章和第 13 章組成。這部分內容可以看作是全書內容的總結和延伸。第 12 章匯總本書出現過的所有與「Python 物件模型」相關的知識點，並闡述它們與編寫優雅程式碼之間的重要關係。而最後的第 13 章則是一些與大型專案開發相關的經驗之談。

❖ 三大區塊

除了第 11 章和第 13 章等少數幾個純案例章節以外，其他章節都包含**基礎知識**、**案例故事**、**程式設計建議**三個常駐區塊。

其中，**基礎知識**部分涵蓋和該章主題有關的基礎知識內容。舉例來說，在第 6 章的**基礎知識**部分，你會學習有關迭代器與可迭代型態的基礎知識。不過，需要提醒各位的是，本書中的基礎知識講解並不追求全面，僅包含筆者基於個人經驗挑選並認為比較關鍵的知識點。

如果說本書的基礎知識部分與其他同類書的內容大同小異，那麼**案例故事**與**程式設計建議**則是將本書與其他 Python 程式設計類圖書區分開來的關鍵。

在每一個**案例故事**部分，你會讀到一個或多個與該章主題相關的故事。例如，第 1 章講述了一位 Python 工程師去某公司參加面試的故事，讀完它，你會體會「變數與註解」究竟是如何影響了故事主人公的面試結果，最終深刻理解兩者是如何塑造我們對程式的第一印象的。

程式設計建議部分主要包含一些與該章節主題相關的建議。例如在第 4 章中，我一共介紹了 7 條與條件分支有關的建議。雖然內容包羅萬象，但書中的所有程式設計建議都是圍繞「如何寫好程式」這件事展開的。例如，我會建議你儘量刪除分支裡重複的程式碼、避開 or 運算子的陷阱，等等。

除了第 10 章與第 11 章同屬一個主題，有先後順序以外，本書的每一章都是獨立的。你可以隨意挑選自己感興趣的章節開始閱讀。

❖ 13 章內容

以下為各章內容要點。

第 1 章　變數與註解　要寫出一份品質良好的程式，運用好變數與註解不是加分項，而是必選項。在本書的開篇章，你將學習包括動態拆解等的一些 Python 變數的常見用法，瞭解編寫程式碼註解的幾項基本原則。而本章的案例故事「奇怪的冒泡排序演算法」，是全書趣味性最強的幾個故事之一，請一定不要錯過。

第 2 章　數值與字串　本章內容圍繞 Python 中最基礎的兩個資料型態展開。在基礎知識部分，我們會學習一些與數值和字串有關的基本操作。在案例故事部分，你會見到一個與程式可讀性有關的案例。在程式設計建議模組，你會學到一些與 Python 位元組相關的語言底層知識。

第 3 章　容器型態　由於 Python 語言的容器型態豐富，因此本章是全書篇幅最長的章節之一。在基礎知識部分，除了介紹每種容器的基本操作，我還會講解包括可變性、可雜湊性、深層複製與淺層複製在內的 Python 語言裡的許多重要概念。在案例故事部分，你會讀到一個與自訂容器型態相關的重構案例。

第 4 章　條件分支流程控制　條件分支是個讓人又愛又恨的東西：少了它，許多邏輯根本無法表達；而一旦被濫用，程式碼就會變得不堪入目。透過本章，你會學到在 Python 中編寫條件分支句的一些常用技巧。在案例故事部分，我會說明有些條件分支語句其實沒必要存在，借助一些工具，我們甚至能讓它們完全消失。

第 5 章　例外與錯誤處理　例外就像數值和字串一樣，是組成 Python 語言的重要物件之一。在本章中，你需要先徹底搞清楚為什麼要在 Python 程式中多使用例外。之後，你會邂逅兩個與例外有關的案例故事，其中一個是我的親身工作經歷。

第 6 章　迴圈與可迭代物件　迴圈也許是所有程式設計語言裡最為重要的控制結構。要寫好 Python 裡的迴圈，不光要掌握迴圈語法本身，還得對迴圈的最佳拍檔 —— 可迭代物件了然於胸。在本章的基礎知識部分，我會詳細介紹可迭代物件的相關知識。

第 7 章　函式　Python 中的函式與其他程式設計語言裡的函式很相似，但又有著些許獨特之處。在本章中，你會學習與函式有關的一些常見技巧，例如：為何不應該用可變型態作為參數預設值、何時該用 None 作為回傳值，等等。案例故事會展示有趣的程式設計挑戰題，透過故事主人公的解題經歷，你會掌握為函式增加狀態的三種方式。在程式設計建議部分，你會讀到一份腳本案例程式碼，它完整詮釋了抽象級別對於函式的重要性。

第 8 章　裝飾器　裝飾器是一個獨特的 Python 語言特性。利用裝飾器，你可以實現許多既優雅又實用的工具。本章的基礎知識部分非常詳細，教你掌握如何建立幾種常用的裝飾器，例如用類別實現的裝飾器、使用可選參數的裝飾器等。在程式設計建議部分，我會展示裝飾器的一些常見使用場景，分析裝飾器的獨特性所在。相信學完本章內容之後，你一定可以變身為裝飾器方面的高手。

第 9 章　物件導向程式設計　Python 是一門物件導向程式設計語言，因此，好的 Python 程式碼離不開設計優良的類別和物件。在這一章中，你會讀到一些與 Python 類別有關的常用知識，例如什麼是類別方法、什麼是靜態方法，以及何時該使用它們等。此外，在本章的基礎知識部分，你還會詳細瞭解鴨子型別的由來，以及抽象類別如何影響了 Python 的型態系統。本章的案例故事是一個與類別繼承有關的長篇故事。它會告訴你為什麼繼承是一把雙刃劍，以及如何才能避開由繼承帶來的問題。

第 10 章和第 11 章　物件導向設計原則　要寫出好的物件導向程式，經典的 SOLID 設計原則是我們學習路上的必經之地。在這兩章裡，我會透過一個大的程式設計實戰專案詮釋 SOLID 原則的含義。透過學習這部分內容，你會掌握如何將 SOLID 原則運用到 Python 程式中。

第 12 章　資料模型與描述符　資料模型是最重要的 Python 進階知識，最重要之一。恰當地運用資料模型是寫出優值 Python 程式的關鍵所在。本章一開始會簡單回顧書中出現過的所有資料模型知識。在基礎知識部分，我會對運算子重新做一些簡單介紹。在案例故事部分，你會讀到一個與資料模型和集合型態有關的有趣故事。

第 13 章　開發大型專案　如何開發好一個大型專案，是個非常龐大的話題。在本章中，我精選了一些與之相關的重要主題，例如，在大型專案中使用哪些工具，能讓專案夥伴間的合作事半功倍，提升每個人的開發效率。在此之後，我會介紹兩個常用的 Python 單元測試工具。本章最後介紹了為大型專案編寫單元測試的 5 條建議。希望這些內容對你有所啟發。

圖示說明

本書使用以下圖示說明。

 這個圖示表示提示或建議。

 這個圖示表示額外的參考資訊。

 這個圖示表示警告或提醒。

取得本書範例程式碼

作為一本程式設計圖書，本書包含許多範例程式。如果你想在自己的電腦上執行這些程式，做一些簡單的修改和測試，可以到本書的圖靈社區主頁[1]下載書中所有範例程式原始檔案。

致謝

感謝 Guido van Rossum 先生發明了 Python 語言，正是 Python 語言的優雅、簡潔以及卓越的程式體驗，點燃了我對程式設計的熱情。

感謝我的好朋友侯成，如果沒有他，我對電腦的興趣可能會止步於電腦遊戲。他帶著我學習了 Q-Basic 和 Dreamweaver 等「史前」工具，讓我第一次領略到了用電腦創造事物的美妙之處。

感謝我的朋友謝易，是他把 Python 程式語言介紹給我。

感謝我大學畢業後的第一位主管 —— 國內第一代 Python 工程師 echo，他教給我許多 Python 程式設計技巧。也是從他身上，我慢慢習得了分辨好程式與壞程式的能力。

在我寫作「Python 工匠」系列的過程中，許多媒體轉發了我的文章，提高了整個系列的影響力。它們是「騰訊技術工程」知乎專欄、董偉明（@dongweiming）的 Python 年度榜單，以及以下微信公眾號：「藍鯨」「Python 貓」「Python 編程時光」「Python 開發者」「騰訊 NEXT 學院」等。由於名單過長，如果你的媒體也曾轉發過「Python 工匠」系列，但沒有出現在上面所列中，還請見諒。

感謝我的前同事與朋友們。當我在朋友圈轉發「Python 工匠」系列文章時，他們總是毫不吝惜地給予我讚美與鼓勵。雖然受之有愧，但我的確深受鼓舞。特別感謝我在騰訊藍鯨團隊的所有同事與主管，他們在我寫作「Python 工匠」系列的過程中，提供了許多積極回饋，並且不遺餘力地轉發文章。這些善意的舉動，為本書漫長而充滿磨練的寫作過程，帶入了強大的驅動力。

1　本書圖靈社區主頁為：ituring.cn/book/3007，也可在此查看或矯正錯誤。

感謝我多年的朋友郝瑩女士。正是時任圖靈編輯的她，跟我分享了圖書出版行業的許多知識，並鼓勵我向出版社提交選題報告。是她的一片好意，直接促成了本書的誕生。

感謝我的編輯英子女士，她在本書的寫作過程中，提供了許多專業建議。本書能有現在的結構和流暢性，離不開她的細心審閱與編輯工作。

感謝參與審閱本書初稿的所有人。他們中有些是我相識多年的同事與朋友，更多則是我從未謀面的「網友」。因慕名各位在開源世界的貢獻，我邀請他們審閱本書內容，無一例外，所有人都爽快地答應了我的請求，並圍繞本書的內容和結構提出了許多精準的修改意見和建議。他們是賴信濤（@laixintao）、李者璈（@Zheaoli）、林志衡（@onlyice）、王川（@fantix）、laike9m、馮世鵬（@fengsp）、伊洪（@yihong0618）、明希（@frostming）和李衛輝（@liwh）。

感謝我的兄長朱斌（dribbble ID：MVBen），作為一名專業的體驗設計師，他為本書所有插圖提供了好看的 Sketch 模板，對大部分插圖做了潤色，並親手繪製了書裡的所有圖示。

感謝我的父母、岳父母，還有我馬上讀小學的女兒，他們是我寫作本書的堅強後盾。

最後，特別感謝我的妻子章璐女士。她十幾年如一日，堅定地支持我從事程式設計工作，並為此做出了許多犧牲。此外，作為本書的第一位讀者，她在我寫作期間提出了大量優秀建議。如果少了她的理解與支持，這本書根本不可能完成。

朱雷（*@piglei*），深圳
2021 年 *7* 月

目錄

4 **條件分支流程控制** **107**

1

變數與註解

程式設計是一個透過程式來表達思想的過程。聽上去蠻神秘，但我們早就做過類似的事情 —— 當年在小學課堂上寫出第一篇 500 字的作文，同樣也是在表達思想，只是二者方式不同，作文用的是詞語和句子，而程式設計用的是程式。

但程式設計與作文之間也有相通之處，程式中裡也有許多「詞語」和「句子」。大部分的變數名是詞語，而大多數註解本身就是句子。當我們看到一段程式時，最先注意到的，不是程式有幾層迴圈，用了什麼模式，而是**變數與註解**，因為它們是程式裡最接近自然語言的東西，最容易被大腦消化、理解。

正因如此，如果作者在編寫變數和註解時含糊不清、語焉不詳，其他人將很難搞清楚程式的真實意圖。就拿下面這行程式碼來說：

```
#  去掉 s 兩邊的空格，再處理
value = process(s.strip())
```

你能告訴我這段程式碼在做什麼嗎？當我看到它時，是這麼想的：

❑ 在 s 上呼叫 strip()，所以 s 可能是一個字串？不過為什麼要去掉兩邊的空格呢？

❑ process(...)，顧名思義，「處理」了一下 s，但具體是什麼處理呢？

❑ 處理結果賦值給了 value，value 代表「值」，但「值」又是什麼？

❑ 開頭的註解就更別提了，它說的就是程式碼本身，對理解程式沒有絲毫的幫助。

最後的結論是：「將一個可能是字串的東西兩端的空格去掉，然後處理一下，最後賦值給某個不明物體。」我只能理解到這種程度了。

但同樣是這段程式，如果我稍微調整一下變數的名字，加上一點點註解，就會變得截然不同：

```
#  使用者輸入可能會有空格，使用 strip() 去掉空格
username = extract_username(input_string.strip())
```

新程式碼讀上去是什麼感覺？是不是程式意圖變得容易理解多了？這就是變數與註解的魔力。

從電腦的角度來看，**變數（variable）**是用來從記憶體找到某個東西的標記。它叫「小明」「小華」還是「張三」「李四」，都無所謂。註解同樣如此，電腦一點都不關心你的註解寫得是否通順，用詞是否準確，因為它在執行程式時會忽略所有的註解。

但正是這些對電腦來說無關痛癢的東西，直接決定了人們對程式的「第一印象」。好的變數和註解並非為電腦而寫，而是為每個閱讀程式的人而寫（當然也包括你自己）。變數與註解是作者表達思想的基礎，是讀者理解程式的第一道門，它們對程式品質的貢獻毋庸置疑。

本章將對 Python 裡的變數和註解做簡單介紹，我會分享一些常用的變數命名原則，介紹編寫程式碼註解的幾種方式。在程式設計建議部分，我會列舉一些與變數和註解有關的好習慣。

我們從變數和註解開始，學習如何寫出給人留下美好「第一印象」的好程式吧！

1.1　基礎知識

本節將介紹一些與變數和註解相關的基礎知識。

1.1.1　變數常見用法

在 Python 裡，宣告一個變數特別簡單：

```
>>> author = 'piglei'
>>> print('Hello, {}!'.format(author))
Hello, piglei!
```

因為 Python 是一門動態型別的語言，所以我們不需先宣告變數型態，直接對變數賦值即可。

你也可以在一行語句裡同時操作多個變數，例如交換兩個變數所指向的值：

```
>>> author, reader = 'piglei', 'raymond'
>>> author, reader = reader, author ❶
>>> author
'raymond'
```

❶ 交換兩個變數

1. 變數開箱

變數開箱（unpacking）是 Python 裡的一種特殊賦值操作，允許我們把一個可迭代物件（例如串列）的所有成員，一次性賦值給多個變數：

```
>>> usernames = ['piglei', 'raymond']
#  注意：左側變數的個數必須和待展開的串列長度相等，否則會出現錯誤
>>> author, reader = usernames
>>> author
'piglei'
```

如果在設定陳述式左側添加小括弧（...），甚至可一次展開多層巢狀資料：

```
>>> attrs = [1, ['piglei', 100]]
>>> user_id, (username, score) = attrs
>>> user_id
1
>>> username
'piglei'
```

除了上面的普通開箱外，Python 還支援更靈活的動態開箱語法。只要用星號運算式（*variables）作為變數名，它便會貪婪[1]地捕捉多個值物件，並將捕捉到的內容作為串列賦值給 variables。

例如，下面 data 串列裡的資料就分為三段：頭為使用者，尾為分數，中間的都是水果名稱。透過把 *fruits 設定為中間的開箱變數，我們就能一次性開箱所有變數 —— fruits 會捕捉 data 去頭去尾後的所有成員：

```
>>> data = ['piglei', 'apple', 'orange', 'banana', 100]
>>> username, *fruits, score = data
>>> username
'piglei'
```

---

[1] 「貪婪」一詞在電腦領域具有特殊含義。比方說，某個行為要捕捉一批物件，它既可以選擇捕捉 1 個，也可以選擇捕捉 10 個，兩種做法都合法，但它總是選擇結果更多的那種：捕捉 10 個，這種行為就稱得上是「貪婪」。

```
>>> fruits
['apple', 'orange', 'banana']
>>> score
100
```

和常規的切片設定陳述式比起來，動態開箱語法要直觀許多：

```
# 1. 動態開箱
>>> username, *fruits, score = data
# 2. 切片賦值
>>> username, fruits, score = data[0], data[1:-1], data[-1]
# 兩種變數賦值方式完全相同
```

上面的變數開箱操作也可以在任何迴圈語句裡使用：

```
>>> for username, score in [('piglei', 100), ('raymond', 60)]:
... print(username)
...
piglei
raymond
```

2. 單底線變數名 _

在常用的諸多變數名中，單底線 _ 是比較特殊的一個。它常作為一個無意義的預留位置出現在賦值的語句中。_ 這個名字本身沒什麼特別之處，這算是大家約定俗成的一種用法。

舉個例子，如果想在開箱賦值時忽略某些變數，就可以使用 _ 作為變數名：

```
# 忽略展開時的第二個變數
>>> author, _ = usernames

# 忽略第一個和最後一個變數之間的所有變數
>>> username, *_, score = data
```

而在 Python 互動式命令列（直接執行 python 命令進入的互動環境）裡，_ 變數還有一層特殊含義 —— 默認儲存我們輸入的上個運算式的回傳值：

```
>>> 'foo'.upper()
'FOO'
>>> print(_) ❶
FOO
```

❶ 此時的 _ 變數儲存著上一個 .upper() 運算式的結果

1.1.2 為變數宣告型態

前面說過，Python 是動態型別語言，使用變數時不需要做任何型態宣告。在我看來，這是 Python 相比其他語言的一個重要優勢：它減少了我們的心智負擔，讓寫程式變得更容易。尤其對於許多程式新手來說，「不用宣告型態」無疑會讓學 Python 這件事變得簡單很多。

但任何事物都有其兩面性。動態型別所帶來的缺點是程式的可讀性會因此大打折扣。

試著讀讀下面這段程式：

```
def remove_invalid(items):
    """ 刪除 items 裡面無效的元素 """
    ... ...
```

你能告訴我，函式接收的 items 參數是什麼型態嗎？是一個裝滿數字的串列，還是一個裝滿字串的集合？只看上面這些程式碼，我們根本無從得知。

為了解決動態型別帶來的可讀性問題，最常見的辦法就是在說明字串（docstring）裡做文章。我們可以把每個函式參數的型態與說明全都寫在說明字串裡。

下面是增加了 Python 官方推薦的 Sphinx 格式文件後的結果：

```
def remove_invalid(items):
    """ 刪除 items 裡面無效的元素

    :param items: 待刪除物件
    :type items: 包含整數的串列，[int, ...]
    """
```

在上面的說明字串裡，我用 :type items: 註明 items 是個整數型態串列。任何人只要讀到這份文件，馬上就能知道參數型態，不用再猜來猜去。

當然，標註型態的辦法肯定不止上面這一種。在 Python 3.5 版本[2]以後，你可以用型態註解功能來直接註明變數型態。相比編寫 Sphinx 格式文件，我其實更推薦使用型態註解，因為它是 Python 的內建功能，而且正在變得越來越流行。

2　具體來說，針對變數的型態註解語法是在 Python 3.6 版本引入的，而 3.5 版本只支援註解函式參數。

要 使用 型態 註解，只需 在 變數 後 添加 型態，並用 冒號 隔開 即可，例如 func(value: str) 表示 函式 的 value 參數 為 字串 型態。

下面 是為 remove_invalid() 函式 添加 型態 註解 後 的 樣子：

```python
from typing import List


def remove_invalid(items: List[int]):  ❶
    """ 刪除 items 裡面無效的元素 """
    ... ...
```

❶ List 表示參數為串列型態，[int] 表示裡面的成員是整數型態

 「型態註解」只是一種有關型態的註解，不提供任何驗證功能。要驗證型態正確性，需要使用其他靜態型態檢查工具（如 mypy 等）。

平心而論，不管是編寫 Sphinx 格式文件，還是添加型態註解，都會增加編寫程式的工作量。同樣一段程式，標註變數型態比不標註一定要花費更多時間。

但從我的經驗來看，這些額外的時間投入，會帶來非常豐厚的回報：

❑ 程式碼更易讀，讀程式碼時可以直接看到變數型態。

❑ 大部分的現代化 IDE[3] 會讀取型態註解資訊，提供更智慧的輸入提示。

❑ 型態註解配合 mypy 等靜態型態檢查工具，能提升程式碼正確性（13.1.5 節）。

因此，我強烈建議在**多人參與的中大型 Python 專案**裡，至少使用一種型態註解方案 —— Sphinx 格式文件或官方型態註解都行。能直接看到變數型態的程式，總是會讓人更安心。

 在 10.1.1 節中，你會看到更詳細的「型態註解」功能說明，以及更多使用了型態註解的程式碼。

---

3 IDE 是 integrated development environment（整合式開發環境）的縮寫，在滿足程式編輯的基本需求外，IDE 通常還集成了許多方便開發者的功能。常見的 Python IDE 有 PyCharm、VS Code 等。

1.1.3 變數命名原則

如果要從變數著手來破壞程式品質，辦法多到數也數不清，例如宣告了變數但是不用，或者宣告 100 個全域變數，等等。但如果要在這些辦法中選出破壞力最強的那個，非「幫變數胡亂命名」莫屬。

下面這段程式就是一個充斥著壞名字的「集大成」者。試著讀讀看有什麼感受：

```python
data1 = process(data)
if data1 > data2:
    data2 = process_new(data1)
    data3 = data2
return process_v2(data3)
```

是不是想破頭都看不懂它要做什麼？壞名字對程式品質的破壞力可見一斑。

那麼問題來了，既然大家都知道上面這樣的程式碼不好，為何在程式世界裡，每天都有類似的程式碼被寫出來呢？我猜這是因為幫變數取個好名字真的很難。在電腦科學領域，有一句廣為流傳的「格言」：

> 電腦科學領域只有兩件難事：快取失敗和命名。
>
> —— *Phil Karlton*

這句話裡雖然一半嚴肅一半玩笑，但「命名」有時真的難到讓人抓狂。我常常呆坐在螢幕前，抓耳撓腮好幾分鐘，就是沒辦法為變數想出一個合適的名字。

要為變數取個好名字，主要靠的是經驗，有時還需加上一些靈感，但更重要的是遵守一些基本原則。下面就是我總結的幾條變數命名的基本原則。

1. 遵循 PEP 8 原則

為變數命名主要有兩種流派：一是透過大小寫界定單詞的駝峰命名派 CamelCase，二是透過底線連接的蛇形命名派 snake_case。這兩種流派沒有明顯的優劣之分，而是與個人喜好有關。

為了讓不同開發者寫出的程式風格儘量保持統一，Python 制定了官方的程式風格指南：PEP 8。這份風格指南裡有許多詳細的風格建議，例如應該用 4 個空格縮排，每行不超過 79 個字元，等等。其中當然也包含變數的命名規範：

❑ 對於普通變數，使用蛇形命名法，例如 max_value。

❑ 對於常數，採用全大寫字母，使用底線連接，例如 MAX_VALUE。

❑ 如果變數標記為「僅內部使用」，為其增加底線首碼，例如 _local_var。

❑ 當名字與 Python 關鍵字衝突時，在變數末尾追加底線，例如 class_。

除變數名以外，PEP 8 中還有許多其他命名規範，例如類別名稱應該使用駝峰風格（FooClass）、函式應該使用蛇形風格（bar_function），等等。為變數命名的第一條原則，就是一定要在格式上遵循以上規範。

> PEP 8 是 Python 程式風格的事實標準。「程式碼符合 PEP 8 規範」應該作為對 Python 工程師的基本要求之一。如果一份程式碼的風格與 PEP 8 大相徑庭，就基本不必繼續討論它優雅與否了。

2. 描述性要足夠

寫作過程中的一項重要工作，就是為句子斟酌恰當的詞語。不同詞語的描述性強弱不同，例如「冬天的梅花」就比「花」的描述性更強。而變數名和普通詞語一樣，同樣有描述性強弱之分，如果程式碼大量使用描述性弱的變數名，讀者就很難理解程式碼的含義。

本章開頭的那兩段程式碼可以很好地解釋這個問題：

```
# 描述性弱的名字：看不懂在做什麼
value = process(s.strip())

# 描述性強的名字：嘗試從使用者輸入裡解析出一個使用者名稱
username = extract_username(input_string.strip())
```

所以，在可接受的長度範圍內，變數名所指向的內容描述得越精確越好。表 1-1 是一些具體的例子。

表 1-1　描述性弱和描述性強的變數名範例

描述性弱的名字	描述性強的名字	說明
data	file_chunks	data 泛指所有的「資料」，但如果資料是來自檔案的小區塊，我們可以直接叫它 file_chunks
temp	pending_id	temp 泛指所有「臨時」的東西，但其實它存放的是一個等待處理的資料 ID，因此直接叫它 pending_id 更好

描述性弱的名字	描述性強的名字	說明
result(s)	active_member(s)	result(s) 經常用來表示函式執行的「結果」，但如果結果就是指「活躍會員」，那還是直接叫它 active_member(s) 吧

看到表 1-1 中的舉例，你可能會想：「也就是說左邊的名字都不好，永遠別用它們？」

當然不是這樣。判斷一個名字是否合適，一定要結合它所在的場景，脫離場景談名字是片面的，是沒有意義的。因此，在「說明」這一欄中，我們強調了這個判斷所適用的場景。

而在其他一些場景下，這裡「描述性弱」的名字也可能是好名字，例如把一個數學公式的計算結果叫作 value，就非常恰當。

3. 要儘量簡短

剛剛說到，變數名的描述性要儘量足夠，但描述性越強，通常名字也就越長（不信再看看表 1-1，第二欄的名字就比第一欄長）。如果不加思考地實作「描述性原則」，那你的程式碼裡可能會充斥著 how_many_points_needed_for_user_level3 這種名字，簡直像條蛇一樣長：

```python
def upgrade_to_level3(user):
    """ 如果積分滿足要求，將使用者升級到等級 3"""
    how_many_points_needed_for_user_level3 = get_level_points(3)
    if user.points >= how_many_points_needed_for_user_level3:
        upgrade(user)
    else:
        raise Error(' 積分不夠，必須要 {} 分 '.format(how_many_points_needed_for_
user_level3))
```

如果一個特別長的名字重複出現，讀者不會認為它足夠精確，反而會覺得囉唆難讀。既然如此，怎麼才能在保證描述性的前提下，讓名字儘量簡短易讀呢？

我認為之中訣竅在於：為變數命名要結合程式情境和上下文。例如在上面的程式碼裡，upgrade_to_level3(user) 函式已經透過自己的名稱、文件表明了其目的，那在函式內部，我們完全可以把 how_many_points_needed_for_user_level3 直接刪減成 level3_points。

即使沒用特別長的名字，相信讀程式的人也肯定能明白，這裡的 level3_points 指的就是「升到等級 3 所需要的積分」，而不是其他含義。

 到底多長的名字算是太長呢？我的經驗是儘量不要超過 4 個單詞。

4. 要匹配型態

雖然變數無須宣告型態，但為了提升可讀性，我們可以用型態註解語法為其加上型態。不過現實很殘酷，到目前為止，大部分 Python 專案沒有型態註解[4]，因此當你看到一個變數時，除了透過上下文猜測，沒法輕易知道它是什麼型態。

但是，對於變數名和型態的關係，通常會有一些「直覺上」的約定。如果在命名時遵守這些約定，就可以建立變數名和型態間的匹配關係，讓程式碼更容易理解。

❖ 匹配布林數值型態的變數名

布林值（bool）是一種很簡單的型態，它只有兩個可能的值：「是」（True）或「不是」（False）。因此，為布林值變數命名有一個原則：一定要讓讀到變數的人覺得它只有「肯定」和「否定」兩種可能。舉例來說，is、has 這些非黑即白的詞就很適合用來修飾這類名字。

表 1-2 中提供了一些更詳細的例子。

表 1-2　布林值變數名舉例

變數名	含義	說明
is_superuser	是否是超級使用者	是 / 不是
has_errors	有沒有錯誤	有 / 沒有
allow_empty	是否允許空值	允許 / 不允許

4　相比之下，型態註解在開源領域的接受度更高一些，許多流行的 Python 開源專案（例如 Web 開發框架 Flask 和 Tornado 等），很早就為程式加上了型態註解。

❖ 匹配 **int/float** 型態的變數名

當人們看到和數字有關的名字時，自然就會認定它們是 int 或 float 型態。這些名字可簡單分為以下幾種常見類型：

❑ 釋義為數字的所有單詞，例如 port（埠號）、age（年齡）、radius（半徑）等。

❑ 使用以 _id 結尾的單詞，例如 user_id、host_id。

❑ 使用以 length/count 開頭或者結尾的單詞，例如 length_of_username、max_length、users_count。

> 最好別拿一個名詞的複數形式來當作 int 型態的變數名，例如 apples、trips 等，因為這類名字容易與那些裝著 Apple 和 Trip 的普通容器物件（List[Apple]、List[Trip]）混淆，建議用 number_of_apples 或 trips_count 這類複合詞來當作 int 型態的名字。

❖ 匹配其他型別的變數名

至於剩下的字串（str）、串列（list）、字典（dict）等其他數值型別，我們很難歸納出一個「由名字猜測型態」的統一公式。拿 headers 這個名字來說，它既可能是一個裝滿標頭資訊的串列（List[Header]），也可能是一個包含標頭資訊的字典（Dict[str, Header]）。

對於這些數值型別，強烈建議使用我們在 1.1.2 節中提到的方案，在程式中明確標註它們的型態詳情。

5. 超短命名

在眾多變數名裡，有一類非常特別，那就是只有一兩個字母的短名字。這些短名字一般可分為兩類，一類是那些大家約定俗成的短名字，例如：

❑ 陣列索引三劍客 i、j、k

❑ 某個整數 n

❑ 某個字串 s

❑ 某個例外 e

❑ 檔案物件 fp

我並不反對使用這類短名字，我自己也經常用，因為它們寫起來的確很方便。但如果條件允許，建議儘量用更精確的名字替代。例如，在表示使用者輸入的字串時，用 input_str 替代 s 會更明確一些。

另一類短名字，則是對一些其他常用名的縮寫。例如，在使用 Django 框架做國際化內容翻譯時，常常會用到 gettext 方法。為了方便，我們常把 gettext 縮寫成 _：

```
from django.utils.translation import import gettext as _

print(_(' 待翻譯文字 '))
```

如果你的程式中有一些長名字反覆出現，可以效仿上面的方式，為它們設定一些短名字作為別名。這樣可以讓程式碼變得更緊湊、更易讀。但同一個專案內的超短縮寫不宜太多，否則會適得其反。

其他技巧

除了上面這些規則外，下面再分享幾個為變數命名的小技巧：

- ❑ 在同一段程式內，不要出現多個相似的變數名，例如同時使用 users、users1、users3 這種序列；
- ❑ 可以嘗試換詞來簡化複合變數名，例如用 is_special 來代替 is_not_normal；
- ❑ 如果你苦思冥想都想不出一個合適的名字，請打開 GitHub[5]，到其他人的開源專案裡找找靈感吧！

1.1.4 註解基礎知識

註解（comment） 是程式非常重要的組成部分。通常來說，註解泛指那些不影響程式實際行為的文字，它們主要起額外說明作用。

Python 裡的註解主要分為兩種，一種是最常見的程式內註解，透過在行首輸入 # 號來表示：

---

5 世界上規模最大的開源專案原始碼託管網站。

```
# 使用者輸入可能會有空格，使用 strip 去掉空格
username = extract_username(input_string.strip())
```

當註解包含多行內容時，同樣使用 # 號：

```
# 呼叫 strip() 去掉空格的好處：
# 1. 資料庫儲存時佔用空間更小
# 2. 不必因為使用者多打了一個空格而要求使用者重新輸入
username = extract_username(input_string.strip())
```

除使用 # 的註解外，另一種註解則是我們前面看到過的說明字串（docstring），這些文件也稱**介面註解**（interface comment）。

```
class Person:
    """ 人

    :param name: 姓名
    :param age: 年齡
    :param favorite_color: 最喜歡的顏色
    """

    def __init__(self, name, age, favorite_color):
        self.name = name
        self.age = age
        self.favorite_color = favorite_color
```

介面註解有好幾種流行的風格，例如 Sphinx 文件風格、Google 風格等，其中 Sphinx 文件風格目前應用得最為廣泛。上面的 Person 類別的介面註解就屬於 Sphinx 文件風格。

雖然註解一般不影響程式的執行結果，卻會極大地影響程式碼的可讀性。在編寫註解時，程式新手們常常會犯同型態的錯誤，以下是我整理的最常見的 3 種。

1. 用註解遮罩程式碼

有時候，人們會把註解當作臨時遮罩程式碼的工具。當某些程式碼暫時不需要執行時，就把它們都註解了，未來需要時再取消註解。

```
# 原始碼裡有大段大段暫時不需要執行的程式碼
# trip = get_trip(request)
# trip.refresh()
# ... ...
```

其實根本沒必要這麼做。這些被臨時註解掉的大段內容，對於閱讀程式碼的人來說是一種干擾，沒有任何意義。對於不再需要的程式碼，我們應該直接把它們刪掉，而不是註解掉。如果未來有人真的需要用到這些舊程式碼，他直接去 Git 倉庫歷史裡就能找到，畢竟版本控制系統就是專門做這個的。

2. 用註解複述程式碼

在編寫註解時，新手常犯的另一類錯誤是用註解複述程式碼。就像這樣：

```
# 呼叫 strip() 去掉空格
input_string = input_string.strip()
```

上面程式碼裡的註解完全是冗餘的，因為讀者從程式碼本身就能讀到註解裡的資訊。好的註解應該像下面這樣：

```
# 如果直接把帶空格的輸入傳遞到後端處理，可能會造成後端服務崩潰
# 因此使用 strip() 去掉首尾空格
input_string = input_string.strip()
```

註解作為程式之外的說明性文字，應該儘量提供那些讀者無法從程式碼裡讀出來的資訊。描述程式**為什麼**要這麼做，而不是簡單複述程式碼本身。

除了描述「為什麼」的解釋性註解外，還有一種註解也很常見：**指引性註解**。這種註解並不直接複述程式，而是簡明扼要地概括程式碼功能，起到「程式碼導讀」的作用。

例如，以下程式碼裡的註解就屬於指引性註解：

```
# 初始化存取服務的 client 物件
token = token_service.get_token()
service_client = ServiceClient(token=token)
service_client.ready()

# 呼叫服務取得資料，然後進行過濾
data = service_client.fetch_full_data()
for item in data:
    if item.value > SOME_VALUE:
        ...
```

指引性註解並不提供程式碼裡讀不到的東西 —— 如果沒有註解，耐心讀完所有程式碼，你也能知道程式做了什麼事。指引性註解的主要作用是降低程式碼的認知成本，讓我們能更容易理解程式碼的意圖。

在編寫指引性註解時，有一點需要注意，那就是你得判斷何時該寫註解，何時該將程式碼提煉為獨立的函式（或方法）。例如上面的程式碼，其實可以透過抽象兩個新函式改成下面這樣：

```
service_client = make_client()
data = fetch_and_filter(service_client)
```

這麼改以後，程式碼裡的指引性註解就可以刪掉了，因為有意義的函式名已經達到了概括和指引的作用。

正是因為如此，一部分人認為：只要程式碼裡有指引性註解，就說明程式碼的可讀性不高，無法「自說明」[6]，一定得抽象新函式把其優化成第二種樣子。

但我倒是認為事情沒那麼絕對。無論程式碼寫得多好，多麼「自說明」，跟讀程式碼相比，讀註解通常讓人覺得更輕鬆。註解會讓人們覺得親切（尤其當註解是中文時），高品質的指引性註解確實會讓程式碼更易讀。有時抽象一個新函式，不見得就一定比一行註解加上幾行程式碼更好。

3. 弄錯介面註解的受眾

在編寫介面註解時，人們有時會寫出下面這樣的內容：

```
def resize_image(image, size):
    """ 將圖片縮放到指定尺寸，並回傳新的圖片。

    該函式將使用 Pilot 模組讀取檔物件，然後呼叫 .resize() 方法將其縮放到指定尺寸。

    但由於 Pilot 模組自身限制，這個函式不能很好地處理過大的檔案，當檔案大小超過 5MB 時，
    resize() 方法的效能就會因為記憶體分配問題急遽下降，詳見 Pilot 模組的 Issue #007。
    因此，對於超過 5MB 的圖片檔，請使用 resize_big_image() 替代，後者基於 Pillow 模組
    開發，很好地解決了記憶體分配問題，確保效能更好了。

    :param image: 圖片檔案物件
    :param size: 包含寬高的元組：(width, height)
    :return: 新圖片物件
    """
```

6　「自說明」是指程式碼在命名、結構等方面都非常規範，可讀性強。讀者無須借助任何其他資料，只透過閱讀程式碼本身就能理解程式意圖。

上面這段註解雖然有些誇張，但像它一樣的註解在專案中其實並不少見。這段介面註解最主要的問題在於過多闡述了函式的實現細節，提供了太多其他人並不關心的內容。

介面文件主要是給函式（或類別）的使用者看的，它最主要的存在價值，是讓人們不用逐行閱讀函式程式碼，也能很快透過該文件知道該如何使用這個函式，以及在使用時有什麼注意事項。

在編寫介面文件時，我們應該站在函式設計者的角度，著重描述函式的功能、參數說明等。

而函式自身的實現細節，例如呼叫了哪個第三方模組、為何有性能問題等，無須放在介面文件裡。

對於上面的 resize_image() 函式來說，檔裡提供以下內容就足夠了：

```
def resize_image(image, size):
    """ 將圖片縮放到指定尺寸，並回傳新的圖片。

    注意：當檔案超過 5MB 時，請使用 resize_big_image()

    :param image: 圖片檔案物件
    :param size: 包含寬高的元組：(width, height)
    :return: 新圖片物件
    """
```

至於那些使用了 Pilot 模組、為何有記憶體問題的細節說明，全都可以丟進函式內部的程式碼註解裡。

1.2 案例故事

下面是 Python 工程師小 R 去其他公司面試的故事。

在本書剩下的案例故事裡，你還會多次看到「小 R」的身影。

小 R 這個名字來自作者的英文名（Raymond）的首字母縮寫。隨著故事的不同，小 R 有時是一位 Python 初學者，有時又是一名有多年經驗的 Python 老手。但無論扮演什麼角色，他總會在每個故事裡獲得新的成長。

下面，我們看一看本書的第一個案例故事。

奇怪的氣泡排序演算法

上午 10 點，在 T 公司的會議室裡，小 R 正在參加一場他準備了好幾天的技術面試。

整體來說，他在這場面試中的表現還不錯。無論坐在小 R 對面的面試官提出什麼問題，他都能侃侃而談、對答如流。從單體式應用聊到微服務，從虛擬機聊到雲端計算，每一塊小 R 都說得滴水不漏。就在他認為自己勝券在握，可以透過這家自己憧憬已久的公司面試時，對面的面試官突然說道：「專業方面問題我問得差不多了。最後有一道程式設計題，希望你可以做一下。」

說完，面試官拿出一台筆記型電腦遞給了小 R。小 R 有些緊張地接過電腦，發現螢幕上是一道演算法題目。

題目　氣泡排序演算法

請用 Python 語言實現氣泡排序演算法，把較大的數字放在後面。注意：預設所有的偶數都比奇數大。

```
>>> numbers = [23, 32, 1, 3, 4, 19, 20, 2, 4]
>>> magic_bubble_sort(numbers)
[1, 3, 19, 23, 2, 4, 4, 20, 32]
```

「氣泡排序，這不是所有排序演算法裡最簡單的一種嗎？雖然加了一點變化，但看起來沒有什麼難度啊。」小 R 一邊在心裡這麼想著，一邊打開編輯器開始寫程式。

五分鐘後，他把筆記型電腦遞給面試官並說道：「寫完了！」

程式清單 1-1 就是他寫的程式。

程式清單 1-1　小 R 寫的氣泡排序函式

```python
def magic_bubble_sort(numbers):
    j = len(numbers) - 1
    while j > 0:
        for i in range(j):
            if numbers[i] % 2 == 0 and numbers[i + 1] % 2 == 1:
                numbers[i], numbers[i + 1] = numbers[i + 1], numbers[i]
                continue
            elif (numbers[i + 1] % 2 == numbers[i] % 2) and numbers[i] > numbers[i + 1]:
```

```
            numbers[i], numbers[i + 1] = numbers[i + 1], numbers[i]
            continue
    j -= 1
return numbers
```

這段程式沒有任何多餘的邏輯，可以通過所有的測試案例。面試官看著小 R 執行完函式功能後，盯著程式碼似乎想說些什麼，但最後只是微微點了點頭，說：「好，今天的面試就到這裡吧，有後續面試我再通知你。」

小 R 高高興興地回到家，一心覺得這次面試穩了，可沒想到，他後來卻再也沒接到任何後續面試的通知。

1. 問題出在哪裡

究竟是哪裡出了問題呢？小 R 思來想去，覺得自己回答問題時表現不錯，最有可能出問題的是最後一道程式設計題，肯定是漏掉了什麼邊界檢查沒處理。

於是他找到一位有著十年程式設計經驗的前輩小 Q，憑著記憶把題目和自己的答案還原給對方看。

「題目大概就是這樣，這是我當時寫的程式。Q 哥，你幫忙看看，我是不是有什麼情況沒考慮到？」小 R 問道。

小 Q 盯著他寫的程式，足足兩分鐘沒說一句話，然後突然開口道：「小 R 啊，你這個函式功能實現得很完美，就是實在太難看懂了。」

「總共就 10 行程式碼。難看懂？怎麼會呢？」小 R 在心中碎念著。這時，前輩小 Q 說道：「這樣吧，把筆記型電腦給我，我稍微改改這段程式，然後你再看看。」

三分鐘後，小 Q 把修改過的程式遞了過來，如程式清單 1-2 所示。

程式清單 1-2 小 Q 修改後的氣泡排序函式

```
def magic_bubble_sort(numbers: List[int]):
    """ 有魔法的氣泡排序演算法，預設所有的偶數都比奇數大

    :param numbers: 需要排序的串列，函式會直接修改原始串列
    """
    stop_position = len(numbers) - 1
    while stop_position > 0:
        for i in range(stop_position):
            current, next_ = numbers[i], numbers[i + 1] ❶
            current_is_even, next_is_even = current % 2 == 0, next_ % 2 == 0
```

```
        should_swap = False

        # 交換位置的兩個條件：
        # - 前面是偶數，後面是奇數
        # - 前面和後面都是奇數或者偶數，但是前面比後面大
        if current_is_even and not next_is_even:
            should_swap = True
        elif current_is_even == next_is_even and current > next_:
            should_swap = True

        if should_swap:
            numbers[i], numbers[i + 1] = numbers[i + 1], numbers[i]
    stop_position -= 1
return numbers
```

❶ 注意：此處變數名是 next_ 而非 next，這是因為已經有一個內建函式使用了 next 這個名字。PEP 8 規定在這種情況下，應該為變數名增加 _ 字尾來避免衝突

小 R 盯著這段程式，發現它的核心邏輯和之前沒有任何不同。但不知為何，這段程式碼看上去就是比自己寫的程式碼更舒服。小 R 若有所思，好像一下明白了自己沒通過面試的原因。

故事講完了。看上去，前輩小 Q 只是在小 R 的程式之上做了些「無關痛癢」的改動，但正是這些「無關痛癢」的改動，改善了程式的觀感，提升了整個函式的可讀性。

2.「無關痛癢」的改動

和小 R 寫的程式碼相比，前輩小 Q 的新程式碼主要進行了以下改進。

（1）變數名變成了可讀的、有意義的名字，例如在舊程式裡，「停止位」是無意義的 j，新程式裡變成了 stop_position。

（2）增加了有意義的臨時變數，例如 current/next_ 代表前一個 / 後一個元素、{}_is_even 代表元素是否為偶數、should_swap 代表是否應該交換元素。

（3）多了一些恰到好處的指引性註解，例如說明交換元素順序的詳細條件。

這些變化讓整段程式變得更易讀，也讓整個演算法變得更好理解。所以，哪怕是一段不到 10 行程式碼的簡單函式，對變數和註解的不同處理方式，也會讓程式發生質的變化。

1.3 程式設計建議

「程式設計建議」是本書大部分章節存在的區塊，我將在其中分享與每章主題有關的一些程式設計建議、技巧，這裡並沒有什麼高談闊論的大道理，多是些專注細節、務實好用的小點子。例如宣告臨時變數有什麼好處，為什麼應該先寫註解再寫程式，等等。希望這些「小點子」能幫助你寫出更棒的程式。

下面，我們一起來看看那些跟變數與註解有關的「小點子」吧。

1.3.1 保持變數的一致性

在使用變數時，你需要保證它在兩個方面的一致性：名字一致性與型態一致性。

名字一致性是指在同一個專案（或者模組、函式）中，對同一種事物的稱呼不要變來變去。

如果你把專案裡的「使用者大頭照」叫作 user_avatar_url，那麼在其他地方就別把它改成 user_profile_url。否則會讓讀程式碼的人搞混：user_avatar_url 和 user_profile_url 到底是不是相同東西？」

型態一致性則是指不要把同一個變數重複指向不同型態的值，舉個例子：

```python
def foo():
    # users 自己是一個 Dict
    users = {'data': ['piglei', 'raymond']}
    ...
    # users 這個名字真不錯！嘗試再用它，把它變成 List 型態
    users = []
    ...
```

在 foo() 函式的作用域內，users 變數被使用了兩次：第一次指向字典，第二次則變成了串列。雖然 Python 的型態系統允許我們這麼做，但這樣做其實有很多壞處，例如變數的辨識度會因此降低，還很容易引入 bug。

所以，我建議在這種情況下新增一個新變數：

```python
def foo():
    users = {'data': ['piglei', 'raymond']}
    ...
    # 使用一個新名字
```

```
user_list = []
...
```

 如果使用 mypy 套件（13.1.5 節會詳細講解），它在靜態檢查時就會報出這種「變數型態不一致」的錯誤。對於上面的程式碼，mypy 就會輸出 error: Incompatible types in assignment（變數賦值時型態不相容）錯誤。

1.3.2　變數宣告儘量靠近使用情況

包括我自己在內的很多人在初學程式設計時有一種很不好的習慣 —— 喜歡把所有變數初始化宣告寫在一起，放在函式最前面，就像下面這樣：

```python
def generate_trip_png(trip):
    """
    根據旅遊資料產生 PNG 圖片
    """
    # 首先宣告好所有的區域變數
    waypoints = []
    photo_markers, text_markers = [], []
    marker_count = 0

    # 開始初始化 waypoints 資料
    waypoints.append(...)
    ...
    # 經過幾行程式碼後，開始處理 photo_markers、text_markers
    photo_markers.append(...)
    ...
    # 經過更多程式碼後，開始計算 marker_count
    marker_count += ...

    # 合併圖片：已省略……
```

之所以這麼寫程式碼，是因為我們覺得「初始化變數」語句是類似的，應該將其歸類到一起，放到最前面，這樣程式碼會整潔很多。

但是，這樣的程式碼只是看上去整潔，它的可讀性不會得到任何提升，反而會變差。

在構築程式碼時，我們應該謹記：**應從程式的職責出發，而不是其他東西**。例如，在上面 generate_trip_png() 函式裡，程式碼的職責主要分為三部分：

- ❑ 初始化 waypoints 資料
- ❑ 處理 markers 資料
- ❑ 計算 marker_count

那程式碼可以這麼調整：

```
def generate_trip_png(trip):
    """
    根據旅遊資料產生 PNG 圖片
    """
    # 開始初始化 waypoints 資料
    waypoints = []
    waypoints.append(...)
    ...

    # 開始處理 photo_markers、text_markers
    photo_markers, text_markers = [], []
    photo_markers.append(...)
    ...

    # 開始計算 marker_count
    marker_count = 0
    marker_count += ...

    # 合併圖片：已省略……
```

透過把變數宣告移動到每段「各司其職」的程式碼開頭部分，大大縮短了變數從初始化到被使用的「距離」。當讀者閱讀程式碼時，可以更容易理解程式的邏輯，而不是來回翻閱程式碼，心想：「這個變數是什麼時候宣告的？是幹嘛用的？」

1.3.3　宣告臨時變數提升可讀性

隨著商務邏輯變得複雜，我們的程式碼裡也會經常出現一些複雜的運算式，就像下面這樣：

```
# 為所有性別為女性或者等級大於 3 的活躍使用者發放 10000 個金幣
if user.is_active and (user.sex == 'female' or user.level > 3):
    user.add_coins(10000)
    return
```

看見 if 後面那一大串程式碼了嗎？有點難讀對不對？但這也沒辦法，畢竟產品經理就是明明白白這麼跟我說的 —— 商務邏輯如此。

邏輯雖然如此，不代表我們就要把程式碼直接寫成這樣。如果把後面的複雜運算式賦值為一個臨時變數，程式碼可以變得更易讀：

```python
# 為所有性別為女性或者等級大於 3 的活躍使用者發放 10000 個金幣
user_is_eligible = user.is_active and (user.sex == 'female' or user.level > 3)

if user_is_eligible:
    user.add_coins(10000)
    return
```

在新程式碼裡，「計算使用者符合條件的運算式」和「判斷符合條件發送金幣的條件分支」這兩段程式碼不再直接雜糅在一起，而是新增了一個可讀性強的變數 user_is_elegible 作為緩衝。不論是程式碼的可讀性還是可維護性，都因為這個變數而增強了。

> 直接翻譯商務邏輯的程式碼，大部分都不是好程式。優秀的程式設計需要在理解原需求的基礎上，恰到好處地抽象化，只有這樣才能同時滿足可讀性和可擴展性方面的需求。抽象有許多種方式，例如宣告新函式、宣告新型態，「宣告一個臨時變數」是諸多方式裡不太起眼的一個，但用得恰當的話結果也很巧妙。

1.3.4 同一作用域內不要有太多變數

一般來說，函式越長，用到的變數也會越多。但是人腦的記憶力是很有限的。研究表明，人類的短期記憶只能同時記住不超過 10 個名字。變數過多，程式碼肯定就會變得難讀，以程式清單 1-3 為例。

程式清單 1-3 區域變數過多的函式

```python
def import_users_from_file(fp):
    """嘗試從檔案物件讀取使用者，然後匯入資料庫

    :param fp: 可讀檔案物件
    :return: 成功與失敗的數量
    """
    # 初始化變數：重複使用者、黑名單使用者、正常使用者
    duplicated_users, banned_users, normal_users = [], [], []
    for line in fp:
        parsed_user = parse_user(line)
        # …… 進行判斷處理，修改前面宣告的 {X}_users 變數

    succeeded_count, failed_count = 0, 0
```

```
    # …… 讀取 {X}_users 變數，寫入資料庫並修改成功與失敗的數量
    return succeeded_count, failed_count
```

import_users_from_file() 函式裡的變數數量就有點多，例如用來暫存使用者的 {duplicated|banned|normal}_users，用來儲存結果的 succeeded_count、failed_count 等。

要減少函式裡的變數數量，最直接的方式是為這些變數分組，建立新的模型。例如，我們可以將程式碼裡的 succeeded_count、failed_count 建模為 ImportedSummary 類別，用 ImportedSummary.succeeded_count 來代替現有變數；對 {duplicated|banned|normal}_users 也可以執行同樣的做法。相關做法如程式清單 1-4 所示。

程式清單 1-4 對區域變數分組並建模

```python
class ImportedSummary:
    """ 儲存匯入結果總結的資料類別 """

    def __init__(self):
        self.succeeded_count = 0
        self.failed_count = 0

class ImportingUserGroup:
    """ 用於暫存使用者匯入處理的資料類別 """

    def __init__(self):
        self.duplicated = []
        self.banned = []
        self.normal = []

def import_users_from_file(fp):
    """ 嘗試從檔案物件讀取使用者，然後匯入資料庫

    :param fp: 可讀檔案物件
    :return: 成功與失敗的數量
    """
    importing_user_group = ImportingUserGroup()
    for line in fp:
        parsed_user = parse_user(line)
        # …… 進行判斷處理，修改上面宣告的 importing_user_group 變數

    summary = ImportedSummary()
    # …… 讀取 importing_user_group，寫入資料庫並修改成功與失敗的數量

    return summary.succeeded_count, summary.failed_count
```

透過增加兩個資料類別，函式內的變數被更有邏輯地組織了起來，數量變少了許多。

需要說明的一點是，大多數情況下，只是執行上面這樣的操作是遠遠不夠的。函式內變數的數量太多，通常意味著函式過於複雜，承擔了太多職責。只有把複雜函式拆解為多個小函式，程式的整體複雜度才可能實現根本性的降低。

 在 7.3.1 節中，你可以找到更多與函式複雜度有關的內容，看到更多與拆解函式相關的建議。

1.3.5 能不宣告變數就別宣告

前面提到過，宣告臨時變數可以提高程式碼的可讀性。但有時，把不必要的東西賦值為臨時變數，反而會讓程式碼顯得囉唆：

```python
def get_best_trip_by_user_id(user_id):
    # 心理活動：嗯，這個值未來說不定會修改 / 二次使用，我們先把它宣告成變數吧！
    user = get_user(user_id)
    trip = get_best_trip(user_id)
    result = {
    'user': user,
    'trip': trip
    }
    return result
```

在編寫程式碼時，我們會下意識地宣告很多變數，好為未來調整程式碼做準備。但其實，你所想的未來也許永遠不會來。上面這段程式碼裡的三個臨時變數完全可以去掉，變成下面這樣：

```python
def get_best_trip_by_user_id(user_id):
    return {
    'user': get_user(user_id),
    'trip': get_best_trip(user_id)
}
```

這樣的程式碼就像刪掉冗贅的句子，變得更精煉、更易讀。所以，不必為了那些未來可能出現的變動，犧牲程式碼此時此刻的可讀性。如果以後需要宣告變數，那就以後再做吧！

1.3.6 不要使用 `locals()`

`locals()` 是 Python 的一個內建函式，呼叫它會回傳當前作用域中的所有區域變數：

```python
def foo():
    name = 'piglei'
    bar = 1
    print(locals())

# 呼叫 foo() 將輸出:
{'name': 'piglei', 'bar': 1}
```

在有些情況下，我們需要一次性拿到當前作用域下的所有（或絕大部分）變數，例如在渲染 Django 模板時：

```python
def render_trip_page(request, user_id, trip_id):
    """ 渲染旅遊頁面 """
    user = User.objects.get(id=user_id)
    trip = get_object_or_404(Trip, pk=trip_id)
    is_suggested = check_if_suggested(user, trip)
    return render(request, 'trip.html', {
        'user': user,
        'trip': trip,
        'is_suggested': is_suggested
    })
```

看上去使用 `locals()` 函式正適合，如果呼叫 `locals()`，上面的程式碼會簡化許多：

```python
def render_trip_page(request, user_id, trip_id):
    ...

    # 利用 locals() 把目前所有變數作為模板渲染參數回傳
    # 減少了三行程式碼，我簡直是個天才！
    return render(request, 'trip.html', locals())
```

第一眼看上去非常「簡潔」，但是，這樣的程式碼真的更好嗎？

答案並非如此。`locals()` 看似簡潔，但其他人在閱讀程式碼時，為了搞明白模板渲染到底用了哪些變數，必須記住當前作用域裡的所有變數。如果函式非常複雜，「記住所有區域變數」簡直是個不可能完成的任務。

使用 locals() 還有一個缺點，那就是它會把一些並沒有真正使用的變數也一併暴露。

因此，比起使用 locals()，建議老老實實把程式碼寫成這樣：

```python
return render(request, 'trip.html', {
    'user': user,
    'trip': trip,
    'is_suggested': is_suggested
})
```

> ### Python 之禪：簡明勝於晦澀
>
> 在 Python 命令列中輸入 import this，你可以看到 Tim Peters 寫的一段程式設計原則：The Zen of Python（「Python 之禪」）。這些原則字字珠璣，裡面蘊藏著許多 Python 程式設計智慧。
>
> 「Python 之禪」中有一句「Explicit is better than implicit」（簡明勝於晦澀），這條原則完全可以套用到 locals() 的例子上 —— locals() 實在是太隱晦了，直接寫出變數名顯然更好。

1.3.7　空行也是一種「註解」

程式碼裡的註解不只是那些常規的描述性語句，有時候，沒有一個字元的空行，也算得上一種特殊的「註解」。

在寫程式碼時，我們可以適當地在程式碼中插入空行，把程式碼按不同的邏輯塊分隔開，這樣能有效提升程式碼的可讀性。

舉個例子，拿本章案例故事裡的程式碼來說，如果刪掉所有空行，程式碼會變成程式清單 1-5 這樣，請你試著讀讀看。

程式清單 1-5　沒有任何空行的氣泡排序（所有文字註解已刪除）

```python
def magic_bubble_sort(numbers: List[int]):
    stop_position = len(numbers) - 1
    while stop_position > 0:
        for i in range(stop_position):
            current, next_ = numbers[i], numbers[i + 1]
            current_is_even, next_is_even = current % 2 == 0, next_ % 2 == 0
            should_swap = False
```

```
        if current_is_even and not next_is_even:
            should_swap = True
        elif current_is_even == next_is_even and current > next_:
            should_swap = True
        if should_swap:
            numbers[i], numbers[i + 1] = numbers[i + 1], numbers[i]
    stop_position -= 1
return numbers
```

怎麼樣？是不是感覺程式碼特別擁擠，連喘口氣的空間都找不到？這就是缺少空行導致的。只要在程式碼裡加上一些空行（不多，就兩行），函式的可讀性馬上會得到肉眼可見的提升，如程式清單 1-6 所示。

程式清單 1-6 增加了空行的氣泡排序

```
def magic_bubble_sort(numbers: List[int]):
    stop_position = len(numbers) - 1
    while stop_position > 0:
        for i in range(stop_position):
            previous, latter = numbers[i], numbers[i + 1]
            previous_is_even, latter_is_even = previous % 2 == 0, latter % 2 == 0
            should_swap = False

            if previous_is_even and not latter_is_even:
                should_swap = True
            elif previous_is_even == latter_is_even and previous > latter:
                should_swap = True

            if should_swap:
                numbers[i], numbers[i + 1] = numbers[i + 1], numbers[i]
        stop_position -= 1
    return numbers
```

1.3.8　先寫「註解」，再寫程式

在編寫了許多函式以後，我總結出了一個值得推廣的好習慣：先寫註解，再寫程式。

每個函式的名稱與說明字串（也就是 docstring），其實是一種比函式內部程式更為抽象的東西。你需要在函式名和短短幾行註解裡，把函式內程式所做的事情，高度濃縮地表達清楚。

正因如此，說明字串其實完全可以當成一種幫助你設計函式的前置工具。這個工具的用法很簡單：如果你沒辦法透過幾行註解把函式職責描述清楚，那麼整個函式的合理性就應該打一個問號。

舉個例子，你在編輯器裡寫下了 def process_user(...):，準備實現一個名為 process_user 的新函式。在編寫函式註解時，你發現在寫了好幾行文字後，仍然沒法把 process_user() 的職責描述清楚，因為它可以同時完成好多件不同的事情。

這時你就應該意識到，process_user() 函式承擔了太多職責，解決辦法就是直接刪掉它，設計更多單一職責的子函式來替代他。

先寫註解的另一個好處是：不會漏掉任何應該寫的註解。

我常常在檢查程式時發現，一些關鍵函式的 docstring 位置一片空白，而那裡本該備註詳盡的說明字串。每當遇到這種情況，我都會不厭其煩地請程式提交者補充和完善說明字串。

為什麼大家總會漏掉註解？我的一個猜測是：工程師在編寫函式時，總是跳過說明字串直接開始寫程式碼。而當寫完程式，實現函式的所有功能後，他就對這個函式失去了興趣。這時，他最不願意做的事，就是回過頭去補寫函式的說明字串，即便寫了，也只是草草了事。

如果遵守「先寫註解，再寫程式」的習慣，我們就能完全避免上面的問題。要養成這個習慣其實很簡單：**在寫出一句有說服力的說明字串前，別寫任何函式程式。**

1.4　總結

在一段程式裡，變數和註解是最接近自然語言的東西。因此，好的變數名、簡明扼要的註解，都可以顯著提升程式的品質。在幫變數命名時，請儘量使用描述性強的名字，但也得注意別過了頭。

從小 R 的面試故事來看，即使是兩段功能完全一樣的程式，也會因為變數和註解的區別，給其他人截然不同的感覺。因此，要想讓你的程式給人留下「漂亮」的第一印象，請記得在變數和註解上多下功夫。

以下是本章要點知識總結。

（1）變數和註解決定「第一印象」

　　❑ 變數和註解是程式裡最接近自然語言的東西，它們的可讀性非常重要。

　　❑ 即使是實現同一個演算法，變數和註解不一樣，給人的感覺也會截然不同。

（2）基礎知識

- ❑ Python 的變數賦值語法非常靈活，可以使用 *variables 星號運算式靈活賦值。

- ❑ 編寫註解的兩個要點：不要用來遮蔽程式，不要用來解釋為什麼。

- ❑ 介面註解是為使用者而寫，因此應該簡明扼要地描述函式職責，而不必包含太多內部細節。

- ❑ 可以用 Sphinx 格式文件或型態註解給變數說明型態。

（3）變數名字很重要

- ❑ 幫變數命名要遵循 PEP 8 原則，程式的其他部分也同樣如此。

- ❑ 儘量幫變數取個描述性強的名字，但評價描述性也需要結合場景。

- ❑ 在保證描述性的前提下，變數名要儘量短。

- ❑ 變數名要匹配它所表達的型態。

- ❑ 可以使用一兩個字母的超短名字，但注意不要過度使用。

（4）程式構築技巧

- ❑ 按照程式的職責來組織程式：讓變數宣告靠近使用。

- ❑ 適當宣告臨時變數可以提升程式的可讀性。

- ❑ 不必要的變數會讓程式顯得冗長、囉唆。

- ❑ 同一個作用域內不要有太多變數，解決辦法：提煉資料類別、拆解函式。

- ❑ 空行也是一種特殊的「註解」，適當的空行可以讓程式更易讀。

（5）程式可維護性技巧

- ❑ 保持變數在兩個方面的一致性：名字一致性與型態一致性。

- ❑ 簡明勝於晦澀：不要使用 locals() 批次獲得變數。

- ❑ 把介面註解當成一種函式設計工具：先寫註解，再寫程式。

2

數值與字串

現代人的生活離不開各種數字。人的身高是數字，年齡是數字，銀行卡裡的餘額也是數字。大家同樣離不開的還有文字。網路上的文章、路邊的標示牌，以及你正在閱讀的這本書，都是由文字構成的。

我們離不開數字和文字，正如同程式設計語言離不開「數值」與「字串」。兩者幾乎是所有程式設計語言裡最基本的資料型態，也是我們透過程式連接現實世界的基礎。

對於這兩種基礎型態，Python 展現了它一貫的簡單易用的特點。以**整數**（integer）來說，在 Python 裡使用整數，你不需要瞭解「有符號」「無符號」「32 位元」「64 位元」這些令人頭痛的概念。不論多大的數字都能直接用，不必擔心任何溢位問題：

```
# 無符號 64 位元整數的最大值 (unsigned int64)
>>> 2 ** 64 - 1
18446744073709551615

# 直接乘上 10000 也沒問題，絕不溢位！
>>> 18446744073709551615 * 10000
184467440737095516150000
```

和數字一樣，Python 裡的**字串**（string）也很容易上手[1]。它直接相容所有的 Unicode 字元，處理中文來非常方便：

```
>>> s = 'Hello, 中文 '
>>> type(s)
<class 'str'>

# 輸出中文
>>> print(s)
Hello, 中文
```

---

[1] 準確來說，是 Python 3 版本後的字串容易上手。要處理好 Python 2 及之前版本中的字串還是有些難度的。

除了上面的字串型態（str），有時我們還需要跟位元組型態（bytes）搞好關係。在本章的基礎知識部分，我會簡單介紹兩者的區別，以及如何在它們之間做轉換。

接下來，我們就從這兩種最基礎的資料型態開始，踏上探索 Python 物件世界的旅程吧！

2.1　基礎知識

本節將介紹與數值和字串有關的基礎知識，內容涵蓋浮點數的精度問題、字串與位元組的區別，等等。

2.1.1　數值基礎

在 Python 中，一共存在三種內建數值型態：整數（int）、浮點數（float）和複數（complex）。建立這三種數值很簡單，程式如下所示：

```
# 宣告一個整數
>>> score = 100
# 宣告一個浮點數
>>> temp = 37.2
# 宣告一個複數
>>> com = 1+2j
```

在大部分情況下，我們只需要用到前兩種型態：int 與 float。兩者之間可以透過各自的內建方法進行轉換：

```
# 將浮點數轉換為整數
>>> int(temp)
37

# 將整數轉換為浮點數
>>> float(score)
100.0
```

在宣告數值字面量時，如果數字特別長，可以透過插入 _ 分隔符號號來讓它變得更簡單讀：

```
# 以「千」為單位分隔數字
>>> i = 1_000_000
>>> i + 10
1000010
```

如同本章開篇所說，Python 裡的數值型態十分讓人放心，你大可隨心所欲地使用，一般不會碰到什麼奇怪的問題。不過，浮點數精度問題是個例外。

浮點數精度問題

如果你在 Python 命令列裡輸入 0.1 + 0.2，你會看到這樣的「怪象」：

```
>>> 0.1 + 0.2
0.30000000000000004
```

一個簡單的小數計算，為何會產生這麼奇怪的結果？這其實是一個由浮點數精度導致的經典問題。

電腦是一個二進位的世界，它能表示的所有數字，都是透過 0 和 1 兩個數字模擬而來的（例如二進位的 110 代表十進位的 6）。這種模擬機制在表示整數時，還能勉強應對，一旦我們需要小於 1 的浮點數時，電腦就做不到絕對的精准了。

但是，不提供浮點數肯定是不行的。因此，電腦只好「盡力而為」：取一個固定精度來近似表示小數 —— Python 使用的是「雙精度」（double precision）[2]。這個精度限制就是 0.1 + 0.2 的最終結果多出來 0.000…4 的原因。

為了解決這個問題，Python 提供了一個內建模組：decimal。如果你的程式需要精確的浮點數計算，請使用 decimal.Decimal 物件來代替普通浮點數，它在做四則運算時不會損失任何精度：

```
>>> from decimal import Decimal
# 注意：這裡的「0.1」和「0.2」必須是字串
>>> Decimal('0.1') + Decimal('0.2')
Decimal('0.3')
```

在使用 Decimal 的過程中，大家需要注意：必須使用字串來表示數字。如果你提供的是普通浮點數而非字串，在轉換為 Decimal 物件前就會損失精度，掉進所謂的「浮點數陷阱」：

```
>>> Decimal(0.1)
Decimal('0.1000000000000000055511151231257827021181583404541015625')
```

---

2 確切來說，是符合 IEEE-754 規範的雙精度，它使用 53 個位元的精度來表達十進位浮點數。

如果你想了解更多浮點數相關的內容，可查看 Python 官方文件中的「15. Floating Point Arithmetic: Issues and Limitations」，其中的介紹非常詳細。

2.1.2 布林值其實也是數字

布林值（bool）型態是 Python 裡用來表示「真假」的資料型態。你一定知道它只有兩種值：True 和 False。不過，你可能不知道的是：布林值型態其實是整數的子型態，在絕大部分情況下，True 和 False 這兩個布林值可以直接當作 1 和 0 來使用。

就像這樣：

```
>>> int(True), int(False)
(1, 0)
>>> True + 1
2

# 把 False 當除數的結果和 0 一樣
>>> 1 / False
Traceback (most recent call last):
  File "<stdin>", line 1, in <module>
ZeroDivisionError: division by zero
```

布林值的這個特點，最常用來簡化計算總數操作。

假設有一個包含整數的串列，我需要計算串列裡一共有多少個偶數。正常來說，我需要寫一個迴圈加分支結構才能完成計算：

```
numbers = [1, 2, 4, 5, 7]
count = 0
for i in numbers:
    if i % 2 == 0:
        count += 1

print(count)
# 輸出：2
```

但如果利用「布林值可作為整數使用」的特性，一個簡單的運算式就能完成同樣的事情：

```
count = sum(i % 2 == 0 for i in numbers) ❶
```

❶ 此處的運算式 `i % 2 == 0` 會回傳一個布林值結果，該結果之後會被當成數字 0 或 1 由 `sum()` 函式累加的和

2.1.3 字串常用操作

本節介紹一些與字串有關的常用操作。

1. 把字串當串列來操作

字串是一種串列型態，也就是說你可以對它進行搜尋、切片等操作，就像存取一個串列物件一樣：

```
>>> s = 'Hello, world!'
>>> for c in s: ❶
...     print(c)
...
H
...
d
!
>>> s[1:3] ❷
'el'
```

❶ 搜尋一個字串，將會逐個回傳每個字元
❷ 對字串進行切片

如果你想反轉一個字串，可以使用切片操作或者 reversed 內建方法：

```
>>> s[::-1] ❶
'!dlrow ,olleH'
>>> ''.join(reversed(s)) ❷
'!dlrow ,olleH'
```

❶ 切片最後一個欄位使用 -1，表示由後往前反向
❷ reversed 會回傳一個可迭代物件，透過字串的 `.join` 方法可以將它轉換為字串

2. 字串格式化

Python 語言有一個設計理念：「任何問題應有一種且最好只有一種顯而易見的解決方法。」[3] 如果把這句話放到字串格式化方面，似乎就有些難以自圓其說了。

3　原文來自「Python 之禪」：There should be one-- and preferably only one --obvious way to do it。翻譯自維基百科。

在當前的主流 Python 版本中,至少有三種主要的字串格式化方式。

(1)C 語言風格的基於百分比符號 % 的格式化語句:'Hello, %s' % 'World'。

(2)新式字串格式化(str.format)方式(Python 2.6 新增):"Hello, {}". format('World')。

(3)f-string 字串字面值格式化運算式(Python 3.6 新增):name = 'World'; f'Hello,{name}'。

第一種字串格式化方式歷史最為悠久,但現在已經很少使用。相較之下,後面兩種方式正變得越來越流行。以我個人體驗來說,f-string 格式化方式用起來最方便,是我的首選。和其他兩種方式比起來,使用 f-string 的程式大部分情況下更簡潔、更直觀。

舉個例子:

```python
username, score = 'piglei', 100
# 1. C 語言風格格式化
print('Welcome %s, your score is %d' % (username, score))
# 2. str.format
print('Welcome {}, your score is {:d}'.format(username, score))

# 3. f-string,最簡短最直觀
print(f'Welcome {username}, your score is {score:d}')
# 輸出:
# Welcome piglei, your score is 100
```

str.format 與 f-string 共用了同一種複雜的「字串格式規格迷你語言」。透過這種迷你語言,我們可以方便地對字串進行二次加工,然後輸出。例如:

```python
# 將 username 靠右對齊,左側補空格到一共 20 個字元
# 以下兩種方式將輸出同樣的內容
print('{:>20}'.format(username))
print(f'{username:>20}')
# 輸出:
#               piglei
```

 對於使用者自訂型態來說,可以透過宣告魔法方法,來修改物件被渲染成字串的值。我在 12.2.1 節會介紹這部分內容。

雖然年輕的 f-string 搶走了 str.format 的大部分風頭，但後者仍有著自己的獨特之處。例如 str.format 可用位置參數來格式化字串，實現對參數的複用：

```
print('{0}: name={0} score={1}'.format(username, score))
# 輸出：
# piglei: name=piglei score=100
```

綜上所述，日常程式中推薦優先使用 f-string，搭配 str.format 作為補充，想必能滿足大家絕大多數的字串格式化需求。

 查看 Python 官方檔中的「Format Specification Mini-Language」一節，瞭解字串格式化迷你語言更多的相關資訊。

3. 連接多個字串

如果要連接多個字串，比較常見的 Python 式做法是：首先產生一個空串列，然後把需要連接的字串都放進串列，最後呼叫 str.join 來獲得大字串。範例如下：

```
>>> words = ['Numbers(1-10):']
>>> for i in range(10):
...     words.append(f'Value: {i + 1}')
...
>>> print('\n'.join(words))
Numbers(1-10):
Value: 1
...
Value: 10
```

除了使用 join，也可以直接用 words_str += f'Value: {i + 1}' 這種方式來連接字串。但也許有人告誡過你：「千萬別這麼做！這樣操作字串很慢很不專業！」這個說法也許曾經正確，但現在看其實有些危言聳聽。我在 2.3.5 節會向你證明：在連接字串時，+= 和 join 同樣好用。

2.1.4 不常用但特別好用的字串方法

為了方便，Python 為字串型態實現了非常多內建方法。在對字串執行某種操作前，請一定先檢查某個內建方法是不是已經實現了該操作，否則一不注意就會閉門造車。

就像我以前就寫過一個函式，它專門用正規表示式來判斷某個字串是否只包含數字。寫完後我才發現，這個功能其實根本不用自己實現，直接呼叫字串的 s.isdigit() 方法就能完成任務：

```
>>> '123'.isdigit(), 'foo'.isdigit()
(True, False)
```

日常程式設計中，我們最常用到的字串方法有 .join()、.split()、.startswith()，等等。雖然這些常用方法能滿足大部分的字串處理需求，但要成為真正的字串高手，除了掌握常用方法，了解一些不那麼常用的方法也很重要。在這方面，.partition() 和 .translate() 方法就是兩個很好的例子。

str.partition(sep) 的功能是按照分隔符號號 sep 切分字串，回傳一個包含三個成員的元組：(part_before, sep, part_after)，它們分別代表分隔符號前的內容、分隔符號以及分隔符號後的內容。

第一眼看上去，partition 的功能和 split 的功能似乎是重複的 —— 兩個方法都是分割字串，只是結果有點不同。但在某些場景下，使用 partition 可以寫出比用 split 更優雅的程式碼。

舉個例子，我有一個字串 s，它的值可能是以下兩種格式。

（1）'{key}:{value}'，鍵值組標準格式，此時我需要拿到 value 部分。

（2）'{key}'，只有 key，沒有冒號：分隔號，此時我需要拿到空字串 ''。

如果用 split 方法來實現需求，我需要寫出下面這樣的程式：

```
def extract_value(s):
    items = s.split(':')
    # 因為 s 不一定會包含 ':'，所以需要對結果長度進行判斷
    if len(items) == 2:
        return items[1]
    else:
        return ''
```

執行結果如下：

```
>>> extract_value('name:piglei')
'piglei'
>>> extract_value('name')
''
```

這個函式的邏輯雖然沒有很複雜，但因為 split 的特點，函式內的分支判斷基本上無法避免。這時，如果使用 partition 函式來代替 split，原本的分支判斷邏輯就可以不用 —— 一行程式碼就能完成任務：

```python
def extract_value_v2(s):
    # 當 s 包含分隔符號號 : 時，元組最後一個成員剛好是 value
    # 若是沒有分隔符號號，最後一個成員預設是空字串 ''
    return s.partition(':')[-1]
```

除了 partition 方法，str.translate(table) 方法有時也非常有用。它可以按條件一次性取代多個字元，使用它比呼叫多次 replace 方法更快也更簡單：

```python
>>> s = ' 明明是中文 , 卻使用了英文標點 .'

# 建立取代規則表：',' -> '，', '.' -> '。'
>>> table = s.maketrans(',.', '，。')
>>> s.translate(table)
' 明明是中文，卻使用了英文標點。'
```

除了上面這兩個方法，在 2.3.4 節中，我們還會分享一個用較少見的內建方法解決真實問題的例子。

2.1.5　字串與位元組

按照受眾的不同，廣義上的「字串」概念可分為兩類。

（1）**字串**：我們最常掛在嘴邊的「普通字串」，有時也被稱為**文本**（text），是給人看的，對應 Python 中的字串（str）型態。str 使用 Unicode 編碼格式，可使用 .encode() 方法編碼成位元組。

（2）**位元組**：有時也稱「二進位字元」（binary string），是給電腦看的，對應 Python 中的位元組（bytes）型態。bytes 一定包含某種真正的字串編碼格式（預設為 UTF-8），可使用 .decode() 方法解碼為字串。

下面是簡單的字串操作範例：

```python
>>> str_obj = 'Hello, 世界 '
>>> type(str_obj)
<class 'str'>

>>> bin_str = str_obj.encode('UTF-8') ❶
>>> type(bin_str)
<class 'bytes'>
```

```
>>> bin_str
b'Hello, \xe4\xb8\x96\xe7\x95\x8c'

>>> str_obj.encode('UTF-8') == str_obj.encode() ❷
True

>>> str_obj.encode('gbk') ❸
b'Hello, \xca\xc0\xbd\xe7'
```

❶ 使用 .encode() 方法將字串編碼為位元組，此時使用的編碼格式為 UTF-8

❷ 如果不指定任何編碼格式，Python 也會使用預設值：UTF-8

❸ 也可以使用其他編碼格式，例如另一種中文編碼格式：gbk

要建立一個位元組字面值，可以在字串前加一個字母 b 當作前綴：

```
>>> bin_obj = b'Hello'
>>> type(bin_obj)
<class 'bytes'>
>>> bin_obj.decode() ❶
'Hello'
```

❶ 位元組可透過使用 .decode() 方法解碼為字串

bytes 和 str 是兩種資料型態，即使看上去「相同」，但在比較時永遠不會相等：

```
>>> 'Hello' == b'Hello'
False
```

它們也不能混用：

```
>>> 'Hello'.split('e')
['H', 'llo']

# str 不能使用 bytes 來使用任何內建方法，反之亦然
>>> 'Hello'.split(b'e')
Traceback (most recent call last):
  File "<stdin>", line 1, in <module>
TypeError: must be str or None, not bytes
```

最佳實踐

正因為字串面對的是人，而二進位的位元組面對的是電腦，因此，在使用體驗上，前者會比較好。在我們的程式中，應該儘量保持只操作**普通字串**，而非位元組。而必須要操作位元組的時候，一般來說只有兩種：

（1）程式從檔案或其他外部儲存空間讀取位元組內容，將其解碼為字串，然後再在內部使用。

（2）程式完成處理，要把字串寫入檔案或其他外部儲存空間，將其編碼為位元組，然後繼續執行其他操作。

舉個例子，如果你寫了一個簡單的字串函式：

```python
def upper_s(s):
    """ 把輸入字串裡的所有「s」都轉為大寫 """
    return s.replace('s', 'S')
```

當接收的輸入是位元組時，你需要先將其轉換為普通字串，再呼叫函式：

```python
# 從外部系統拿到的位元組物件
>>> bin_obj
b'super sunflowers\xef\xbc\x88\xe5\x90\x91\xe6\x97\xa5\xe8\x91\xb5\xef\xbc\x89'

#  將其轉換為字串後，再繼續執行後面的操作
>>> str_obj = bin_obj.decode('UTF-8')  ❶
>>> str_obj
'super sunflowers（向日葵）'
>>> upper_s(str_obj)
'Super SunflowerS.（向日葵）'
```

❶ 此處的 UTF-8 也有可能是 gbk 或其他任何一種編碼格式，一切取決於輸入位元組的實際編碼格式

反之，當你要把字串寫入檔案（進入電腦的領域）時，請謹記：普通字串採用的是文本格式，無法直接存放於外部儲存空間，一定要將其編碼為位元組 —— 也就是「二進位字元」—— 才可以。

這個編碼工作有時需要顯式去做，有時則隱蔽地發生在程式內部。例如在寫入檔案時，只要使用 encoding 參數指定字串編碼格式，Python 就會自動將寫入的字串編碼為位元組：

```python
# 使用 encoding 指定字串編碼格式為 UTF-8
with open('output.txt', 'w', encoding='UTF-8') as fp:
    str_obj = upper_s('super sunflowers（向日葵）')
    fp.write(str_obj)
    # 最後 output.txt 中儲存的將是 UTF-8 編碼後的文本
```

刪掉 open(...) 裡的 encoding 參數

如果刪掉上面 open(...) 裡使用的 encoding 參數,將其改成 open('output.txt', 'w'),也就是不指定任何編碼格式,你會發現程式也能正常執行。

這並不代表字串編碼過程消失了,只是變得更加隱蔽而已。如果不指定 encoding 參數,Python 會嘗試自動取得目前環境所偏好的編碼格式。

例如在 Linux 作業系統下,編碼格式通常為 UTF-8。

```
# 如果不指定 encoding,Python 將透過 locale 模組取得系統偏好的編碼格式
>>> import locale
>>> locale.getpreferredencoding()
'UTF-8'
```

一旦弄清楚「字串」和「位元組」的區別,你會發現 Python 裡的字串處理其實很簡單。關鍵在於:用一個「邊緣轉換層」把人類和電腦的世界隔開,如圖 2-1 所示。

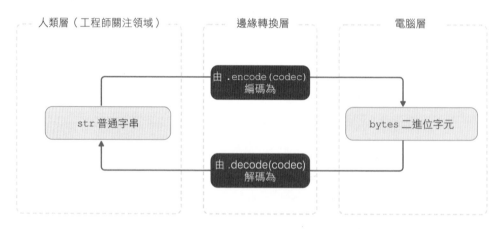

▲ 圖 2-1　字串型態轉換圖

有關數字與字串的基礎知識就先講到這裡。下面我們進入故事時間。

2.2　案例故事

在本章中，我準備了兩個案例故事。

2.2.1　程式裡的「密碼」

又是一年求職季，小 R 成功入職了一家心儀已久的大公司，負責公司的核心系統開發。入職的第一天，小 R 從茶水間泡了一杯咖啡，坐在電腦前打開 IDE，準備好好地熟悉一下專案程式。

但剛點開第一個文件，小 R 就愣住了，他端著咖啡的手懸在空中許久，似乎沒想到自己的讀程式計畫這麼快就遇到難題了。此時，螢幕上顯示的是這麼一段程式碼：

```python
def add_daily_points(user):
    """ 使用者每天完成第一次登入後，為其增加積分 """
    if user.type == 13:
        return
    if user.type == 3:
        user.points += 120
        return
    user.points += 100
    return
```

「這個函式是什麼意思？」小 R 在心裡問自己。「首先，從函式名稱和說明字串來看，它在為使用者發送每日積分，但它的程式邏輯是什麼呢？第一行的 user.type == 13 是什麼，之後的 user.type == 3 又是什麼？其次，為什麼有時增加 100 積分，有時增加 120 積分？」

這幾行程式碼看似簡單，沒有用到任何特殊用法，但程式碼裡的那些數字字面值（13、3、120、100）就像幾個無法破解的密碼一樣，讓讀程式碼的小 R 腦子裡一陣混亂。

1.「密碼」的含義

幸運的是，就在小 R 一籌莫展之際，公司的資深工程師小 Q 從他身邊走過。小 R 連忙叫住了小 Q，向他諮詢這段積分程式碼。在經過後者的一番解釋後，小 R 終於明白了那些「密碼」的含義。

❑ 13：使用者 type 是 13，代表使用者是被封鎖狀態，不能增加積分。

❑ 3：使用者 type 為 3，代表使用者儲值了 VIP。

❑ 100：一般使用者每天登入增加 100 積分。

❑ 120：VIP 使用者在一般使用者基礎上，每天登入多增加 20 積分。

弄清楚這些數字的含義後，小 R 覺得自己必須把這段程式改寫一遍。我們來幫他看看有哪些辦法。

2. 改善程式碼的可讀性

要改善這段程式碼的可讀性，最直接的做法就是給每一行有數字的程式碼加上註解。但在這種情況下，加註解顯然不是首選。我們在第 1 章中講過，註解應該用來描述那些程式碼所不能表達的資訊；而在這裡，小 R 的首要問題就是讓程式碼變得可以「自說明」。

他需要用有意義的名稱來替代這些數字字面值。

說到有意義的數字，大家最先想到的會是「常數」（constant）。但 Python 裡沒有真正的常數型態，人們一般會將全為大寫字母的全域變數當「常數」來使用。

例如把積分數量宣告為常數：

```
# 使用者每日獎勵積分數量
DAILY_POINTS_REWARDS = 100
# VIP 使用者每日額外獎勵積分數量
VIP_EXTRA_POINTS = 20
```

除了常數之外，我們還可以使用列舉型態（enum.Enum）。

enum 是 Python 3.4 引入的專門用於表示列舉型態的內建模組。使用它，小 R 可以宣告出這樣的列舉型態：

```
from enum import Enum

# 在宣告列舉型態時，如果同時繼承一些基礎型態，例如 int、str，
# 列舉型態就能同時以該基礎型態使用。例如在這裡，UserType 就可以當作 int 使用
class UserType(int, Enum):
    # VIP 使用者
    VIP = 3
    # 被封鎖使用者
    BANNED = 13
```

有了這些常數和列舉型態後,一開始那段全是「密碼」的程式碼就可以重寫成這樣:

```python
def add_daily_points(user):
    """ 使用者每天完成第一次登入後,為其增加積分 """
    if user.type == UserType.BANNED:
        return
    if user.type == UserType.VIP:
        user.points += DAILY_POINTS_REWARDS + VIP_EXTRA_POINTS
        return
    user.points += DAILY_POINTS_REWARDS
    return
```

把那些神奇的數字宣告成常數和列舉型態後,程式碼的可讀性得到了可觀的提升。不僅如此,程式碼出現 bug 的機率也降低了。

設想一下,如果某位元同事在編寫分支判斷時,把 13 錯打成了 3 會怎麼樣?那樣 VIP 使用者和被封鎖的使用者的權益就會對調,勢必會引起一大批使用者投訴。這種因為輸入錯誤導致的 bug 並不少見,而且隱藏性特別強。

把數字字面值改成常數和列舉型態後,我們就能很好地避開輸入錯誤問題。同樣地,把字串字面值改寫成列舉型態,也可以獲得這種好處:

```python
# 如果 'vip' 字串打錯了,不會有任何提示
# 正確寫法:
# if user.type == 'vip':
# 錯誤寫法:
if user.type == 'vlp':

# 正確寫法:
# if user.type == UserType.VIP:
# 錯誤寫法:
if user.type == UserType.VLP:
# 更強健:如果 VIP 打錯了,會報錯 AttributeError: VLP
```

最後,總結一下使用常數和列舉型態來代替字面值的好處。

❑ 更易讀:所有人都不需要記住某個數字代表什麼。

❑ 更強健:降低輸錯數字或字母產生 bug 的可能性。

2.2.2 別輕易成為 SQL 語句「大師」

一個月後，小 R 慢慢習慣了新工作。他學會了用常數和列舉型態替換那些難懂的字面值，逐步改善專案的程式品質。不過，在他所負責的專案裡，還有一樣東西一直讓他覺得很難受 —— 資料庫操作模組。

在這個大公司的核心專案裡，所有的資料庫操作程式碼，都是用下面這樣的「裸字串處理」邏輯連接 SQL 語句而成的，例如一個根據條件查詢使用者名單的函式如下所示：

```python
def fetch_users(
    conn,
    min_level=None,
    gender=None,
    has_membership=False,
    sort_field="created",
):
    """ 取得使用者名單

    :param min_level: 要求的最低使用者級別，預設為所有級別
    :type min_level: int, optional
    :param gender: 篩選使用者性別，預設為所有性別
    :type gender: int, optional
    :param has_membership: 篩選會員或非會員使用者，預設為 False，代表非會員
    :type has_membership: bool, optional
    :param sort_field: 排序欄位，預設為 "created"，代表按使用者建立日期排序
    :type sort_field: str, optional
    :return: 一個包含使用者資訊的串列：[(User ID, User Name), ...]
    """
    # 一種古老的 SQL 連接技巧，使用「WHERE 1=1」來簡化字串連接操作
    statement = "SELECT id, name FROM users WHERE 1=1"
    params = []
    if min_level is not None:
        statement += " AND level >= ?"
        params.append(min_level)
    if gender is not None:
        statement += " AND gender >= ?"
        params.append(gender)
    if has_membership:
        statement += " AND has_membership = true"
    else:
        statement += " AND has_membership = false"

    statement += " ORDER BY ?"
    params.append(sort_field)
    # 將查詢參數 params 作為位置參數傳遞，避免 SQL 引用問題
    return list(conn.execute(statement, params))
```

這種程式碼歷史悠久，最初寫下它的人甚至早已不知所蹤。不過，小 R 大約能猜到，程式碼的作者當年這麼寫的原因一定是：「這種連接字串的方式簡單直接、非常直覺。」

但令人遺憾的是，這樣的程式碼只是看上去簡單，實際上有一個非常大的問題：無法有效表達更複雜的商務邏輯。如果未來查詢邏輯需要增加一些多重條件、多表查詢，人們很難在現有程式的基礎上擴寫，修改也容易出錯。

我們來看看有什麼辦法能幫助小 R 優化這段程式。

1. 使用 SQLAlchemy 模組改寫程式

上述函式所做的事情，我習慣稱之為「裸字串處理」。這種處理一般只使用基本的加減乘除和迴圈，配合 `.split()` 等內建方法來不斷處理字串，獲得想要的結果。

它的優點顯而易見：一開始商務邏輯比較簡單，處理字串程式碼符合思維習慣，寫起來容易。但隨著商務邏輯逐漸變得複雜，這種裸處理就會顯得越來越力不從心。

其實，對於 SQL 語句這種結構化、有規則的特殊字串，用物件化的方式構築和編輯才是更好的做法。

下面這段程式引用了 SQLAlchemy 模組，用更少的程式碼完成了同樣的功能：

```python
def fetch_users_v2(
    conn,
    min_level=None,
    gender=None,
    has_membership=False,
    sort_field="created",
):
    """ 取得使用者名單 """
    query = select([users.c.id, users.c.name])
    if min_level != None:
        query = query.where(users.c.level >= min_level)
    if gender != None:
        query = query.where(users.c.gender == gender)
    query = query.where(users.c.has_membership == has_membership).order_by(
        users.c[sort_field]
    )
    return list(conn.execute(query))
```

新的 `fetch_users_v2()` 函式不光更簡短、更好維護，而且根本不需要擔心
SQL 引用問題。它最大的缺點在於引用了一個外部相依：`sqlalchemy`，但與
`sqlalchemy` 帶來的種種好處相較之下，這點複雜度成本根本微不足道。

2. 使用 Jinja2 模板處理字串

除了 SQL 語句，我們日常接觸最多的還是一些簡單字串連接。例如，有一份電
影評分資料串列，我需要把它渲染成一段文字並輸出。

程式如下：

```python
def render_movies(username, movies):
    """
    以文字方式顯示電影串列資訊
    """
    welcome_text = 'Welcome, {}.\n'.format(username)
    text_parts = [welcome_text]
    for name, rating in movies:
        # 沒有提供評分的電影，以 [NOT RATED] 代替
        rating_text = rating if rating else '[NOT RATED]'
        movie_item = '* {}, Rating: {}'.format(name, rating_text)
        text_parts.append(movie_item)
    return '\n'.join(text_parts)


movies = [
    ('The Shawshank Redemption', '9.3'),
    ('The Prestige', '8.5'),
    ('Mulan', None),
]

print(render_movies('piglei', movies))
```

執行上面的程式會輸出：

```
Welcome, piglei.

* The Shawshank Redemption, Rating: 9.3
* The Prestige, Rating: 8.5
* Mulan, Rating: [NOT RATED]
```

也許你會認為，這樣的字串連接程式沒什麼問題。但如果使用 Jinja2 模板引擎
來處理，程式可以變得更簡單：

```
from jinja2 import Template

_MOVIES_TMPL = '''\
Welcome, {{username}}.
{%for name, rating in movies %}
* {{ name }}, Rating: {{ rating|default("[NOT RATED]", True) }}
{%- endfor %}
'''


def render_movies_j2(username, movies):
    tmpl = Template(_MOVIES_TMPL)
    return tmpl.render(username=username, movies=movies)
```

和之前的程式相比,新程式少了串列連接、預設值處理,所有的邏輯都透過模板語言來完成。如果我們的渲染邏輯以後變得更複雜,第二份程式也能更好地隨之進階。

總結一下,當你的程式碼裡出現複雜的裸字串處理邏輯時,請試著問自己一個問題:「目標 / 原始碼字串是結構化的且遵循某種格式嗎?」如果答案是肯定的,那麼請先尋找是否有對應的開源專有模組,例如處理 SQL 語句的 SQLAlchemy、處理 XML 的 lxml 模組等。

如果你要連接非結構化字串,也請先考慮使用 Jinja2 等模板引擎,而不是手動連接,因為用模板引擎處理字串之後,程式會較有效能,也更容易維護。

2.3 程式設計建議

2.3.1 不需預先計算運算式

在寫程式的過程中,我們偶爾會用到一些比較複雜的數字,舉個例子:

```
def do_something(delta_seconds):
    # 如果時間已經過去 11 天(或者更久),不做任何事
    if delta_seconds > 950400:
        return
    ...
```

我們在寫這個函式時的「心路歷程」大概是下面這樣的。

首先，拿起辦公桌上的筆記本，在上面寫上問題：11 天一共包含多少秒？經過一番計算後，得到結果：950400。然後，我們把這個數字填入程式裡，心滿意足地在上面加上一行註解 —— 告訴所有人這個數字是怎麼來的。

這樣的程式看似沒有任何毛病，但我想問一個問題：為什麼不直接把程式寫成 if delta_seconds < 11 * 24 * 3600: 呢？

我猜你的答案一定是「效能」。

我們都知道，和 C、Go 這種編譯型語言相比，Python 是一門執行效率欠佳的解釋型語言。出於效能考慮，我們預先算出算式的結果 950400 並寫入程式，這樣每次呼叫函式就不會有額外的計算時間了，積沙成塔嘛。

但事實是，即使我們將把程式改寫成 if delta_seconds < 11 * 24 * 3600:，函式也不會多出任何額外開銷。為了展示這一點，我們需要用到兩個知識點：**位元組**與 **dis 模組**。

使用 dis 模組反編譯位元組

雖然 Python 是一門解釋型語言，但在解譯器真正執行 Python 程式碼前，其實仍然有一個類似「編譯」的加速過程：將程式編譯為二進制的位元組。我們無法直接讀取位元組，但利用內建的 dis 模組[4]，可以將它們反組譯成人類可讀的內容 —— 類似一行行的組合語言。

先舉一個簡單的例子。例如，一個簡單的加法函式的反組譯結果是這樣的：

```
>>> def add(x, y):
...     return x + y
...

# 匯入 dis 模組，使用它輸出 add() 函式的位元組，也就是解譯器如何理解 add() 函式
>>> import dis
>>> dis.dis(add)
  2           0 LOAD_FAST               0 (x)
              2 LOAD_FAST               1 (y)
              4 BINARY_ADD
              6 RETURN_VALUE
```

---

4   dis 的全名為 disassembler for Python bytecode，翻譯後就是 Python 位元組的反組譯器。

在上面的輸出中，add() 函式的反組譯結果主要顯示了下面幾種操作。

（1）兩次 LOAD_FAST：分別把區域變數 x 和 y 的值放入堆疊頂部。

（2）BINARY_ADD：從堆疊頂部取出兩個值（也就是 x 和 y 的值），執行加法運算，將結果放回堆疊頂部。

（3）RETURN_VALUE：回傳堆疊頂部的結果。

 如果想瞭解位元組相關的更多知識，建議閱讀 dis 模組的官方文件：「dis —— Disassembler for Python bytecode」。

現在，我們再重新使用 dis 模組看看 do_something 函式的位元組：

```
def do_something(delta_seconds):
    if delta_seconds < 11 * 24 * 3600:
        return

import dis
dis.dis(do_something)

# dis 執行結果
  5           0 LOAD_FAST              0 (delta_seconds)
              2 LOAD_CONST             1 (950400)
              4 COMPARE_OP             0 (<)
              6 POP_JUMP_IF_FALSE     12

  6           8 LOAD_CONST             0 (None)
             10 RETURN_VALUE
        >>   12 LOAD_CONST             0 (None)
             14 RETURN_VALUE
```

注意到 2 LOAD_CONST 1 (950400) 那一行程式碼了嗎？這表示 Python 解譯器在將原始碼編譯成位元組時，會自動計算 11 * 24 * 3600 運算式的結果，並用 950400 替換它。也就是說，無論你呼叫 do_something 多少次，其中的算式 11 * 24 * 3600 都只會在編譯期間被執行 1 次。

因此，當我們需要用到複雜計算的數字字面值時，請保留整個算式吧。這樣做對效能沒有任何影響，而且會讓程式碼更容易閱讀。

 解譯器除了會預先計算數值運算式之外，還會對字串、串列執行類似的操作 —— 一切為了效能。

2.3.2 使用特殊數位:「無窮大」

如果有人問你:Python 裡哪個數字最大 / 最小?你該怎麼回答?會存在這樣的數字嗎?

答案是「有的」,它們就是 float("inf") 和 float("-inf")。這兩個值分別對應數學世界裡的正負無窮大。當它們和任意數值做比較時,滿足這樣的規律:float("-inf") < 任意數值 < float("inf")。

正因為有著這樣的特點,它們很適合「扮演」一些特殊的邊界值,因而簡化程式邏輯。

例如有一個包含使用者名稱和年齡的字典,我需要把裡面的使用者名稱按照年齡升冪排序,沒有提供年齡的放在最後。使用 float('inf'),程式可以這麼寫:

```python
def sort_users_inf(users):

    def key_func(username):
        age = users[username]
        # 當年齡為空值時,回傳正無窮大作為 key,因此就會被排到最後
        return age if age is not None else float('inf')

    return sorted(users.keys(), key=key_func)
users = {"tom": 19, "jenny": 13, "jack": None, "andrew": 43}
print(sort_users_inf(users))
# 輸出:
# ['jenny', 'tom', 'andrew', 'jack']
```

2.3.3 改善超長字串的可讀性

為了保證可讀性,單行程式碼的長度不宜太長。例如 PEP 8 規則就建議每行字元數不超過 79。在現實世界裡,大部分人遵循的單行最大字元數通常會比 79 稍多一點,但通常不會超過 119 個字元。

如果只考慮普通程式碼,滿足這個長度要求並不算太難。但是,當程式裡需要用到一段超長的、沒有換行的字串時,怎麼辦?

這時,除了用倒斜線 \ 和加號 + 將長字串拆解為幾段,還有一種更簡單的辦法,那就是拿括弧將長字串包起來,之後就可以任意斷行了:

```python
s = ("This is the first line of a long string, "
     "this is the second line")
```

```
# 如果字串出現在函式參數等位置，可以省略一層括弧
def main():
    logger.info("There is something really bad happened during the process. "
                "Please contact your administrator.")
```

多層縮排裡出現多行字串

在之前程式裡插入字串時，還有一種比較棘手的情況：在已經有縮排層級的程式碼裡，插入多行字串字面值。為了讓字串不要包含當前縮排裡的空格，我們必須把程式碼寫成這樣：

```
def main():
    if user.is_active:
        message = """Welcome, today's movie list:
- Jaw (1975)
- The Shining (1980)
- Saw (2004)"""
```

但是，這種寫法會破壞整段程式的縮排視覺結果，顯得非常突兀。有好幾種辦法可以改善這種情況，例如可以把這段多行字串提取為外層全域變數。

但如果你不想那麼做，也可以用標準函式庫 textwrap 來解決這個問題：

```
from textwrap import dedent

def main():
    if user.is_active:
        message = dedent("""\
            Welcome, today's movie list:
            - Jaw (1975)
            - The Shining (1980)
            - Saw (2004)""")
```

dedent 方法會刪除整段字串左側的空白縮排。使用它來處理多行字串以後，整段程式的縮排視覺結果就能保持正常了。

2.3.4　別忘了以 r 開頭的字串內建方法

當人們閱讀文字時，通常是從左往右，這或許影響了我們處理字串的順序 —— 也是從左往右。Python 的絕大多數字串方法遵循從左往右的執行順序，例如最常用的 .split() 就是：

```
>>> s = 'hello, string world!'

# 從左邊開始分割字串，限制 maxsplit=1 只分割一次
>>> s.split(' ', maxsplit=1)
['hello,', 'string world!']
```

但除了這些「正序」方法，字串其實還有一些執行從右往左處理的「倒序」方法。這些方法都以字元 r 開頭，例如 rsplit() 就是 split() 的對稱「倒序」方法。在處理某些特定目的時，使用「倒序」方法也許能事半功倍。

舉個例子，假設我需要解析一些存取日誌，日誌格式為 '"{user_agent}" {content_length}'：

```
>>> log_line = '"AppleWebKit/537.36 (KHTML, like Gecko) Chrome/70.0.3538.77 Safari/
537.36" 47632'
```

如果使用 .split() 將日誌拆解為 (user_agent, content_length)，我們需要這麼寫：

```
>>> l = log_line.split()

# 因為 UserAgent 裡面有空格，所以切完後需要將把它們再連接起來
>>> " ".join(l[:-1]), l[-1]
('"AppleWebKit/537.36 (KHTML, like Gecko) Chrome/70.0.3538.77 Safari/537.36"', '47632')
```

但如果利用 .rsplit()，處理邏輯就可以變得更直接：

```
# 由右向左切割，None 表示以所有的空白字串切割
>>> log_line.rsplit(None, maxsplit=1)
['"AppleWebKit/537.36 (KHTML, like Gecko) Chrome/70.0.3538.77 Safari/537.36"', '47632']
```

2.3.5　不要害怕字串連接

很多年以前剛接觸 Python 時，我在某個網站上看到這樣一個說法：

Python 裡的字串是不可變物件，因此每連接一次字串都會生成一個新物件，導致新的記憶體分配，效率非常低。

有段時間我對此深信不疑。

因此，長久以來，我在任何情況下都避免使用 += 連接字串，而是用 "".join(str_list) 相關的方式來代替。

但有一次，在開發一個文本處理工具時，我偶然對字串連接操作做了一次效能測試，然後發現 ——「Python 的字串連接速度並不會慢！」下面我簡單重現一下當時的效能測試。

Python 有一個內建模組 timeit，利用它，我們可以非常方便地測試程式的執行效率。首先，定義需要測試的兩個函式：

```
# 宣告一個長度為 100 的詞彙串列
WORDS = ['Hello', 'string', 'performance', 'test'] * 25

def str_cat():
    """ 使用字串連接 """
    s = ''
    for word in WORDS:
        s += word
    return s


def str_join():
    """ 使用串列配合 join 產生字串 """
    l = []
    for word in WORDS:
        l.append(word)
    return ''.join(l)
```

然後，匯入 timeit 模組，定義效能測試：

```
import timeit

# 預設執行 100 萬次
cat_spent = timeit.timeit(setup='from __main__ import str_cat', stmt='str_cat()')
print("cat_spent:", cat_spent)

join_spent = timeit.timeit(setup='from __main__ import str_join', stmt='str_join()')
print("join_spent", join_spent)
```

在我的筆記型電腦上，上面的測試會輸出以下結果：

```
cat_spent: 7.844882188
join_spent 7.310863505
```

發現了嗎？基於字串連接的 str_cat() 函式只比 str_join() 慢 0.5 秒，整體來說來說相差不到 7%。所以，這兩種字串連接方式在效率上根本沒什麼區別。

當時的我在做完效能測試後，又翻閱一些資料，最後才明白這是怎麼一回事。

在 Python 2.2 及之前的版本裡，字串連接操作確實很慢，這正是由「不可變物件」和「記憶體分配」導致的，跟我最早看到的說法一致。但重點是，由於字串連接操作實在太常使用，2.2 版本之後的 Python 專門針對它做了效能最佳化，大大提升了其執行效率。

如今，使用 += 連接字串基本已經和 "".join(str_list) 一樣快了。所以，該連接時就連接吧，少量的字串連接根本不會帶來任何效能問題，反而可以讓程式碼更直觀。

2.4 總結

本章我們學習了在 Python 中使用數值與字串的經驗和技巧。

Python 中的數值非常讓人放心，使用它的過程中只要注意不要掉入浮點數精度陷阱就行。

而 Python 中的字串也特別好用，它具有大量內建方法，甚至有一些太常用的字串方法有時也能發揮奇效。

正因為字串簡單易用，有時也會被過度使用。例如在程式碼中直接連接字串生成 SQL 語句、組裝複雜文本，等等。在這些情況下，使用專業模組和模板引擎才是更好的選擇。

在看到一些寫程式的「經驗之談」時，你最好抱著懷疑精神，因為 Python 語言進化得特別快，一不留神，以往的經驗就會過時。如果需要驗證某個「經驗之談」，dis 和 timeit 兩個優秀的工具可以幫到你：前者能讓你直接檢查編譯後的位元組，後者則能讓你方便地做效能測試。保持懷疑、多多實驗，有助於你成長為更優秀的工程師。

以下是本章重要知識總結。

（1）數值基礎知識

❑ Python 的浮點數有精度問題，請使用 Decimal 物件做精確的小數運算。

❑ 布林值型態是整數的子型態，布林值可以當作 0 和 1 來使用。

❑ 使用 float('inf') 無窮大可以簡化邊界處理邏輯。

（2）字串基礎知識

❑ 字串分為兩類：str（給人閱讀的文字類型）和 bytes（給電腦閱讀的二進制類型）。

❑ 透過 .encode() 與 .decode() 可以在兩種字串之間做轉換。

❑ 優先推薦的字串格式化方式（從前往後）：f-string、str.format()、C 語言風格格式化。

❑ 使用以 r 開頭的字串內建方法可以從右往左處理字串，特定場景下可以派上用場。

❑ 字串連接並不慢，不要因為效能原因害怕使用它。

（3）程式碼可讀性技巧

❑ 在宣告數值字面值時，可以透過插入 _ 字元來提升可讀性。

❑ 不要出現「神奇」的字面值，使用常數或者列舉型態替換它們。

❑ 保留數學算式運算式不會影響效能，並且可以提升可讀性。

❑ 使用 textwrap.dedent() 可以讓多行字串更好地融入程式碼。

（4）程式碼可維護性技巧

❑ 當操作 SQL 語句等結構化字串時，使用專有模組比裸處理的程式碼更易於維護。

❑ 使用 Jinja2 模板來替代字串連接操作。

（5）語言內部知識

❑ 使用 dis 模組可以查看 Python 位元組，幫助我們理解內部原理。

❑ 使用 timeit 模組可以對 Python 程式方便地進行效能測試。

❑ Python 語言進化得很快，不要輕易被舊版本的「經驗」所左右。

3

容器型態

在我們的日常生活中，有一類物品比較特別，它們自身並不提供「具體」的功能，最大的用處就是存放其他東西 —— 小學生用的文具盒、圖書館的書架，都可歸入此類物品，我們可以統稱它們為「容器」。

而在程式碼世界裡，同樣也有「**容器**」這個概念。程式碼裡的容器泛指那些專門用來裝其他物件的特殊資料型態。在 Python 中，最常見的內建容器型態有四種：串列、元組、字典、集合。

串列（list）是一種非常經典的容器型態，一般用來存放多個同類物件，例如從 1 到 10 的所有整數：

```
>>> numbers = [1, 2, 3, 4, 5, 6, 7, 8, 9, 10]
```

元組（tuple）和串列非常類似，但跟串列不同的地方，它不能被修改。這意味著元組完成初始化後就無法再做更動了：

```
>>> names = ('foo', 'bar')
>>> names[1] = 'x'
...
TypeError: 'tuple' object does not support item assignment
```

字典（dict）型態存放的是一組組鍵值組（key: value）。它功能強大，應用廣泛，就連 Python 內部也大量使用，例如每個類別實例的所有屬性，就都存放在一個名為 __dict__ 的字典裡：

```
class Foo:
    def __init__(self, value):
        self.value = value


foo = Foo('bar')
print(foo.__dict__, type(foo.__dict__))
```

執行後輸出：

```
{'value': 'bar'} <class 'dict'>
```

集合（set）也是一種常用的容器型態。它最大的特點是元素不能重複，所以經常用來刪除重複元素：

```
>>> numbers = [1, 2, 2, 1]
>>> set(numbers)
{1, 2}
```

這四種容器型態各有優缺點，適用情況也各不相同。本章將簡單介紹每種容器型態的特點，深入分析它們的應用時機，幫你釐清一些常見的概念。更好地掌握容器能幫助你寫出更有效率的 Python 程式。

3.1 基礎知識

在基礎知識部分，我將按照串列、元組、字典、集合的順序介紹每種容器的基本操作，並在其中穿插一些重要的概念解釋。

3.1.1 串列常用操作

串列是一種有序的可變容器型態，是日常程式設計中最常用的型態之一。常用的串列建立方式有兩種：字面值語法與 list() 內建函式。

使用 [] 符號來建立一個串列字面值：

```
>>> numbers = [1, 2, 3, 4]
```

內建函式 list(iterable) 則可以把任何一個可迭代物件轉換為串列，例如字串：

```
>>> list('foo')
['f', 'o', 'o']
```

對於已有串列，我們可以透過索引存取它的成員。要刪除串列中的某些內容，可以直接使用 del 語句：

```
# 透過索引取得內容，如果索引超出範圍，會拋出 IndexError 例外
>>> numbers[2]
```

```
3

# 使用切片取得一段內容
>>> numbers[1:]
[2, 3, 4]

# 刪除串列中的一段內容
>>> del numbers[1:]
>>> numbers
[1]
```

1. 在搜尋串列時取得索引

當你使用 for 迴圈搜尋串列時,預設會逐個拿到串列的所有成員。如果你想在
搜尋的同時,取得當前迴圈索引,可以選擇用內建函式 enumerate() 包裹串列
物件[1]:

```
>>> names = ['foo', 'bar']
>>> for index, s in enumerate(names):
...     print(index, s)
...
0 foo
1 bar
```

enumerate() 接收一個可選的 start 參數,用於指定迴圈索引的初始值(預設
為 0):

```
>>> for index, s in enumerate(names, start=10):
...     print(index, s)
...
10 foo
11 bar
```

enumerate() 適用於任何「可迭代物件」,因此它不僅可以用於串列,還可以
用於元組、字典、字串等其他物件。

 你可以在 6.1.1 節找到關於「可迭代物件」的更多介紹。

---

1   我把 enumerate 稱作「函式」(function)其實並不準確。因為 enumerate 實際上是一個「類別」
    (class),而不是普通函式,但為了簡化理解,我們暫且叫它「函式」吧。

2. 串列生成式

當我們需要處理某個串列時，一般有兩個目的：修改當前成員的值；根據規則刪除某些成員。

舉個例子，有個串列裡存放了許多正整數，我想要刪除裡面的奇數，並將所有數字乘以 100。如果用傳統寫法，程式碼如下所示：

```python
def remove_odd_mul_100(numbers):
    """ 刪除奇數並乘以 100"""
    results = []
    for number in numbers:
        if number % 2 == 1:
            continue
        results.append(number * 100)
    return results
```

一共 6 行程式碼，看起來並不會太多。但其實針對這種需求，Python 有為我們提供了更精簡的寫法：**串列生成式**（list comprehension）。使用串列生成式，上面函式裡的 6 行程式碼可以簡化為一行：

```python
# 用一個運算式完成 4 件事情
#
# 1. 搜尋舊串列：for n in numbers
# 2. 對成員進行條件過濾：if n % 2 == 0
# 3. 修改成員的內容：n * 100
# 4. 組裝為新的結果串列
#
results = [n * 100 for n in numbers if n % 2 == 0]
```

比起傳統風格的舊程式碼，串列生成式把相同操作組合在一起，結果就是：程式碼數量更少，且維持了很高的可讀性。因此，串列生成式可以說是處理串列資料的一把「利器」。

但在使用串列生成式時，也需要注意不要陷入一些常見誤區。在 3.3.6 節中，我會談談使用串列生成式的兩個「不要」。

3.1.2 理解串列的可變性

Python 裡的內建資料型態，大致上可分為可變性與不可變性兩種。

❑ 可變性（mutable）：串列、字典、集合。

❑ 不可變性（immutable）：整數、浮點數、字串、位元組、元組。

前面提到，串列是可變的。當我們初始化一個串列後，仍然可以呼叫
.append()、.extend() 等方法來修改它的內容。而字串和整數等都是不可變
的 —— 我們無法修改一個已經存在的字串物件。

在學習 Python 時，理解型態的可變性是非常重要的一課。如果不能掌握它，你
在寫程式時就會遇到很多與之相關的「驚喜」。

以一個最常見的情境「函式呼叫」來說，許多新手在剛接觸 Python 時，很難理
解下面這兩個例子。

範例一：為字串增加內容

在這個範例中，我們定義一個將字串增加內容的函式 add_str()，並在外層用
一個字串參數呼叫該函式：

```python
def add_str(in_func_obj):
    print(f'In add [before]: in_func_obj="{in_func_obj}"')
    in_func_obj += ' suffix'
    print(f'In add [after]: in_func_obj="{in_func_obj}"')


orig_obj = 'foo'
print(f'Outside [before]: orig_obj="{orig_obj}"')
add_str(orig_obj)
print(f'Outside [after]: orig_obj="{orig_obj}"')
```

執行上面的程式會輸出這樣的結果：

```
Outside [before]: orig_obj="foo"
In add [before]: in_func_obj="foo"
In add [after]: in_func_obj="foo suffix"

# 注意：這裡的 orig_obj 變數還是原來的值
Outside [after]: orig_obj="foo"
```

在這段程式裡，原始字串物件 orig_obj 被作為參數傳給了 add_str() 函式的
in_func_obj 變數。之後函式內部透過 += 運算來修改 in_func_obj 的值，為
其增加了尾綴字串。但重點是：函式外的 orig_obj 變數所指向的值沒有受到
任何影響。

範例二：為串列增加內容

在這個例子中，我們保留相同的程式邏輯，但是把 orig_obj 換成了串列物件：

```python
def add_list(in_func_obj):
    print(f'In add [before]: in_func_obj="{in_func_obj}"')
    in_func_obj += ['baz']
    print(f'In add [after]: in_func_obj="{in_func_obj}"')


orig_obj = ['foo', 'bar']
print(f'Outside [before]: orig_obj="{orig_obj}"')
add_list(orig_obj)
print(f'Outside [after]: orig_obj="{orig_obj}"')
```

執行後會發現結果不太一樣：

```
Outside [before]: orig_obj="['foo', 'bar']"
In add [before]: in_func_obj="['foo', 'bar']"
In add [after]: in_func_obj="['foo', 'bar', 'baz']"

# 注意：函式外的 orig_obj 變數的值已經被修改了！
Outside [after]: orig_obj="['foo', 'bar', 'baz']"
```

當運算物件變成串列後，函式內的 += 運算居然可以修改原始變數的值！

範例解釋

如果要用其他程式設計語言的術語來解釋這兩個例子，上面的函式呼叫似乎分別可以對應兩種函式參數傳遞機制。

（1）**值傳遞**（call-by-value）：呼叫函式時，傳過去的是變數所指向物件（值）的複製，因此對函式內變數的任何修改，都不會影響原始變數 —— 對應 orig_obj 是字串時的行為。

（2）**引用傳遞**（call-by-reference）：呼叫函式時，傳過去的是變數自己的引用（記憶體位址），因此，修改函式內的變數會直接影響原始變數 —— 對應 orig_obj 是串列時的行為。

看了上面的解釋，你也許會發出靈魂拷問：為什麼 Python 的函式呼叫要同時使用兩套不同的機制，把事情變得如此複雜呢？

答案其實沒有你想得那麼「複雜」 —— Python 在進行函式呼叫傳參數時，採用的既不是值傳遞，也不是引用傳遞，而是傳遞了「變數所指物件的引用」（call-by-object-reference）。

換個角度說，當你呼叫 func(orig_obj) 後，Python 只是新建了一個函式內部變數 in_func_obj，然後讓它和外部變數 orig_obj 指向同一個物件，相當於做了一次變數賦值：

```
def func(in_func_obj): ...

orig_obj = ...
func(orig_obj)
```

這個過程如圖 3-1 所示。

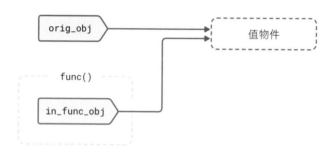

▲ 圖 3-1　進行函式呼叫後，變數與值物件間的關係示意圖

一次函式呼叫基本等於執行了 in_func_obj = orig_obj。

所以，當我們在函式內部執行 in_func_obj += ... 等修改操作時，是否會影響外部變數，只取決於 in_func_obj 所指向的物件本身是否可變。

如圖 3-2 所示，淺色標籤代表變數，白色方塊代表值。在左側的圖裡，in_func_obj 和 orig_obj 都指向同一個字串 'foo'。

在對字串進行 += 運算時，因為字串是不可變型態，所以程式會生成一個新物件（值）：'foo suffix'，並讓 in_func_obj 變數指向這個新物件；舊值（原始變數 orig_obj 指向的物件）則不受任何影響，如圖 3-2 右側所示。

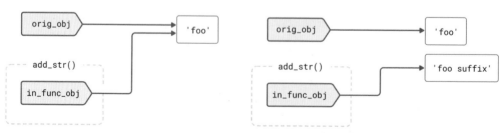

▲ 圖 3-2　對字串物件執行 += 運算

但如果物件是可變的（例如串列），+= 運算就會直接修改 in_func_obj 變數所
指向的值，而它同時也是原始變數 orig_obj 所指向的內容；而修改完成後，
兩個變數所指向的值（同一個）肯定就都受到了影響。如圖 3-3 所示，右邊的
串列在運算後直接多了一個成員：'bar'。

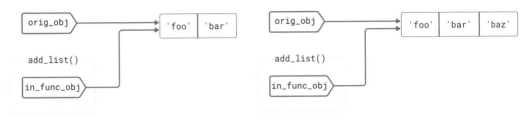

▲ 圖 3-3　對串列物件執行 += 運算

由此可見，Python 的函式呼叫不能簡單歸類為「值傳遞」或者「引用傳遞」，
一切行為取決於物件的可變性。

3.1.3　常用元組操作

元組是一種有序的不可變容器型態。它看起來和串列非常像，只是判斷字從
中括號 [] 變成了小括號 ()。因為元組不可變，所以它也沒有串列那些內建方
法，例如 .append()、.extend() 等。

和串列一樣，元組也有兩種常用的宣告方式 —— 字面值運算式和 tuple() 內建
函式：

```
# 使用字面值語法宣告元組
>>> t = (0, 1, 2)

# 事實上：「括號」其實不是宣告元組的關鍵內容 —— 直接刪掉兩側括號
# 也能完成宣告，「逗號」才是讓解譯器判定為元組的關鍵
>>> t = 0, 1, 2
>>> t
(0, 1, 2)

# 使用 tuple(iterable) 內建函式
>>> t = tuple('foo')
>>> t
('f', 'o', 'o')
```

因為元組是一種不可變型態，所以下面這些操作都不會成功：

```
>>> del user_info[1]
# 報錯：元組成員不允許被刪除
#   TypeError: 'tuple' object doesn't support item deletion
>>> user_info.append(0)
# 報錯：元組沒有 append 方法
#   AttributeError: 'tuple' object has no attribute 'append'
```

1. 回傳多個結果，其實就是回傳元組

在 Python 中，函式可以一次回傳多個結果，這其實是透過回傳一個元組來實現的：

```
def get_rectangle():
    """ 回傳長方形的寬和高 """
    width = 100
    height = 20
    return width, height


# 取得函式的多個回傳值
result = get_rectangle()
print(result, type(result))
# 輸出：
# (100, 20) <class 'tuple'>
```

將函式回傳值一次賦值給多個變數時，其實就是對元組做了一次解包操作：

```
width, height = get_rectangle()
# 可以理解為：width, height = (width, height)
```

2. 沒有「元組推導式」

前面提到，串列有自己的串列生成式。而元組和串列那麼相似，是不是也有自己的推導式呢？

亂猜不如實際嘗試看看，我們把 [] 改成 () 符號來試試看：

```
width, height = get_rectangle()
# 可以理解 ：width, height = (width, height)
```

很遺憾，上面的運算式並沒有產生元組，而是回傳了一個生成器（generator）物件。因此它是生成器推導式，而非元組推導式。

不過幸運的是，雖然無法透過推導式直接得到元組，但生成器仍然是一種可迭代型態，所以我們還是可以對它呼叫 tuple() 函式，獲得元組：

```
>>> results = tuple((n * 100 for n in range(10) if n % 2 == 0))
>>> results
(0, 200, 400, 600, 800)
```

 有關生成器和迭代器的更多內容，可查看 6.1.1 節。

3. 存放結構化資料

和串列不同，在同一個元組裡出現不同型態的值是很常見的事情，因此元組通常用來存放結構化資料。例如，下面的 user_info 就是一份包含名稱、年齡等資訊的使用者資料：

```
>>> user_info = ('piglei', 'MALE', 30, True)
>>> user_info[2]
30
```

正因為元組有這個特點，所以 Python 為我們提供了一個特殊的元組型態：具名元組。

3.1.4 具名元組

和串列一樣，當我們想存取元組成員時，需要用數字索引來定位：

```
>>> rectangle = (100, 20)
>>> rectangle[0] ❶
100
>>> rectangle[-1] ❷
20
```

❶ 存取第一個成員
❷ 存取最後一個成員

前面提到，元組經常被用來存放結構化資料，但只能透過數字索引來存取元組成員其實特別不方便 —— 例如我就完全記不住上面的 `rectangle[0]` 到底代表長方形的寬度還是高度。

為了解決這個問題，我們可以使用一種特殊的元組：**具名元組**（namedtuple）。具名元組在保留普通元組功能的基礎上，允許為元組的每個成員命名，這樣你便能透過名稱而不止是數字索引存取成員。

建立具名元組需要用到 `namedtuple()` 函式，它位於標準函式庫的 `collections` 模組裡，使用前需要先匯入：

```
from collections import namedtuple

Rectangle = namedtuple('Rectangle', 'width,height') ❶
```

❶ 除了用逗號來分隔具名元組的欄位名稱之外，還可以用空格分隔：`'width height'`，或是直接使用一個字串串列：`['width', 'height']`

使用結果如下：

```
>>> rect = Rectangle(100, 20) ❶
>>> rect = Rectangle(width=100, height=20) ❷
>>> print(rect[0]) ❸
100
>>> print(rect.width) ❹
100
>>> rect.width += 1 ❺
...
AttributeError: can't set attribute
```

❶ 初始化具名元組
❷ 也可以指定欄位名稱來初始化
❸ 可以像普通元組一樣，透過數字索引存取成員
❹ 具名元組也支持透過名稱來存取成員
❺ 和普通元組一樣，具名元組是不可變的

在 Python 3.6 版本以後，除了使用 `namedtuple()` 函式之外，你還可以用 `typing.NamedTuple` 和型態註解語法來宣告具名元組型態。這種方式在可讀性上更勝一籌：

```
class Rectangle(NamedTuple):
    width: int
```

```
    height: int

rect = Rectangle(100, 20)
```

但需要注意的是，上面的寫法雖然給 width 和 height 加了型態註解，但
Python 在執行時並不會做真正的型態驗證。也就是說，下面這段程式也能正常
執行：

```
# 提供錯誤的型態來初始化
rect_wrong_type = Rectangle('string', 'not_a_number')
```

想要嚴格驗證欄位型態，可以使用 mypy 等工具對程式碼進行靜態檢查（我們會
在 13.1.5 節詳細講解）。

和普通元組比起來，使用具名元組的好處很多。其中最直觀的一點就是：用名
字存取成員（rect.width）比用普通數字索引（rect[0]）更易讀、更好記。
除此之外，具名元組還有其他妙用，在 3.3.7 節中，我會展示把它用作函式回傳
值的好處。

3.1.5　字典常用操作

跟串列與元組比起來，字典是一種更為複雜的容器結構。它所存儲的內容不再
是單一維度的線性序列，而是多維度的 key: value 鍵值組。以下是字典的一
些基本操作：

```
>>> movie = {'name': 'Burning', 'type': 'movie', 'year': 2018}

# 透過 key 來取得某個 value
>>> movie['year']
2018

# 字典是一種可變型態，所以可以給它增加新的 key
>>> movie['rating'] = 10

# 字典的 key 不可重複，對同一個 key 賦值會覆蓋舊值
>>> movie['rating'] = 9
>>> movie
{'name': 'Burning', 'type': 'movie', 'year': 2018, 'rating': 9}
```

1. 搜尋字典

當我們直接搜尋一個字典物件時，會逐個拿到字典所有的 key。如果你想在搜尋字典時同時取得 key 和 value，需要使用字典的 .items() 方法：

```
# 搜尋字典以取得所有的 key
>>> for key in movie:
...     print(key, movie[key])

# 一次取得字典的所有 key: value 鍵值組
>>> for key, value in movie.items():
...     print(key, value)
```

2. 存取不存在的字典鍵

當用不存在的鍵存取字典內容時，程式會拋出 KeyError 例外，我們一般稱之為程式裡的**邊界情況**（edge case）。針對這種邊界情況，比較常見的處理方式有兩種：

（1）讀取內容前先做一次條件判斷，只有在條件透過的情況下才繼續執行其他操作。

（2）直接執行，但是會跳出 KeyError 例外。

第一種寫法：

```
>>> if 'rating' in movie:
...     rating = movie['rating']
... else:
...     rating = 0
...
```

第二種寫法：

```
>>> try:
...     rating = movie['rating']
... except KeyError:
...     rating = 0
...
```

在 Python 中，人們比較推崇第二種寫法，因為它看起來更簡潔，執行效率也更高。不過，如果只是「提供預設值的讀取操作」，其實可以直接使用字典的 .get() 方法。

在 5.1.1 節中，我們會詳細探討為何應該使用例外捕捉來處理邊界
情況。

dict.get(key, default) 方法接收一個 default 參數，當存取的鍵不存在
時，方法會回傳 default 作為預設值：

```
>>> movie.get('rating', 0) ❶

0
```

❶ 此時 movie 裡沒有 rating 欄位

3. 使用 setdefault 取值並修改

有時，我們需要修改字典中某個可能不存在的鍵，如下程式中，我需要在字典
d 的 items 鍵裡新增新值，但 d['items'] 可能根本不存在。因此我寫了一段
例外捕捉方法 ── 如果 d['items'] 不存在，就用串列來初始化它：

```
try:
    d['items'].append(value)
except KeyError:
    d['items'] = [value]
```

針對上面這種情況，其實有一個更適合的工具：d.setdefault(key,
default=None) 方法。使用它，可以直接刪掉上面的例外捕捉，程式邏輯會變
得更簡單。

視條件的不同，呼叫 dict.setdefault(key, default) 會產生兩種結果：當
key 不存在時，該方法會把 default 值寫入字典的 key 位置，並回傳該值；如
果 key 已經存在，該方法就會直接回傳它在字典中的對應值。程式如下：

```
>>> d = {'title': 'foobar'}
>>> d.setdefault('items', []).append('foo') ❶
>>> d
{'title': 'foobar', 'items': ['foo']}
>>> d.setdefault('items', []).append('bar') ❷
>>> d
{'title': 'foobar', 'items': ['foo', 'bar']}
```

❶ 若 key 不存在，以空串列 [] 初始化並回傳
❷ 若 key 存在，直接回傳舊值

4. 使用 pop 方法刪除不存在的鍵

如果我們想刪除字典裡的某個鍵，一般會使用 del d[key] 語句；但如果要刪除的鍵不存在，該操作就會拋出 KeyError 例外。

因此，要想安全地刪除某個鍵，需要加上一段例外捕捉方法：

```
try:
    del d[key]
except KeyError:
    # 忽略 key 不存在的情況
    pass
```

但如果你只是單純地想刪掉某個鍵，並不關心它存在與否、刪除有沒有成功，那麼使用 dict.pop(key, default) 方法就夠了。

只要在呼叫 pop 方法時傳入預設值 None，在鍵不存在的情況下也不會產生任何例外：

```
d.pop(key, None)
```

 嚴格說來，pop 方法的主要用途並不是刪除某個鍵，而是取出這個鍵對應的值。但我個人覺得，偶爾用它來執行刪除操作也無傷大雅。

5. 字典推導式

和串列類似，字典同樣有自己的字典推導式。（比元組待遇好多啦！）你可以用它來方便地過濾和處理字典成員：

```
>>> d1 = {'foo': 3, 'bar': 4}
>>> {key: value * 10 for key, value in d1.items() if key == 'foo'}
{'foo': 30}
```

3.1.6　認識字典的有序性與無序性

在 Python 3.6 版本以前，幾乎所有開發者都遵照一條常識：「Python 的字典是無序的。」這裡的無序指的是：當你按照某種順序把內容存進字典後，就永遠無法按照原順序把它取出來了。

以下面這段程式為例：

```
>>> d = {}
>>> d['FIRST_KEY'] = 1
>>> d['SECOND_KEY'] = 2

>>> for key in d:
...     print(key)
```

如果用 Python 2.7 版本執行這段程式，你會發現輸出順序和輸入順序反過來了。第二個輸入的 SECOND_KEY 反而先被輸出：

```
SECOND_KEY
FIRST_KEY
```

上面這種無序現象，是由字典的底層實現所決定的。

Python 裡的字典在底層使用了**雜湊表**（hash table）資料結構。當你往字典裡存放一組 key:value 時，Python 會先透過雜湊演算法計算出 key 的雜湊值 —— 一個整數數字；然後根據這個雜湊值，決定資料在表中的具體位置。

因此，最初插入內容的順序，在這個雜湊過程中被自然丟掉了，字典裡的內容順序變得僅與雜湊值相關，與寫入順序無關。在很長一段時間裡，字典的這種無序性一直被當成一個常識為大家所接受。

但 Python 語言在不斷進化。Python 3.6 為字典型態引入了一個改進：優化了底層實現，同樣的字典相比 3.5 版本可節約多達 25% 的記憶體。而這個改進同時帶來了一個有趣的副作用：字典變得有序了。因此，只要用 Python 3.6 之後的版本執行前面的程式，結果永遠都會是 FIRST_KEY 在前，SECOND_KEY 在後。

一開始，字典變為有序只是作為 3.6 版本的「隱藏特性」存在。但到了 3.7 版本，它已經徹底成了語言規範的一部分。[2]

如今當你使用字典時，如果程式執行環境是 Python 3.7 或更高版本，那你完全可以相依字典型態的這種有序特性。

2　在 Python 3.7 版本的更新公告中有一行說明：the insertion-order preservation nature of dict objects has been declared to be an official part of the Python language spec。

但如果你使用的 Python 版本沒有那麼新，也可以從 collections 模組裡方便地拿到另一個有序字典物件 OrderedDict，它可以在 Python 3.7 以前的版本裡保證字典有序：

```
>>> from collections import OrderedDict
>>> d = OrderedDict()
>>> d['FIRST_KEY'] = 1
>>> d['SECOND_KEY'] = 2

>>> for key in d:
...     print(key)
FIRST_KEY
SECOND_KEY
```

OrderedDict 最初出現於 2009 年發佈的 Python 3.1 版本，距今已有十多年歷史。因為新版本的 Python 的字典已然變得有序，所以人們常常討論 collections.OrderedDict 是否有必要繼續存在。

但在我看來，OrderedDict 比起普通字典仍然有一些優勢。最直接的一點是，OrderedDict 把「有序」放在了自己的名字裡，因此當你在程式中使用它時，其實比普通字典更清晰地表達了「此處會相依字典的有序特性」這一點。

另外從功能上來說，OrderedDict 與新版本的字典其實也有著一點些微區別。例如，在對比兩個內容相同而順序不同的字典物件時，解譯器會回傳 True 結果；但如果是 OrderedDict 物件，則會回傳 False：

```
>>> d1 = {'name': 'piglei', 'fruit': 'apple'}
>>> d2 = {'fruit': 'apple', 'name': 'piglei'}
>>> d1 == d2 ❶
True

>>> d1 = OrderedDict(name='piglei', fruit='apple')
>>> d2 = OrderedDict(fruit='apple', name='piglei')
>>> d1 == d2 ❷
False
```

❶ 內容一致而順序不同的字典被視作相等，因為解譯器只對比字典的鍵和值是否一致

❷ 同樣的 OrderedDict 則被視作不相等，因為「鍵的順序」也會作為對比條件

除此之外，OrderedDict 還有 .move_to_end() 等普通字典沒有的一些方法。所以，即便 Python 3.7 及之後的版本已經提供了內建的「有序字典」，但 OrderedDict 仍然有著自己的一席之地。

3.1.7　集合常用操作

集合是一種無序的可變容器型態，它最大的特點就是成員不能重複。集合字面值的語法和字典很像，都是使用大括號括住，但集合裡裝的是一維的值 {value, ...}，而不是鍵值組 {key: value, ...}。

初始化一個集合：

```
>>> fruits = {'apple', 'orange', 'apple', 'pineapple'}
```

重新查看上面 fruits 變數的值，你會馬上體會到集合最重要的兩個特徵 —— 去重複化與無序 —— 重複的 'apple' 消失了，但成員順序也被打亂了：

```
>>> fruits
{'pineapple', 'orange', 'apple'}
```

要初始化一個空集合，只能呼叫 set() 方法，因為 {} 表示的是一個空字典，而不是一個空集合。

```
# 正確初始化一個空集合
>>> empty_set = set()
```

集合也有自己的推導式語法：

```
>>> nums = [1, 2, 2, 4, 1]
>>> {n for n in nums if n < 3}
{1, 2}
```

1. 不可變的集合 frozenset

集合是一種可變型態，呼叫 .add() 方法可以向集合追加新成員：

```
>>> new_set = set(['foo', 'foo', 'bar'])
>>> new_set.add('apple')
>>> new_set
{'apple', 'bar', 'foo'}
```

如果你想要一個不可變的集合，可使用內建型態 frozenset，它和普通 set 非常像，只是少了所有的修改類別方法：

```
>>> f_set = frozenset(['foo', 'bar'])
>>> f_set.add('apple')
```

```
# 報錯：沒有 add/remove 那些修改集合的方法
AttributeError: 'frozenset' object has no attribute 'add'
```

2. 集合運算

除了本身不重複以外，集合的最大獨特之處在於：你可以對其進行真正的集合運算，例如求交集、聯集、差集，等等。所有操作都可以用兩種方式來進行：方法和運算子。

例如我有兩個儲存了水果名稱的集合：

```
>>> fruits_1 = {'apple', 'orange', 'pineapple'}
>>> fruits_2 = {'tomato', 'orange', 'grapes', 'mango'}
```

對兩個集合求交集，也就是取得兩個集合中同時存在的東西：

```
# 使用 & 運算子
>>> fruits_1 & fruits_2
{'orange'}
# 使用 intersection 方法完成同樣的功能
>>> fruits_1.intersection(fruits_2)
...
```

對集合求聯集，把兩個集合裡的東西合起來：

```
# 使用 | 運算子
>>> fruits_1 | fruits_2
{'mango', 'orange', 'grapes', 'pineapple', 'apple', 'tomato'}
# 使用 union 方法完成同樣的功能
>>> fruits_1.union(fruits_2)
...
```

對集合求差集，取得前一個集合有、後一個集合沒有的東西：

```
# 使用 - 運算子
>>> fruits_1 - fruits_2
{'apple', 'pineapple'}
# 使用 difference 方法完成同樣的功能
>>> fruits_1.difference(fruits_2)
...
```

除了上面這三種運算，集合還有 symmetric_difference、issubset 等其他許多有用的操作，你可以在官方文件裡找到詳細的說明。

這些集合運算在特定場景下非常有用，能幫你有效率完成任務，達到事半功倍的結果。第 12 章的案例故事部分就有一個使用集合解決真實問題的有趣案例。

3. 集合只能存放可雜湊物件

在使用集合時，除了上面這些常見操作，你還需要了解另一件重要的事情，那就是集合到底可以存放哪些型態的資料。

例如下面的集合可以被成功初始化：

```
>>> valid_set = {'apple', 30, 1.3, ('foo')}
```

但這個集合就不行：

```
>>> invalid_set = {'foo', [1, 2, 3]}
...
TypeError: unhashable type: 'list'
```

正如上面的報錯資訊所示，集合裡只能存放「可雜湊」（hashable）的物件。如果把不可雜湊的物件（例如上面的串列）放入集合，程式就會跳出 TypeError 例外。

在使用集合時，可雜湊性是個非常重要的概念，下面我們來看看什麼決定了物件的可雜湊性。

3.1.8　了解物件的可雜湊性

在介紹字典型態時，我們說過字典底層使用了雜湊表資料結構，其實集合也一樣。當我們把某個物件放進集合或者作為字典的鍵使用時，解譯器都需要對該物件進行一次雜湊運算，得到雜湊值，然後再進行後面的操作。

這個計算雜湊值的過程，是透過呼叫內建函式 hash(obj) 完成的。如果物件是可雜湊的，hash 函式會回傳一個整數結果，否則將會跳出 TypeError 錯誤。

因此，要把某個物件放進集合，那它就必須是「可雜湊」的。話說到這裡，到底哪些型態是可雜湊的？哪些又是不可雜湊的呢？我們來試試看。

首先，那些不可變的內建型態都是可雜湊的：

```
>>> hash('string')
-3407286361374970639
>>> hash(100)
# 有趣的事情，整數的 hash 值就是它自身的值
100
>>> hash((1, 2, 3))
529344067295497451
```

而可變的內建型態都無法正常計算雜湊值：

```
>>> hash({'key': 'value'})
TypeError: unhashable type: 'dict'
>>> hash([1, 2, 3])
TypeError: unhashable type: 'list'
```

可變型態的不可雜湊特點有一定的「傳染性」。例如在一個原本可雜湊的元組裡放入可變的串列物件後，它也會馬上變得不可雜湊：

```
>>> hash((1, 2, 3, ['foo', 'bar']))
TypeError: unhashable type: 'list'
```

由使用者宣告的所有物件預設都是可雜湊的：

```
>>> class Foo:
...     pass
...
>>> foo = Foo()
>>> hash(foo)
273594269
```

總結一下，某種型態是否可雜湊遵循下面的規則：

（1）所有的不可變內建型態，都是可雜湊的，例如 str、int、tuple、frozenset 等。

（2）所有的可變內建型態，都是不可雜湊的，例如 dict、list 等。

（3）對於不可變容器型態 (tuple,frozenset)，僅當它的所有成員都不可變時，它自身才是可雜湊的。

（4）使用者宣告的型態預設都是可雜湊的。

謹記，只有可雜湊的物件，才能放進集合或作為字典的鍵使用。

在 12.2 節中,你可以讀到一個深度使用可雜湊概念的案例故事。

3.1.9 深層複製與淺層複製

在 3.1.2 節中,我們學習了物件的可變性概念,並看到了可變性如何影響程式的行為。在使用這些可變物件時,如果不複製原始物件就修改,可能會產生我們並不期待的結果。

例如在下面的程式中,nums 和 nums_copy 兩個變數就指向了同一個串列,修改 nums 的同時會影響 nums_copy:

```
>>> nums = [1, 2, 3, 4]
>>> nums_copy = nums
>>> nums[2] = 30
>>> nums_copy ❶
[1, 2, 30, 4]
```

❶ nums_copy 的內容也發生了變化

如果我們想讓兩個變數的修改作用互不影響,就需要複製變數所指向的可變物件,做到讓不同變數指向不同物件。按複製的深度,常用的複製操作可分為兩種:淺層複製與深層複製。

1. 淺層複製

要進行淺層複製,最常用的辦法是使用 copy 模組下的 copy() 方法:

```
>>> import copy
>>> nums_copy = copy.copy(nums)
>>> nums[2] = 30

# 修改後不再互相影響
>>> nums, nums_copy
([1, 2, 30, 4], [1, 2, 3, 4])
```

除了使用 copy() 函式外,對於那些支援推導式的型態,用推導式也可以產生一個淺層複製物件:

```
>>> d = {'foo': 1}
>>> d2 = {key: value for key, value in d.items()}
>>> d['foo'] = 2
```

```
>>> d, d2
({'foo': 2}, {'foo': 1})
```

使用各容器型態的內建構造函式，同樣能實現淺層複製結果：

```
>>> d2 = dict(d.items())  ❶
>>> nums_copy = list(nums)  ❷
```

❶ 以字典 d 的內容建構一個新字典
❷ 以串列 nums 的成員建構一個新串列

對於支援切片操作的容器型態 ── 例如串列、元組，對其進行全切片也可以實現淺層複製結果：

```
# nums_copy    成 nums 的 拷
>>> nums_copy = nums[:]
```

除了上面這些方法，有些型態本身就提供了淺層複製方法，可以直接使用：

```
# 串列有 copy 方法
>>> num = [1, 2, 3, 4]
>>> nums.copy()
[1, 2, 3, 4]

# 字典也有 copy 方法
>>> d = {'foo': 'bar'}
>>> d.copy()
{'foo': 'bar'}
```

2. 深層複製

大部分情況下，上面的淺層複製操作足以滿足我們對可變型態的複製需求。但對於一些層層巢狀的複雜資料來說，淺層複製仍然無法解決巢狀物件被修改的問題。

例如，下面的 items 是一個巢狀了子串列的多層串列：

```
>>> items = [1, ['foo', 'bar'], 2, 3]
```

如果只是使用 copy.copy() 對 items 進行淺層複製，你會發現它並不能做到完全分開兩個變數：

```
>>> import copy
>>> items_copy = copy.copy(items)
>>> items[0] = 100  ❶
>>> items[1].append('xxx')  ❷
>>> items
[100, ['foo', 'bar', 'xxx'], 2, 3]
>>> items_copy  ❸
[1, ['foo', 'bar', 'xxx'], 2, 3]
```

❶ 修改 items 的第一層成員

❷ 修改 items 的第二層成員，往子串列內新增元素

❸ 對 items[1] 的第一層修改沒有影響淺拷貝物件，items_copy[0] 仍然是 1，但對巢狀子串列 items[1] 的修改已經影響了 items_copy[1] 的值，串列內多出了 'xxx'

之所以會出現這樣的結果，是因為即使對 items 做了淺層複製，items[1] 和 items_copy[1] 指向的仍然是同一個串列。如果使用 id() 函式查看它們的物件 ID，會發現它們其實是同一個物件：

```
>>> id(items[1]), id(items_copy[1])
(4467751104, 4467751104)
```

要解決這個問題，可以用 copy.deepcopy() 函式來進行深層複製操作：

```
>>> items_deep = copy.deepcopy(items)
```

深層複製會搜尋並複製 items 裡的所有內容 —— 包括它所巢狀的子串列。做完深層複製後，items 和 items_deep 的子串列不再是同一個物件，它們的修改操作自然也不會再相互影響：

```
>>> id(items[1]), id(items_deep[1])  ❶
(4467751104, 4467286400)
```

❶ 子串列的物件 ID 不再一致

3.2 案例故事

雖然 Python 已經內建了不少強大的容器型態，但在這些內建容器的基礎上，我們還能方便地創造新的容器型態，設計更好用的自訂資料結構。

在下面這個案例故事裡，「我」就來設計一個自訂字典型態，利用它重建一段資料分析腳本。

分析網站造訪日誌

幾個月前，我開始利用業餘時間開發一個 Python 資訊類網站 PyNews，上面彙集了許多 Python 相關的精選技術文章，使用者可以免費瀏覽這些文章，學習最新的 Python 技術。

上週六，我把 PyNews 部署到了線上。令我沒想到的是，這個小網站居然很受歡迎，在沒怎麼宣傳的情況下，日存取量節節攀升，一周以後，每日瀏覽人數居然已經突破了 1000。

但隨著使用者瀏覽量的增加，越來越多的使用者開始向我抱怨：「網站存取速度太慢了！」我心想：「這不行啊，存取速度這麼慢，使用者不就全跑了嘛！」於是，我決定馬上開始優化 PyNews 的存取速度。

要優化效能，第一步永遠是找到效能瓶頸。剛好，我把網站所有頁面的存取耗時都記錄在了一個存取日誌裡。因此，我準備先分析存取日誌，看看究竟是哪些頁面在「拖後腿」。

存取日誌檔案格式如下：

```
# 格式：讀取路徑 讀取耗時（毫秒）
/articles/three-tips-on-writing-file-related-codes/ 120
/articles/15-thinking-in-edge-cases/ 400
/admin/ 3275
...
```

日誌裡記錄了每次讀取的路徑與耗時。基於這些日誌，我決定先寫一個存取分析腳本，把讀取資料按路徑分組，然後再根據耗時將其劃分不同的效能等級，從而找到需急迫需要優化的頁面。

基於我的設計，回應時間被分為四個效能等級。

（1）非常快：小於 100 毫秒。

（2）較快：100 到 300 毫秒之間。

（3）較慢：300 毫秒到 1 秒之間。

（4）慢：大於 1 秒。

理想的解析結果如下所示：

```
---
== Path: /articles/three-tips-on-writing-file-related-codes/
   Total requests: 828
   Performance:
     - Less than 100 ms: 16
     - Between 100 and 300 ms: 35
     - Between 300 ms and 1 s: 119
     - Greater than 1 s: 696
== Path: /
...
---
```

腳本會按分組輸出讀取路徑、總讀取數以及各效能等級讀取數。

因為原始日誌格式很簡單，非常容易解析，所以我很快就寫完了整個腳本，如程式清單 3-1 所示。

程式清單 3-1　日誌分析腳本 analyzer_v1.py

```python
from enum import Enum


class PagePerfLevel(str, Enum):
    LT_100 = 'Less than 100 ms'
    LT_300 = 'Between 100 and 300 ms'
    LT_1000 = 'Between 300 ms and 1 s'
    GT_1000 = 'Greater than 1 s'


def analyze_v1():
    path_groups = {}
    with open("logs.txt", "r") as fp:
        for line in fp:
            path, time_cost_str = line.strip().split()

            # 根據頁面耗時計算效能等級
            time_cost = int(time_cost_str)
            if time_cost < 100:
```

```
            level = PagePerfLevel.LT_100
        elif time_cost < 300:
            level = PagePerfLevel.LT_300
        elif time_cost < 1000:
            level = PagePerfLevel.LT_1000
        else:
            level = PagePerfLevel.GT_1000

        # 如果路徑第一次出現，存入初始值
        if path not in path_groups:
            path_groups[path] = {}

        # 如果效能 level 第一次出現，存入初始值 1
        try:
            path_groups[path][level] += 1
        except KeyError:
            path_groups[path][level] = 1

    for path, result in path_groups.items():
        print(f'== Path: {path}')
        total = sum(result.values())
        print(f'    Total requests: {total}')
        print(f'    Performance:')

        # 在輸出結果前，按照「效能等級」在 PagePerfLevel 裡面的順序排列，小於 100 毫秒
        # 的在最前面
        sorted_items = sorted(
            result.items(), key=lambda pair: list(PagePerfLevel).index(pair[0])
        )
        for level_name, count in sorted_items:
            print(f'      - {level_name}: {count}')


if __name__ == "__main__":
    analyze_v1()
```

在上面的程式裡，我首先在最外層宣告了列舉型態 `PagePerfLevel`，用於表示不同的讀取效能等級，之後在 `analyze_v1()` 內實現了所有的主邏輯。其中的關鍵步驟有：

（1）搜尋整個日誌檔案，逐行解析讀取路徑（path）與耗時（time_cost）。

（2）根據耗時計算讀取屬於哪個效能等級。

（3）判斷讀取路徑是否初次出現，如果是，以**子字典**初始化 path_groups 裡的對應值。

（4）對**子字典**的對應效能等級 key，執行讀取數加 1 操作。

經以上步驟完成資料統計後，在輸出每組路徑的結果時，函式不能直接搜尋 result.items()，而是要先參照 PagePerfLevel 列舉類別按照效能等級排序，然後再輸出。

在線上測試過這個腳本後，我發現它可以正常分析讀取、輸出效能分組資訊，達到了我的預期。

不過，雖然腳本功能正常，但我總覺得它的程式寫得不太好。一個最直觀的感受是：analyze_v1() 函式裡的邏輯特別複雜，耗時分等級、讀取數累加的邏輯，全都被組裝在一起，整個函式讀起來很困難。

另一個問題是，程式碼裡分佈著太多零碎的字典操作，例如 if path not in path_groups、try: ... except KeyError:，等等，看上去非常冗長。

於是我決定花點時間重建一下這份腳本，解決上述兩個問題。

1. 使用 defaultdict 型態

在上面的程式裡，有兩種字典使用看上去有些類似：

```
# 1
# 如果路徑第一次出現，存入初始值
if path not in path_groups:
    path_groups[path] = {}


# 2
# 如果效能 level 第一次出現，存入初始值 1
try:
    path_groups[path][level] += 1
except KeyError:
    path_groups[path][level] = 1
```

當 path 和 level 變數作為字典的 key 第一次出現時，為了正常處理它們，程式同時用了兩種操作：先判斷後初始化；直接操作並捕捉 KeyError 例外。我們在 3.1.5 節學過，除了這麼使用，其實還可以使用字典的 .get() 和 .setdefault() 方法來簡化程式。

但在這個情況下，內建模組 collections 裡的 defaultdict 型態才是最好的選擇。

defaultdict(default_factory, ...) 是一種特殊的字典型態。它在被初始化時，接收一個可呼叫物件 default_factory 作為參數。之後每次進行 d[key] 使用時，如果存取的 key 不存在，defaultdict 物件會自動呼叫 default_factory() 並將結果作為值儲存在對應的 key 裡。

為了更好地理解 defaultdict 的特點，我們來做個小實驗。首先初始化一個空 defaultdict 物件：

```
>>> from collections import defaultdict
>>> int_dict = defaultdict(int)
```

然後直接對一個不存在的 key 執行累加運算。普通字典在執行這個運算時，會跳出 KeyError 例外，但 defaultdict 不會：

```
>>> int_dict['foo'] += 1
```

當 nt_dict 發現鍵 'foo' 不存在時，它會呼叫 default_factory —— 也就是 int() —— 拿到結果 0，將其儲存到字典後再執行累加運算：

```
>>> int_dict
defaultdict(<class 'int'>, {'foo': 1})
>>> dict(int_dict)
{'foo': 1}
```

透過匯入 defaultdict 型態，程式的兩邊初始化邏輯都變得更簡單了。

接下來，我們需要解決 analyze_v1() 函式內部邏輯過於雜亂的問題。

2. 使用 MutableMapping 建立自訂字典型態

在前面的函式裡，有一段核心的字典操作程式碼：先透過 time_cost 計算出 level，然後以 level 為鍵將讀取數儲存到字典中。這段程式的邏輯比較獨立，如果把它從函式中抽離出來，程式會變得更好理解。

此時就該自訂字典型態閃亮登場了。自訂字典和普通字典很像，但它可以給字典的預設行為加上一些變化。例如在這個情況下，我們會讓字典在使用「響應耗時」鍵時，直接將其翻譯成對應的效能等級。

在 Python 中宣告一個字典型態，可透過繼承 MutableMapping 抽象類別來實現，如程式清單 3-2 所示。

程式清單 3-2　用於儲存回應時間的自訂字典

```python
from collections.abc import MutableMapping


class PerfLevelDict(MutableMapping):
    """ 儲存回應時間效能等級的字典 """

    def __init__(self):
        self.data = defaultdict(int)

    def __getitem__(self, key):
        """ 當某個等級不存在時，預設回傳 0"""
        return self.data[self.compute_level(key)]

    def __setitem__(self, key, value):
        """ 將 key 轉換為對應的效能等級，然後設定值 """
        self.data[self.compute_level(key)] = value

    def __delitem__(self, key):
        del self.data[key]

    def __iter__(self):
        return iter(self.data)

    def __len__(self):
        return len(self.data)

    @staticmethod
    def compute_level(time_cost_str):
        """ 根據回應時間計算效能等級 """
        # 如果已經是效能等級，不做轉換直接回傳
        if time_cost_str in list(PagePerfLevel):
            return time_cost_str

        time_cost = int(time_cost_str)
        if time_cost < 100:
            return PagePerfLevel.LT_100
        elif time_cost < 300:
            return PagePerfLevel.LT_300
        elif time_cost < 1000:
            return PagePerfLevel.LT_1000
        return PagePerfLevel.GT_1000
```

在上面的程式碼中，我寫了一個繼承了 MutableMapping 的字典類別 PerfLevelDict。但只有繼承還不夠，要讓這個類別變得像字典一樣，還需要重寫包括 __getitem__、__setitem__ 在內的 6 個魔法方法。

其中最重要的幾點簡單說明如下：

（1）在 __init__ 初始化方法裡，使用 defaultdict(int) 物件來簡化字典的
　　 空值初始化操作。

（2）__getitem__ 方法定義了 d[key] 取值操作時的行為。

（3）__setitem__ 方法定義了 d[key] = value 賦值操作時的行為。

（4）PerfLevelDict 的 __getitem__／__setitem__ 方法和普通字典的最大不
　　 同，在於操作前呼叫了 compute_level()，將字典鍵轉成了效能等級。

我們來試用一下 PerfLevelDict 類別：

```
>>> d = PerfLevelDict()
>>> d[50] += 1
>>> d[403] += 12
>>> d[30] += 2
>>> dict(d)
{<PagePerfLevel.LT_100: 'Less than 100 ms'>: 3, <PagePerfLevel.LT_1000: 'Between 300
ms and 1 s'>: 12}
```

有了 PerfLevelDict 類別以後，我們不需要再去手動做「耗時→等級」轉換
了，一切都可以由自訂字典的內部邏輯處理好。

建立自訂字典類別還帶來了一個額外的好處。在之前的程式裡，有許多有關
字典的零碎操作，例如求和、將 .items() 排序等，現在它們全都可以打包到
PerfLevelDict 類別裡，程式邏輯不再是東一塊、西一塊，而是全部由一個資
料類別搞定。

3. 程式重建

使用 defaultdict 和自訂字典類別以後，程式最終優化成了程式清單 3-3 所示
的樣子。

程式清單 3-3　重建後的日誌分析腳本 analyzer_v2.py

```python
from enum import Enum
from collections import defaultdict
from collections.abc import MutableMapping


class PagePerfLevel(str, Enum):
    LT_100 = 'Less than 100 ms'
    LT_300 = 'Between 100 and 300 ms'
    LT_1000 = 'Between 300 ms and 1 s'
```

```python
    GT_1000 = 'Greater than 1 s'


class PerfLevelDict(MutableMapping):
    """ 儲存回應時間效能等級的字典 """

    def __init__(self):
        self.data = defaultdict(int)

    def __getitem__(self, key):
        """ 當某個效能等級不存在時，預設回傳 0"""
        return self.data[self.compute_level(key)]

    def __setitem__(self, key, value):
        """ 將 key 轉換為對應的效能等級，然後設定值 """
        self.data[self.compute_level(key)] = value

    def __delitem__(self, key):
        del self.data[key]

    def __iter__(self):
        return iter(self.data)

    def __len__(self):
        return len(self.data)

    def items(self):
        """ 按照順序回傳效能等級資料 """
        return sorted(
            self.data.items(),
            key=lambda pair: list(PagePerfLevel).index(pair[0]),
        )

    def total_requests(self):
        """ 回傳總讀取數 """
        return sum(self.values())

    @staticmethod
    def compute_level(time_cost_str):
        """ 根據回應時間計算效能等級 """
        if time_cost_str in list(PagePerfLevel):
            return time_cost_str

        time_cost = int(time_cost_str)
        if time_cost < 100:
            return PagePerfLevel.LT_100
        elif time_cost < 300:
            return PagePerfLevel.LT_300
```

```
            elif time_cost < 1000:
                return PagePerfLevel.LT_1000
            return PagePerfLevel.GT_1000


    def analyze_v2():
        path_groups = defaultdict(PerfLevelDict)
        with open("logs.txt", "r") as fp:
            for line in fp:
                path, time_cost = line.strip().split()
                path_groups[path][time_cost] += 1

        for path, result in path_groups.items():
            print(f'== Path: {path}')
            print(f'   Total requests: {result.total_requests()}')
            print(f'   Performance:')
            for level_name, count in result.items():
                print(f'     - {level_name}: {count}')


    if __name__ == '__main__':
        analyze_v2()
```

閱讀這段新程式，你可以明顯感受到 analyze_v2() 函式相比之前的變化非常
大。有了自訂字典 PerfLevelDict 的 明，analyze_v2() 函式的整個邏輯變得
非常清晰、非常容易理解 —— 它只負責解析日誌與輸出結果，其他統計邏輯都
交由 PerfLevelDict 負責。

為何不直接繼承 dict？

在實現自定義字典時，我讓 PerfLevelDict 繼承了 collections.abc 下的
MutableMapping 抽象類別，而不是內建字典 dict。這看起來有些奇怪，
因為從直覺上説，如果你想實現某個自訂型態，最方便的選擇就是繼承原
型態。

但是，如果真的繼承 dict 來建立自訂字典型態，你會碰到很多問題。

以一個最常見的情境來說，如果你繼承了 dict，透過 __setitem__ 方法重
寫了它的鍵賦值操作。此時，雖然標準的 d[key] = value 行為會被重寫；
但如果呼叫剛才使用 d.update(...) 來更新字典內容，就不會啟動重寫後的
鍵賦值邏輯。這最終會導致自訂型態的行為不一致。

舉個簡單的例子，下面的 UpperDict 是繼承了 dict 的自訂字典型態：

```python
class UpperDict(dict):
    """ 將 key 轉為大寫 """

    def __setitem__(self, key, value):
        super().__setitem__(key.upper(), value)
```

試著使用 UpperDict：

```python
>>> d = UpperDict()
>>> d['foo'] = 1
>>> d
{'FOO': 1}
>>> d.update({'bar': 2})
>>> d
{'FOO': 1, 'bar': 2}
```

❶ 直接對字典鍵賦值，啟用大寫轉換方法
❷ 呼叫 .update(...) 方法並不會啟用任何自訂流程

正因如此，如果你想建立一個自訂字典，繼承 collections.abc 下的 MutableMapping 抽象類別是個更好的選擇，因為它沒有上面的問題。而對於串列等其他容器型態來說，這條規則也同樣適用。

有關這個話題，你可以閱讀 Trey Hunner 的文章「The problem with inheriting from dict and list in Python」瞭解詳情。

3.3　程式設計建議

3.3.1　用動態回傳替代容器

在 Python 中，用 range() 內建函式可以取得一個數字序列：

```python
# 輸出 0 到 100 之間的所有數字 ( 不含 100 )
>>> for i in range(100):
...     print(i)
...
0
1
...
99
```

在 Python 2 時期，如果你想用 range() 生成一個非常大的數字序列 —— 例如 0 到 1 億間的所有數字，速度會非常慢。這是因為 range() 需要組裝並回傳一個巨大的串列，整個計算與記憶體分配過程會耗費大量時間。

```
>>> range(10)
[0, 1, 2, 3, 4, 5, 6, 7, 8, 9]  ❶
```

❶ Python 2 中的 range() 會一次性回傳所有數字

但到了 Python 3，呼叫 range(100000000) 瞬間就會回傳結果。因為它不再回傳串列，而是回傳一個型態為 range 的惰性計算物件。

```
>>> r = range(100000000)
>>> r
range(0, 100000000)  ❶
>>> type(r)
<class 'range'>
>>> for i in r:  ❷
...     print(i)
...
0
1
...
```

❶ r 是 range 物件，而非裝滿數字的串列
❷ 只有在迭代 range 物件時，它才會不斷生成新的數字

當序列過大時，新的 range() 函式不再會一次性耗費大量記憶體和時間，生成一個巨大的串列，而是僅在被迭代時動態回傳數字。range() 的進化過程雖然簡單，但它其實代表了一種重要的程式設計思維 —— **動態生成，而不是一次性回傳**。

在平時寫程式中，實踐這種思維可以有效提升程式的執行效率。Python 裡的生成器物件非常適合用來實現「動態生成」。

1. 生成器簡介

生成器（generator）是 Python 裡的一種特殊的資料型態。顧名思義，它是一個不斷給呼叫方「生成」內容的型態。定義一個生成器，需要用到生成器函式與 yield 關鍵字。

一個最簡單的生成器如下：

```python
def generate_even(max_number):
    """ 一個簡單生成器，回傳 0 到 max_number 之間的所有偶數 """
    for i in range(0, max_number):
        if i % 2 == 0:
            yield i

for i in generate_even(10):
    print(i)
```

執行後輸出：

```
0
2
4
6
8
```

雖然都是回傳結果，但 yield 和 return 的最大不同之處在於，return 的回傳是一次性的，使用它會直接結束整個函式執行，而 yield 可以逐步給呼叫方生成結果：

```
>>> i = generate_even(10)
>>> next(i)
0
>>> next(i) ❶
2
```

❶ 呼叫 next() 可以逐步從生成器物件裡拿到結果

因為生成器是可迭代物件，所以你可以使用 list() 等函式簡單地把它轉換為各種其他容器型態：

```
>>> list(generate_even(10))
[0, 2, 4, 6, 8]
```

2. 用生成器代替串列

在日常工作中，我們經常會需要寫下面這樣的程式：

```python
def batch_process(items):
    """
    批量處理多個 items 物件
```

```
"""
# 初始化空結果串列
results = []
for item in items:
    # 處理 item，可能需要耗費大量時間……
    # processed_item = ...
    results.append(processed_item)
# 回傳組合後的結果串列
return results
```

這樣的函式遵循同一種模式:「初始化結果容器→處理→將結果存入容器→回傳容器」。

這個模式雖然簡單,但它有兩個問題。一個問題是,如果需要處理的物件 items 過大,batch_process() 函式就會像 Python 2 裡的 range() 函式一樣,每次執行都很慢,存放結果的物件 results 也會佔用大量記憶體。

另一個問題是,如果**函式呼叫方**想在某個 processed_item 物件滿足特定條件時中斷,不再繼續處理後面的物件,現在的 batch_process() 函式也做不到 —— 它每次都需要一次性處理完所有 items 才會回傳。

為了解決這兩個問題,我們可以用生成器函式來改寫它。簡單來說,就是用 yield item 代替 append 語句:

```
def batch_process(items):
    for item in items:
        # 處理 item，可能需要消耗大量時間……
        # processed_item = ...
        yield processed_item
```

生成器函式不僅看上去更簡短,而且很好地解決了前面的兩個問題。當輸入參數 items 很大時,batch_process() 不再需要一次性組裝回傳一個巨大的結果串列,記憶體佔用更小,執行起來也更快。

如果呼叫方需要在某些條件下中斷處理,也完全可以做到:

```
# 呼叫方
for processed_item in batch_process(items):
    # 如果某個已處理物件過期了，就中斷目前的所有處理
    if processed_item.has_expired():
        break
```

在上面的程式裡,當呼叫方跳出迴圈後,batch_process() 函式也會直接中斷,不需要再接著處理 items 裡剩下的內容。

3.3.2 瞭解容器如何在底層實現

Python 是一門高級程式設計語言,它提供的所有內建容器型態都經過了高度的封裝和抽象。學會基本操作後,你就可以任意使用它們,而不用關心某個容器底層是如何實現的。

容易上手是 Python 語言的一大優勢。相比 C 語言這種更接近電腦底層的程式設計語言,Python 實現了對開發者更友好的內建容器型態,隱藏了記憶體管理等工作,提供了更好的開發體驗。

但即使如此,瞭解各容器如何在底層實現仍然很重要。因為只有瞭解底層如何實現,你才可以在程式設計時避開一些常見的效能陷阱,寫出執行更快的程式。

1. 避開串列的效能陷阱

串列是一種非常靈活的容器型態。要在串列裡插入資料,可以選擇用 .append() 方法在結尾位置增加,也可以選擇用 .insert() 在任意位置插入。由於有這種靈活性,各種常見資料結構似乎都可以用串列來實現,例如先進先出的佇列、先進後出的堆疊,等等。

雖然串列可支援各種操作,但其中某些操作可能沒有如你想得執行那麼快。我們看一個例子:

```python
def list_append():
    """ 一直在結尾位置新增資料 """
    l = []
    for i in range(5000):
        l.append(i)


def list_insert():
    """ 一直在開頭位置插入資料 """
    l = []
    for i in range(5000):
        l.insert(0, i)
```

```
import timeit


# 預設執行 1 萬次
append_spent = timeit.timeit(
    setup='from __main__ import list_append',
    stmt='list_append()',
    number=10000,
)
print("list_append:", append_spent)

insert_spent = timeit.timeit(
    setup='from __main__ import list_insert',
    stmt='list_insert()',
    number=10000,
)
print("list_insert", insert_spent)
```

在上面的程式裡,我們分別用了 append 與 insert 從開頭與結尾部分來建立串列,並記錄了兩種方式的耗費時間。

執行結果如下:

```
list_append: 3.407903105
list_insert 49.336992618000004
```

可以看到,同樣是建立一個長度為 5000 的串列,一直在開頭部分插入的 insert 方式的耗費時間比起在結尾部分新增的 append 方式多 16 倍。為什麼會這樣呢?

這個效能差距與串列在底層的實現有關。Python 在實現串列時,底層使用了陣列(array)資料結構。這種結構最大的一個特點是,當你在陣列中間插入新成員時,該成員之後的其他成員都需要移動位置,這種方式的平均時間複雜度是 O(n)。因此,在串列的開頭部分插入成員,比在結尾部分新增要慢得多(後者的時間複雜度為 O(1))。

如果你經常需要往串列開頭部分插入資料,可以使用 collections.deque 型態來替代串列(程式如下)。因為 deque 底層使用了雙邊佇列,無論在開頭還是結尾新增成員,時間複雜度都是 O(1)。

```python
from collections import deque


def deque_append():
    """ 一直在結尾位置新增資料 """
    l = deque()
    for i in range(5000):
        l.append(i)


def deque_appendleft():
    """ 一直在開頭位置插入資料 """
    l = deque()
    for i in range(5000):
        l.appendleft(i)


# timeit 效能測試程式已省略
...
```

執行結果如下：

```
deque_append: 3.739269677
deque_appendleft 3.7188512409999994
```

可以看到，使用 deque 以後，不論從結尾還是開頭新增成員都非常快。

除了 insert 操作，串列還有一個常見的效能陷阱 —— 判斷「成員是否存在」的耗時問題：

```python
>>> nums = list(range(10))
>>> nums
[0, 1, 2, 3, 4, 5, 6, 7, 8, 9]

# 判斷成員是否存在
>>> 3 in nums
True
```

因為串列在底層使用了陣列結構，所以要判斷某個成員是否存在，唯一的辦法是由前向後搜尋所有成員，執行該操作的時間複雜度是 O(n)。如果串列內容很多，這種 in 操作耗時就會很久。

對於這類別判斷成員是否存在的情境，我們有更好的選擇。

2. 使用集合判斷成員是否存在

要判斷某個容器是否包含特定成員，用集合比用串列更合適。

在串列中搜尋，有點像在一本沒有目錄的書裡找一個單詞。因為不知道它會出現在哪裡，所以只能一頁一頁翻看，逐個對比。完成這種操作需要的時間複雜度是 O(n)。

而在集合裡搜尋，就像透過字典查字。我們先按照字的拼音從索引找到它所在的頁碼，然後直接翻到那一頁。完成這種操作需要的時間複雜度是 O(1)。

在集合裡搜尋之所以這麼快，是因為其底層使用了雜湊表資料結構。要判斷集合中是否存在某個物件 obj，Python 只需先用 hash(obj) 算出它的雜湊值，然後直接去雜湊表對應位置檢查 obj 是否存在即可，根本不需要關心雜湊表的其他部分，一步到位。

如果程式需要進行 in 判斷，可以考慮把目標容器轉換成集合型態，作為搜尋時的索引使用：

```python
# 注意：這裡的範例串列很簡短，所以轉不轉集合對效能的影響可能微乎其微
# 在實際編碼時，串列越長、執行的判斷次數越多，轉成集合的收益就越高
VALID_NAMES = ["piglei", "raymond", "bojack", "caroline"]

# 轉換為集合型態專門用於成員判斷
VALID_NAMES_SET = set(VALID_NAMES)


def validate_name(name):
    if name not in VALID_NAMES_SET:
        raise ValueError(f"{name} is not a valid name!")
```

除了集合，對字典進行 key in ... 查詢同樣非常快，因為二者都是基於雜湊表結構實現的。

除了上面提到的這些效能陷阱，你還可以閱讀 Python 官方 wiki：
「TimeComplexity - Python Wiki」，瞭解更多與常見容器操作的時間複雜度有關的內容。

3.3.3　掌握如何快速合併字典

在 Python 裡，合併兩個字典聽上去應該蠻簡單，實際操作起來比想像中麻煩。
下面有兩個字典：

```
>>> d1 = {'name': 'apple'}
>>> d2 = {'price': 10}
```

假設我想合併 d1 和 d2 的值，拿到 {'name': 'apple', 'price': 10}，最簡
單的做法是呼叫 d1.update(d2)，然後 d1 就會變成目標值。但這樣做有個問
題：它會修改字典 d1 的原始內容，因此並不算無副作用的合併。

要在不修改原字典的前提下合併兩個字典，需要定義一個函式：

```
def merge_dict(d1, d2):
    # 因為字典是可修改的物件，為了避免修改原物件
    # 此處需要複製一個 d1 的淺層複製物件
    result = d1.copy()
    result.update(d2)
    return result
```

使用 merge_dict 可以拿到合併後的字典：

```
>>> merge_dict(d1, d2)
{'name': 'apple', 'price': 10}
```

使用這種方式，d1 和 d2 仍然是原來的值，不會因為合併操作被修改。

雖然上面的方案可以完成合併，但顯得有些繁瑣。使用動態解包運算式可以更
簡單地完成操作。

要實現合併功能，需要用到雙星號 ** 運算子來做解包操作。在字典中使用
**dict_obj 運算式，可以動態解包 dict_obj 字典的所有內容，並與目前的字
典合併：

```
>>> d1 = {'name': 'apple'}
# 把 d1 解包，與外部字典合併
>>> {'foo': 'bar', **d1}
{'foo': 'bar', 'name': 'apple'}
```

因為解包過程會預設進行淺層複製操作，所以我們可以用它方便地合併兩個字典：

```
>>> d1 = {'name': 'apple'}
>>> d2 = {'price': 10}

# d1、d2 原始值不會受影響
>>> {**d1, **d2}
{'name': 'apple', 'price': 10}
```

除了使用 ** 解包字典，你還可以使用單星號 * 運算子來解包任何可迭代物件：

```
>>> [1, 2, *range(3)]
[1, 2, 0, 1, 2]

>>> l1 = [1, 2]
>>> l2 = [3, 4]
# 合併兩個串列
>>> [*l1, *l2]
[1, 2, 3, 4]
```

合理利用 * 和 ** 運算子，可以幫助我們快速建立串列與字典物件。

字典的 | 運算子

在寫作本書的過程中，Python 發佈了 3.9 版本。在這個版本中，字典型態新增了對 | 運算子的支援。只要執行 d1 | d2，就能快速拿到兩個字典合併後的結果：

```
>>> d1 = {'name': 'apple'}
>>> d2 = {'name': 'orange', 'price': 10}
>>> d1 | d2
{'name': 'orange', 'price': 10}
>>> d2 | d1  ❶
{'name': 'apple', 'price': 10}
```

❶ 運算順序不同，會影響最終的合併結果

3.3.4 使用有序字典刪除重複

前面提到過，集合裡的成員不會重複，因此它經常用來去重複化。但是，使用集合去重複化有一個很大的缺點：得到的結果會丟失集合內成員原有的順序：

```
>>> nums = [10, 2, 3, 21, 10, 3]
# 去重複化但是遺失了順序
>>> set(nums)
{3, 10, 2, 21}
```

這種無序性是由集合所使用的雜湊表結構所決定的，無法避免。如果你既需要去重複化，又想要保留原有順序，怎麼辦？可以使用前文提到過的有序字典 OrderedDict 來完成這件事。因為 OrderedDict 同時滿足兩個條件：

（1）它的鍵是有序的。

（2）它的鍵絕對不會重複。

因此，只要根據串列建立一個字典，字典的所有鍵就是有序去重複化的結果：

```
>>> from collections import OrderedDict
>>> list(OrderedDict.fromkeys(nums).keys()) ❶
[10, 2, 3, 21]
```

❶ 呼叫 fromkeys 方法會建立一個有序字典物件。字典的鍵來自方法的第一個參數：可迭代物件（此處為 nums 串列），字典的值預設為 None

3.3.5　別在搜尋串列時同步修改

許多人在初學 Python 時會寫出類似下面的程式 —— 搜尋串列的同時根據某些條件修改它：

```
def remove_even(numbers):
    """ 去掉串列裡所有的偶數 """
    for number in numbers:
        if number % 2 == 0:
            # 有問題的程式碼
            numbers.remove(number)


numbers = [1, 2, 7, 4, 8, 11]
remove_even(numbers)
print(numbers)
```

執行上述程式會輸出下面的結果：

```
[1, 7, 8, 11]
```

注意到那個本不該出現的數字 8 了嗎？搜尋串列的同時修改串列就會發生這樣的怪事。

之所以會出現這樣的結果，是因為：在搜尋過程中，迴圈所使用的索引值不斷增加，而被搜尋物件 numbers 裡的成員又同時在被刪除，長度不斷縮短 —— 這最終導致串列裡的一些成員其實根本就沒被搜尋到。

因此，要修改串列，請不要在搜尋時直接修改。只需選擇一個新串列來儲存修改後的成員，就不會碰到這種奇怪的問題。

3.3.6　編寫推導式的兩個「不要」

前文提到，串列、字典、集合，都有一種特殊的壓縮建立語法：推導式。這些運算式非常好用，但如果太過隨意地使用，也會給程式帶來一些問題。下面我們就來看看關於寫「推導式」的兩個建議。

1. 別寫太複雜的推導式

在寫推導式的過程中，我們會有一種傾向 —— 一昧追求把邏輯壓縮在一個運算式內，而這有時就會導致程式碼過於複雜，影響閱讀。

例如，串列生成式的狂熱愛好者很可能會寫出下面這樣的程式：

```python
results = [
    task.result if task.result_version == VERSION_2 else get_legacy_result(task)
    for tasks_group in tasks
    for task in tasks_group
    if task.is_active() and task.has_completed()
]
```

上面的運算式有兩層巢狀迴圈，在取得任務結果部分還使用了一個三元運算式，讀起來非常費力。如果用原始迴圈程式來改寫這段邏輯，程式碼數量不會多出多少，但一定會更簡單讀：

```python
results = []
for tasks_group in tasks:
    for task in tasks_group:
        if not (task.is_active() and task.has_completed()):
            continue

        if task.result_version == VERSION_2:
```

```
        result = task.result
    else:
        result = get_legacy_result(task)
    results.append(result)
```

當你在寫推導式時，請一定記得時常問自己：「現在的運算式邏輯是不是太複雜了？如果不用運算式，程式碼會不會更簡單懂？」如果答案是肯定的，那還是刪掉運算式，用最樸實的程式碼來代替吧。

2. 別把推導式當作少量程式碼的迴圈

推導式是一種高度壓縮的語法，這導致開發者有可能會把它當作一種更精簡的迴圈來使用。例如在下面的程式碼裡，我想要處理 tasks 串列裡的所有任務，但其實並不關心 process(task) 的執行結果；為了節省程式碼數量，我把程式寫成了這樣：

```
[process(task) for task in tasks if not task.started]
```

但這樣做其實並不好。推導式的核心意義在於它會回傳值 —— 一個全新建立的串列，如果你不需要這個新串列，就失去了使用運算式的意義。直接寫迴圈並不會多出多少程式碼，而且程式可以更直觀：

```
for task in tasks:
    if not task.started:
        process(task)
```

3.3.7　讓函式回傳 NamedTuple

在日常寫程式時，我們經常需要寫一些回傳多個值的函式。舉個例子，下面這個地理位置相關的函式，用 Python 的標準做法回傳了多個結果：

```
def latlon_to_address(lat, lon):
    """ 回傳某個經緯度的地理位置資訊 """
    ...
    # 回傳多個結果 —— 其實就是一個元組
    return country, province, city

# 所有的呼叫方都會這樣將結果一次解包為多個變數
country, province, city = latlon_to_address(lat, lon)
```

但有一天，產品需求變了，除了國家、省份和城市，呼叫方還需要用到一個新的位置資訊：「城區」（district）。因此 latlon_to_address() 函式需增加一個新的回傳值，回傳 4 個結果：country、province、city、district。

修改函式的回傳結果後，為了確保相容性，你還需要找到所有呼叫 latlon_to_address() 的地方，補上多出來的 district 變數，否則程式就會報錯：

```
# 舊的呼叫方式會報錯：ValueError: too many values to unpack
# country, province, city = latlon_to_address(lat, lon)

# 增加新的回傳值
country, province, city, district = latlon_to_address(lat, lon)
# 或者使用 _ 忽略多出來的回傳值
country, province, city, _ = latlon_to_address(lat, lon)
```

但以上這些為了保證相容性的批量修改，其實原本可以避免。

對於這種**未來可能會變動**的多回傳值函式來說，如果一開始就使用 NamedTuple 型態對回傳結果進行設計，上面的改動會變得簡單許多：

```
from typing import NamedTuple

class Address(NamedTuple):
    """ 地址資訊結果 """
    country: str
    province: str
    city: str

def latlon_to_address(lat, lon):
    return Address(
        country=country,
        province=province,
        city=city,
    )

addr = latlon_to_address(lat, lon)
# 透過屬性名來使用 addr
# addr.country / addr.province / addr.city
```

如果我們在 Address 裡增加了新的回傳值 district，已有的函式呼叫程式也不用進行任何適配性修改，因為函式結果只是多了一個新屬性，沒有任何破壞性影響。

3.4 總結

在本章中，我們簡單介紹了四種內建容器型態，它們是 Python 語言最為重要的組成之一。在介紹這些容器型態的過程中，我們引申出了物件的可變性、可雜湊性等諸多基礎概念。

內建容器功能豐富，基於它構建的自訂容器更為強大，能幫助我們完成許多有趣的事情。在案例故事裡，我們就透過一個自訂字典型態，優化了整個日誌分析腳本。

雖然無須了解串列的底層實現原理就可以使用串列，但如果你深入理解了串列是基於陣列實現的，就能避開一些效能陷阱，知道在什麼情況下應該選擇其他資料結構實現某些需求。所以，不論使用多麼高級的程式設計語言，掌握基礎的演算法與資料結構知識永遠不會過時。

以下是本章要點知識總結。

（1）基礎知識

- ❑ 在進行函式呼叫時，傳遞的不是變數的值或者引用，而是變數所指物件的引用。
- ❑ Python 內建型態分為可變與不可變兩種，可變性會影響一些操作的行為，例如 += 對於可變型態，必要時對其進行複製的操作，能避免產生意料之外的影響。
- ❑ 常見的淺層複製方式：copy.copy、推導式、切片操作。
- ❑ 使用 copy.deepcopy 可以進行深層複製的操作。

（2）串列與元組

- ❑ 使用 enumerate 可以在搜尋串列的同時取得索引。
- ❑ 函式的多回傳值其實是一個元組。
- ❑ 不存在元組推導式，但可以使用 tuple 來將生成器運算式轉換為元組。
- ❑ 元組經常用來表示一些結構化的資料。

（3）字典與集合

- ❑ 在 Python 3.7 版本前，字典型態是無序的，之後變為保留資料的插入順序。
- ❑ 使用 OrderedDict 可以在 Python 3.7 以前的版本裡獲得有序字典。

❑ 只有可雜湊的物件才能存入集合，或者作為字典的鍵使用。

❑ 使用有序字典 OrderedDict 可以快速實現有序去重複化。

❑ 使用 fronzenset 可以獲得一個不可變的集合物件。

❑ 集合可以方便地進行集合運算，計算交集、聯集。

❑ 不要透過繼承 dict 來建立自訂字典型態。

（4）程式可讀性技巧

❑ 具名元組比普通元組可讀性更強。

❑ 串列生成式可以更快速地完成搜尋、過濾、處理以及構建新串列操作。

❑ 不要寫過於複雜的推導式，用簡單的程式碼替代就好。

❑ 不要把推導式當作程式碼數量少的迴圈，寫普通迴圈就好。

（5）程式可維護性技巧

❑ 當存取的字典鍵不存在時，可以選擇捕捉例外或先做判斷，優先推薦捕捉例外。

❑ 使用 get、setdefault、帶參數的 pop 方法可以簡化邊界處理邏輯。

❑ 使用具名元組作為回傳值，比普通元組更好擴展。

❑ 當字典鍵不存在時，使用 defaultdict 可以簡化處理。

❑ 繼承 MutableMapping 可以方便地建立自訂字典類別，封裝處理邏輯。

❑ 用生成器動態回傳成員，比直接回傳一個結果串列更靈活，也更省記憶體。

❑ 使用動態開箱語法可以方便地合併字典。

❑ 不要在搜尋串列的同時進行修改，否則會出現不可預期的結果。

（6）程式效能要點

❑ 串列的底層實現決定了它開頭部分的操作很慢，deque 型態則沒有這個問題。

❑ 當需要判斷某個成員在容器中是否存在時，使用字典 / 集合更快。

4

條件分支流程控制

從某種角度來看，程式設計這件事，其實就是把真實世界裡的邏輯用程式的方式書寫出來。

而真實世界裡的邏輯通常很複雜，包含許許多多先決條件和結果分支，無法用一句簡單的「因為……所以……」來概括。如果畫成地圖，這些邏輯不會是只有幾條高速公路的郊區，而更像是包含無數個岔路口的鬧市區。

為了表現這些真實世界裡的複雜邏輯，程式師們寫出了一條條分支語句。例如簡單的「如果使用者是會員，跳過廣告播放」：

```python
if user.is_active_member():
    skip_ads()
    return True
else:
    print(' 你不是會員，無法跳過廣告。')
    return False
```

或者複雜一些的：

```python
if user.is_active_member():
    if user.membership_expires_in(30):
        print(' 會員將在 30 天內過期，請及時續費，將在 3 秒後跳過廣告 ')
        skip_ads_with_delay(3)
        return True

    skip_ads()
    return True
elif user.region != 'CN':
    print(' 非中國區無法跳過廣告 ')
    return False
else:
    print(' 你不是會員，無法跳過廣告。')
    return False
```

當條件分支變得越來越複雜，程式碼的可讀性也會變得越來越差。所以，掌握如何寫出好的條件分支程式碼非常重要，它可以幫助我們用更簡潔、更清晰的程式來表達複雜邏輯。本章將會談談如何在 Python 中寫出更好的條件分支程式。

4.1　基礎知識

4.1.1　分支常用寫法

在 Python 裡寫條件分支語句，聽上去是件蠻簡單的事。這是因為嚴格說來 Python 只有一種條件分支語法 —— if/elif/else[1]：

```
# 標準條件分支語句
if condition:
    ...
elif another_condition:
    ...
else:
    ...
```

當我們寫分支時，第一件要注意的事情，就是不要明確地和布林值做比較：

```
# 不推薦的寫法
# if user.is_active_member() == True:

# 推薦寫法
if user.is_active_member():
```

在大多數情況下，在分支判斷語句裡寫 == True 都沒有必要，刪掉它程式碼會更簡短也更易讀。但這條原則也有例外，例如你確實想讓分支只有在值是 True 時才執行。不過即便這樣，寫 if<expression> == True 仍然是有問題的，我會在 4.1.3 節解釋這一點。

1　在 Python 3.10 版本發佈後，這個說法其實已不再成立。Python 在 3.10 版本裡引入了一種新的分支控制結構：**結構化模式匹配**（structural pattern matching）。這種新結構使用了 **match/case** 關鍵字，實現了類似 C 語言中的 switch/case 語法。但和傳統 switch 語句比起來，Python 的模式匹配功能要強大得多（語法也複雜得多）。因為本書的編寫環境是 Python 3.8，所以我不會對「結構化模式匹配」做太多介紹。如果你對它感興趣，可以閱讀 PEP-634 瞭解更多內容。

1. 省略零值判斷

當你寫 if 分支時，如果需要判斷某個型態的物件是否是零值，可能會把程式寫成下面這樣：

```
if containers_count == 0:
    ...

if fruits_list != []:
    ...
```

這種判斷語句其實可以變得更簡單，因為當某個物件作為主角出現在 if 分支裡時，解譯器會主動對它進行「真值測試」，也就是呼叫 bool() 函式取得它的布林值。而在計算布林值時，每種物件都有著各自的規則，例如整數和串列的規則如下：

```
# 數字 0 的布林值為 False，其他值為 True
>>> bool(0), bool(123)
(False, True)

# 空串列的布林值為 False，其他值為 True
>>> bool([]), bool([1, 2, 3])
(False, True)
```

正因如此，當我們需要在條件陳述式裡做空值判斷時，可以直接把程式簡寫成下面這樣：

```
if not containers_count:
    ...

if fruits_list:
    ...
```

這樣的條件判斷更簡潔，也更符合 Python 使用者的習慣。不過在你使用這種寫法時，請不要忘記一點，這樣寫其實隱晦地放寬了分支判斷的成立條件：

```
# 更精準：只有為 0 的時候，才會滿足分支條件
if containers_count == 0:
    ....

# 更寬泛：當 containers_count 的值為 0、None、空字串等時，都可以滿足分支條件
if not containers_count:
    ...
```

請隨時注意，不要因為過度追求簡寫而引入其他邏輯問題。

除了整數外，其他內建型態的布林值規則如下：

- ❏ **布林值為假**：None、0、False、[]、()、{}、set()、frozenset()，等等。
- ❏ **布林值為真**：非 0 的數值、True，非空的串列、元組、字典，使用者定義的類別和實例，等等。

2. 把否定邏輯移入運算式內

在建立布林邏輯運算式時，你可以用 not 關鍵字來表達「否定」含義：

```
>>> i = 10
>>> i > 8
True
>>> not i > 8
False
```

不過在寫程式時，我們有時會太過喜歡用 not 關鍵字，反而忘記了運算子本身就可以表達否定邏輯。結果，程式裡會出現許多下面這種判斷語句：

```
if not number < 10:
    ...

if not current_user is None:
    ...

if not index == 1:
    ...
```

這樣的程式，就好像你在看見一個人沿著樓梯往上走時，不說「他在上樓」，而是說「他在做和下樓相反的事情」。如果把否定邏輯移入運算式內，它們通通可以改成下面這樣：

```
if number >= 10:
    ...

if current_user is not None:
    ...

if index != 1:
    ...
```

這樣的程式邏輯表達得更直接，也更好理解。

3. 盡可能讓三元運算式保持簡單

除了標準分支外，Python 還為提供了一種濃縮版的條件分支 —— 三元運算式：

```
# 語法：
# true_value if <expression> else false_value
language = "python" if you.favor("dynamic") else "golang"
```

當你在編寫三元運算式時，請參考 3.3.6 節的兩個「不要」裡的建議，不要盲目追求用一個運算式來表達過於複雜的邏輯。有時，簡簡單單的分支語句遠遠勝過花俏複雜的三元運算式。

4.1.2　修改物件的布林值

上一節提過，當我們把某個物件用於分支判斷時，解譯器會對它進行「真值測試」，計算出它的布林值，而所有使用者自訂的類別和類實例的計算結果都是 True：

```
>>> class Foo:
...     pass
...
>>> bool(Foo)
True
>>> bool(Foo())
True
```

這個現象符合邏輯，但有時會顯得有點不知變通。如果我們稍微改動一下這個預設行為，就能寫出更優雅的程式。

看看下面這個例子：

```
class UserCollection:
    """ 用於儲存多個使用者的集合工具類 """

    def __init__(self, users):
        self.items = users

users = UserCollection(['piglei', 'raymond'])

# 僅當使用者串列裡面有資料時，輸出語句
if len(users.items) > 0:
    print("There's some users in collection!")
```

在上面這段程式裡，我需要判斷 users 物件是否真的有內容，因此裡面的分支判斷語句用到了 len(users.items) > 0 這樣的運算式：判斷物件內 items 的長度是否大於 0。

但事實上，上面的分支判斷語句可以變得更簡單。只要給 UserCollection 類別實現 __len__ 魔法方法，users 物件就可以直接用於「真值測試」：

```python
class UserCollection:
    """ 用於儲存多個使用者的集合工具類別 """

    def __init__(self, users):
        self.items = users

    def __len__(self):
        return len(self.items)


users = UserCollection(['piglei', 'raymond'])

# 不再需要手動判斷物件內部 items 的長度
if users:
    print("There's some users in collection!")
```

為類別定義 __len__ 魔法方法，實際上就是為它實現 Python 世界的長度協議：

```python
>>> users = UserCollection([])
>>> len(users)
0
>>> users = UserCollection(['piglei', 'raymond'])
>>> len(users)
2
```

Python 在計算這類對象的布林值時，會受 len(users) 的結果影響 —— 例如長度為 0，布林值為 False，反之為 True。因此當例子中的 UserCollection 類別實現了 __len__ 後，整個條件判斷語句就得到了簡化。

不過，定義 __len__ 並非影響布林值結果的唯一辦法。除了 __len__ 以外，還有一個魔法方法 __bool__ 和物件的布林值息息相關。

為物件定義 __bool__ 方法後，對它進行布林值運算會直接回傳該方法的呼叫結果。舉個例子：

```python
class ScoreJudger:
    """ 只有當分數大於 60 時為真 """

    def __init__(self, score):
        self.score = score

    def __bool__(self):
        return self.score >= 60
```

執行結果如下：

```python
>>> bool(ScoreJudger(60))
True
>>> bool(ScoreJudger(59))
False
```

如果一個類別同時定義了 __len__ 和 __bool__ 兩個方法，解譯器會優先使用 __bool__ 方法的執行結果。

4.1.3 與 None 比較時使用 is 運算子

當我們需要判斷兩個物件是否相等時，通常會使用雙等號運算子 ==，它會對比兩個值是否一致，然後回傳一個布林值結果，範例如下：

```python
>>> x, y, z = 1, 1, 2
>>> x == y
True
>>> x == z
False
```

但對於自訂物件來說，它們在進行 == 運算時行為是可控制的：只要實現型態的 __eq__ 魔法方法就行。舉個例子：

```python
class EqualWithAnything:
    """ 與任何物件相等 """

    def __eq__(self, other):
        # 方法裡的 other 方法代表 == 操作時右邊的物件，例如
        # x == y 會呼叫 x 的 __eq__ 方法，other 的參數為 y
        return True
```

上面定義的 EqualWithAnything 物件，在和任何東西做 == 計算時都會回傳 True：

```
>>> foo = EqualWithAnything()
>>> foo == 'string'
True
```

當然也包括 None：

```
>>> foo == None
True
```

既然 == 的行為可被魔法方法改變，那我們如何嚴格檢查某個物件是否為 None 呢？答案是使用 is 運算子。雖然二者看上去差不多，但有著實質上的區別：

（1）== 對比兩個物件的值是否相等，可以被 __eq__ 方法重新載回更改。

（2）is 判斷兩個物件是否是記憶體裡的同一個東西，無法被重新載回更改。

換句話說，當你在執行 x is y 時，其實就是在判斷 id(x) 和 id(y) 的結果是否相等，二者是否是同一個物件。

因此，當你想要判斷某個物件是否為 None 時，應該使用 is 運算子：

```
>>> foo = EqualWithAnything()
>>> foo == None
True

# is 的行為無法被重新載回更改
>>> foo is None
False

# 有且只有真正的 None 才能透過 is 判斷
>>> x = None
>>> x is None
True
```

到這裡也許你想問，既然 is 在進行比較時更嚴格，為什麼不把所有相等判斷都用 is 來替代呢？

這是因為，除了 None、True 和 False 這三個內建物件以外，其他型態的物件在 Python 中並不是嚴格以單例模式存在的。換句話說，即使值相同，它們在記憶體中仍然是完全不同的兩個物件。

以整數舉例來說：

```
>>> x = 6300
>>> y = 6300
>>> x is y
False

# 它們在記憶體中是不同的兩個物件
>>> id(x), id(y)
(4412016144, 4412015856)

# 進行值判斷會回傳相等
>>> x == y
True
```

因此，僅當你需要判斷某個物件是否是 None、True、False 時，使用 is，其他情況下，請使用 ==。

令人迷惑的整數駐留技術

如果我們稍微調整一下上面的程式，把數字從 6300 改成 100，會獲得完全相反的執行結果：

```
>>> x = 100
>>> y = 100
>>> x is y
True

# 二者 id 相同，在記憶體中是同一個物件
>>> id(x), id(y)
(4302453136, 4302453136)
```

為什麼會這樣？這是因為 Python 語言使用了一種名為「整數駐留」（integer interning）的底層優化技術。

對於從 –5 到 256 的這些常用整數，Python 會將它們快取在記憶體裡的一個陣列中。當你的程式需要用到這些數字時，Python 不會建立任何新的整數物件，而是會回傳快取中的物件。這樣能為程式節約可觀的記憶體。

除了整數外，Python 對字串也有類似的「駐留」操作。如果你對這方面感興趣，可自行搜尋「Python integer/string interning」關鍵字了解更多內容。

4.2 案例故事

如果把寫程式比喻成翻譯文章，那麼我們在程式中寫下許多 if/else 分支，就僅僅是在對真實邏輯做一種不假思索的「直譯」。此時如果轉換一下思路，這些直譯的分支程式碼也許能完全消失，程式會變得更緊湊、更具擴展性，整個寫程式過程更像一種巧妙的「意譯」，而非「直譯」。

在下面這個故事裡，我會透過重新建立一個電影評分腳本，向你展示從「直譯」變為「意譯」的有趣過程。

消失的分支

我是一名狂熱的電影評分愛好者。有一天，我從一個電影論壇上下載了一份資料檔案，其中包含了許多新老電影的名稱、年份、IMDB[2] 評分資訊。

我用 Python 篩選出了檔案裡的電影資訊資料，將其轉換成了字典型態，資料格式如程式清單 4-1 所示。

程式清單 4-1 電影評分資料

```
movies = [
    {'name': 'The Dark Knight', 'year': 2008, 'rating': '9'},
    {'name': 'Kaili Blues', 'year': 2015, 'rating': '7.3'},
    ...
]
```

為了更好地利用這份資料，我想要寫一個小工具，它可以做到：

（1）按評分 rating 的值把電影劃分為 S、A、B、C 等不同等級；

（2）按照指定順序，例如年份從新到舊、評分從高到低，輸出這些電影資訊。

小工具的功能確定後，接下來用程式來實現。

現在的電影資料是**字典**（dict）格式的，處理起來不是很方便。於是，我首先建立了一個類別：Movie，用來儲存與電影資料和封裝電影有關的操作。有了 Movie 類別後，我在裡面定義了 rank 屬性物件，並在 rank 內實現了按評分計算等級的邏輯。

Movie 類別的程式如程式清單 4-2 所示。

2　一個較為權威的電影評分網站，上面的電影評分由網站使用者提交，分數範圍從 1 到 10，10 分為最佳。

程式清單 4-2　電影評分腳本中 Movie 類別的程式

```python
class Movie:
    """ 電影物件資料類別 """

    def __init__(self, name, year, rating):
        self.name = name
        self.year = year
        self.rating = rating

    @property
    def rank(self):
        """ 按照評分對電影分級:

        - S: 8.5 分及以上
        - A: 8 ~ 8.5 分
        - B: 7 ~ 8 分
        - C: 6 ~ 7 分
        - D: 6 分以下
        """
        rating_num = float(self.rating)
        if rating_num >= 8.5:
            return 'S'
        elif rating_num >= 8:
            return 'A'
        elif rating_num >= 7:
            return 'B'
        elif rating_num >= 6:
            return 'C'
        else:
            return 'D'
```

實現了按照分數評級後，接下來便是排序功能。

對電影串列排序，這件事乍聽之下很難，但好在 Python 為我們提供了一個好用的內建函式：sorted()。使用它，我可以很快速地完成排序操作。我新建了一個名為 get_sorted_movies() 的排序函式，它接收兩個參數：電影串列（movies）和排序選項（sorting_type），回傳排序後的電影串列作為結果。

get_sorted_movies() 函式的程式如程式清單 4-3 所示。

程式清單 4-3　電影評分腳本中的 get_sorted_movies() 函式

```python
def get_sorted_movies(movies, sorting_type):
    """ 對電影串列進行排序並回傳

    :param movies: Movie 物件串列
    :param sorting_type: 排序選項，可選值
```

```
        name（名稱）、rating（評分）、year（年份）、random（隨機亂序）
    """
    if sorting_type == 'name':
        sorted_movies = sorted(movies, key=lambda movie: movie.name.lower())
    elif sorting_type == 'rating':
        sorted_movies = sorted(
            movies, key=lambda movie: float(movie.rating), reverse=True
        )
    elif sorting_type == 'year':
        sorted_movies = sorted(
            movies, key=lambda movie: movie.year, reverse=True
        )
    elif sorting_type == 'random':
        sorted_movies = sorted(movies, key=lambda movie: random.random())
    else:
        raise RuntimeError(f'Unknown sorting type: {sorting_type}')
    return sorted_movies
```

為了把上面這些程式串起來，我在 main() 函式裡實現了接收排序選項、解析
電影資料、排序並輸出電影串列等功能，如程式清單 4-4 所示。

程式清單 4-4 電影評分腳本中的 main() 函式

```
def main():
    # 接收使用者輸入的排序選項
    sorting_type = input('Please input sorting type: ')
    if sorting_type not in all_sorting_types:
        print(
            'Sorry, "{}" is not a valid sorting type, please choose from '
            '"{}", exit now'.format(
                sorting_type,
                '/'.join(all_sorting_types),
            )
        )
        return

    # 初始化電影資料物件
    movie_items = []
    for movie_json in movies:
        movie = Movie(**movie_json)
        movie_items.append(movie)

    # 排序並輸出電影串列
    sorted_movies = get_sorted_movies(movie_items, sorting_type)
    for movie in sorted_movies:
        print(
            f'- [{movie.rank}] {movie.name}({movie.year}) | rating: {movie.rating}'
        )
```

這個腳本的最終執行結果如下：

```
# 按評分排序，每一行結果的 [S] 代表電影評分等級
$ python movies_ranker.py
Please input sorting type: rating
- [S] The Shawshank Redemption (1994) | rating: 9.3
- [S] The Dark Knight(2008) | rating: 9
- [A] Citizen Kane(1941) | rating: 8.3

# 按年份排序
$ python movies_ranker.py
Please input sorting type: year
- [C] Project Gutenberg(2018) | rating: 6.9
- [B] Burning(2018) | rating: 7.5
- [B] Kaili Blues(2015) | rating: 7.3
```

看上去還不錯，對吧？只要短短的 100 行不到的程式，一個小工具就完成了。
不過，雖然這個工具實現了我最初設想的功能，在它的程式碼裡卻藏著**兩大段
可以簡化的條件分支程式碼**。如果使用恰當的方式，這些分支語句可以徹底從
程式碼中消失。

我們來看看怎麼做吧。

1. 使用 bisect 優化範圍類別分支判斷

第一個需要優化的分支，藏在 Movie 類別的 rank 方法屬性中：

```python
@property
def rank(self):
    rating_num = float(self.rating)
    if rating_num >= 8.5:
        return 'S'
    elif rating_num >= 8:
        return 'A'
    elif rating_num >= 7:
        return 'B'
    elif rating_num >= 6:
        return 'C'
    else:
        return 'D'
```

仔細觀察這段分支程式，你會發現它裡面藏著一個明顯的規律。

在每個 if/elif 語句後，都跟著一個評分的分界點。這些分界點把評分劃分成不同的分段，當 rating_num 落在某個分段時，函式就會回傳該分段所代表的「S/A/B/C」等級。簡而言之，這十幾行分支程式的主要任務，就是為 rating_num 在這些分段裡尋找正確的位置。

要優化這段程式，我們得先把所有分界點收集起來，放在一個元組裡：

```
# 已經排好序的評級分界點
breakpoints = (6, 7, 8, 8.5)
```

接下來要做的事，就是根據 rating 的值，判斷它在 breakpoints 裡的位置。

要實現這個功能，最直接的做法是寫一個迴圈 —— 透過搜尋元組 breakpoints 裡的所有分界點，我們就能找到 rating 在其中的位置。但除此之外，其實還有更簡單的辦法。因為 breakpoints 已經是一個排好序的元組，所以我們可以直接使用 bisect 模組來實現搜尋功能。

bisect 是 Python 內建的二分演算法模組，它有一個同名函式 bisect，可以用來在有序串列裡做二分搜尋：

```
>>> import bisect
# 注意：用來做二分搜尋的容器必須是已經排好序的
>>> breakpoints = [10, 20, 30]

# bisect 函式會回傳值在串列中的位置，0 代表相應的值位於第一個元素 10 之前
>>> bisect.bisect(breakpoints, 1)
0
# 3 代表相應的值位於第三個元素 30 之後
>>> bisect.bisect(breakpoints, 35)
3
```

將分界點定義成元組，並引入 bisect 模組後，之前的十幾行分支程式可以簡化成下面這樣：

```
@property
def rank(self):
    # 已經排好序的評級分界點
    breakpoints = (6, 7, 8, 8.5)
    # 各評分區間等級名
    grades = ('D', 'C', 'B', 'A', 'S')

    index = bisect.bisect(breakpoints, float(self.rating))
    return grades[index]
```

優化完 rank 方法後，程式中還有另一段待優化的條件分支程式 —— get_
sorted_movies() 函式裡的排序方式選擇邏輯。

2. 使用字典優化分支程式

在 get_sorted_movies() 函式裡，同樣有一大段條件分支程式。它們負責根據
sorting_type 的值，為函式選擇不同的排序方式：

```python
def get_sorted_movies(movies, sorting_type):
    if sorting_type == 'name':
        sorted_movies = sorted(movies, key=lambda movie: movie.name.lower())
    elif sorting_type == 'rating':
        sorted_movies = sorted(
            movies, key=lambda movie: float(movie.rating), reverse=True
        )
    elif sorting_type == 'year':
        sorted_movies = sorted(
            movies, key=lambda movie: movie.year, reverse=True
        )
    elif sorting_type == 'random':
        sorted_movies = sorted(movies, key=lambda movie: random.random())
    else:
        raise RuntimeError(f'Unknown sorting type: {sorting_type}')
    return sorted_movies
```

這段程式有兩個非常明顯的特點。

（1）它用到的條件運算式都非常類似，都是對 sorting_type 做等值判斷＜
　　　（sorting_type == 'name'）。

（2）它的每個分支的內部邏輯也大同小異 —— 都是呼叫 sorted() 函式，只是
　　　key 和 reverse 參數略有不同。

如果一段條件分支程式同時滿足這兩個特點，我們就可以用字典型態來簡化
它。因為 Python 的字典可以裝下任何物件，所以我們可以把各個分支下不同的
東西 —— 排序的 key 函式和 reverse 參數，直接放進字典裡：

```python
sorting_algos = {
    # sorting_type: (key_func, reverse)
    'name': (lambda movie: movie.name.lower(), False),
    'rating': (lambda movie: float(movie.rating), True),
    'year': (lambda movie: movie.year, True),
    'random': (lambda movie: random.random(), False),
}
```

有了這份字典後，我們的 get_sorted_movies() 函式就可以改寫成下面這樣：

```python
def get_sorted_movies(movies, sorting_type):
    """ 對電影串列進行排序並回傳

    :param movies: Movie 物件串列
    :param sorting_type: 排序選項，可選值
        name（名稱）、rating（評分）、year（年份）、random（隨機排序）
    """
    sorting_algos = {
        # sorting_type: (key_func, reverse)
        'name': (lambda movie: movie.name.lower(), False),
        'rating': (lambda movie: float(movie.rating), True),
        'year': (lambda movie: movie.year, True),
        'random': (lambda movie: random.random(), False),
    }
    try:
        key_func, reverse = sorting_algos[sorting_type]
    except KeyError:
        raise RuntimeError(f'Unknown sorting type: {sorting_type}')

    sorted_movies = sorted(movies, key=key_func, reverse=reverse)
    return sorted_movie
```

相比之前的大段 if/elif，新程式碼變得整齊了許多，擴展性也更強。如果要
增加新的排序演算法，我們只需要在 sorting_algos 字典裡增加新成員即可。

3. 優化成果

透過導入 bisect 模組和演算法字典，本案例開頭的小工具程式最終優化成了
程式清單 4-5。

程式清單 4-5 重構後的電影評分腳本 movies_ranker_v2.py

```python
import bisect
import random


class Movie:
    """ 電影物件資料類別 """

    def __init__(self, name, year, rating):
        self.name = name
        self.year = year
        self.rating = rating

    @property
    def rank(self):
```

```
    """
    按照評分對電影分級
    """
    # 已經排好序的評級分界點
    breakpoints = (6, 7, 8, 8.5)
    # 各評分區間等級名
    grades = ('D', 'C', 'B', 'A', 'S')

    index = bisect.bisect(breakpoints, float(self.rating))
    return grades[index]


def get_sorted_movies(movies, sorting_type):
    """ 對電影串列進行排序並回傳

    :param movies: Movie 物件串列
    :param sorting_type: 排序選項，可選值
        name（名稱）、rating（評分）、year（年份）、random（隨機排序）
    """
    sorting_algos = {
        # sorting_type: (key_func, reverse)
        'name': (lambda movie: movie.name.lower(), False),
        'rating': (lambda movie: float(movie.rating), True),
        'year': (lambda movie: movie.year, True),
        'random': (lambda movie: random.random(), False),
    }
    try:
        key_func, reverse = sorting_algos[sorting_type]
    except KeyError:
        raise RuntimeError(f'Unknown sorting type: {sorting_type}')

    sorted_movies = sorted(movies, key=key_func, reverse=reverse)
    return sorted_movies
```

在這個案例中，我們一共用到了兩種優化分支的方法。雖然它們看上去不太一樣，但其中的想法是類似的。

當我們寫程式時，有時會下意識地寫一段段大同小異的條件分支語句。多數情況下，它們只是對商務邏輯的一種「直譯」，是我們對商務邏輯的理解尚處在第一層的某種拙劣表現。

如果進一步深入商務邏輯，嘗試從中總結規律，那麼這些條件分支程式碼也許就可以被另一種更精簡、更易擴展的方式代替。當你在寫條件分支時，請多多思考這些分支背後所代表的深層需求，尋找簡化它們的辦法，進而寫出更好的程式。

除了這個故事中展示的兩種方式外，物件導向的多型也是消除條件分支程式碼的一大利器。在 9.3.2 節中，你可以找到一個用多型來代替分支程式碼的例子。

4.3 程式設計建議

4.3.1 儘量避免多層巢狀分支

如果你看完本章內容後，最終只能記住一句話，那麼我希望那句話是：**要竭盡所能地避免巢狀分支**。

在大家寫程式時，每當商務邏輯變得越來越複雜，條件分支通常也會越來越多、巢狀越深。以下面這段程式為例：

```python
def buy_fruit(nerd, store):
    """ 去水果店買蘋果的流程介紹：

    - 先得看看店是不是在營業
    - 如果有蘋果，就買 1 個
    - 如果錢不夠，就回家取錢再來
    """
    if store.is_open():
        if store.has_stocks("apple"):
            if nerd.can_afford(store.price("apple", amount=1)):
                nerd.buy(store, "apple", amount=1)
                return
            else:
                nerd.go_home_and_get_money()
                return buy_fruit(nerd, store)
        else:
            raise MadAtNoFruit("no apple in store!")
    else:
        raise MadAtNoFruit("store is closed!")
```

這個 buy_fruit() 函式直接翻譯了原始需求，短短十幾行程式碼裡就包含了三層巢狀分支。

當程式碼有了多層巢狀分支後，可讀性和可維護性就會直線下降。這是因為，讀程式碼的人很難在深層巢狀中理解，如果不滿足某個條件到底會發生什麼。此外，因為 Python 使用了空格縮進來表示分支語句，所以過深的巢狀也會佔用過多的字元數，導致程式碼很容易超過 PEP 8 所規定的每行字數限制。

幸運的是，這些多層巢狀可以用一個簡單的技巧來優化 —— 「提前回傳」。「提前回傳」指的是：當你在寫分支時，首先找到那些會中斷執行的條件，把它們移到函式的最前面，然後在分支裡直接使用 **return** 或 **raise** 結束執行。

使用這個技巧，前面的程式可以優化成下面這樣：

```python
def buy_fruit(nerd, store):
    if not store.is_open():
        raise MadAtNoFruit("store is closed!")

    if not store.has_stocks("apple"):
        raise MadAtNoFruit("no apple in store!")

    if nerd.can_afford(store.price("apple", amount=1)):
        nerd.buy(store, "apple", amount=1)
        return
    else:
        nerd.go_home_and_get_money()
        return buy_fruit(nerd, store)
```

實踐「提前回傳」後，buy_fruit() 函式變得更扁平化了，整個邏輯也變得更直接、更容易理解了。

> 在「Python 之禪」裡有一句：「扁平勝過巢狀」（Flat is better than nested），這剛好說明了把巢狀分支改為扁平的重要性。

4.3.2　別寫太複雜的條件運算式

如果某個分支的成立條件非常複雜，就連直接用文字描述都需要一大段，那當我們把它翻譯成程式時，一個包含大量 not/and/or 的複雜運算式就會橫空出世，看起來就像一個難懂的高等數學公式。

下面這段程式就是一個例子：

```python
# 如果活動還在開放，並且活動剩餘名額大於 10，為所有性別為女性或者等級大於 3
# 的活躍使用者發放 10000 個金幣
if (
    activity.is_active
    and activity.remaining > 10
    and user.is_active
    and (user.sex == 'female' or user.level > 3)
):
```

```
    user.add_coins(10000)
    return
```

針對這種程式碼，我們需要對條件運算式進行簡化，把它們封裝成函式或者對應的類別方法，這樣才能提升分支程式的可讀性：

```
if activity.allow_new_user() and user.match_activity_condition():
    user.add_coins(10000)
    return
```

進行恰當的封裝後，之前大段的註解文字甚至可以直接刪掉了，因為優化後的條件運算式的表意已經非常明確了。至於「什麼情況下允許新使用者參與活動」「什麼樣的使用者滿足活動條件」這種更具體的問題，就交給 allow_new_user()/match_activity_condition() 這些方法來 回答吧。

> 封裝不僅僅是用來提升可讀性的可選操作，有時甚至是必須要做的事情。舉個例子，當上面的活動判斷邏輯在專案中多次出現時，假設缺少封裝，那些複雜的條件運算式就會被不斷地「複製貼上」，徹底讓程式碼變得不可維護。

4.3.3　儘量降低分支內程式的相似性

工程師們寫條件分支語句，是為了讓程式在不同情況下執行不同的操作。

但很多時候，這些不同的操作會因為一些邏輯上的相似性，導致程式也很類似。這種「類似」有幾種表現形式，有時是完全重複的語句，有時則是呼叫函式時的重複參數。

如果不同分支下的程式碼太過相似，讀者就會很難理解程式碼的含義，因為他需要非常細心地區分不同分支下的行為究竟有什麼差異。如果作者可以在寫程式時儘量降低這種相似性，就能有效提升可讀性。

舉個簡單的例子，下面程式裡的不同分支下出現了重複語句：

```
# 只有在分組處於活躍狀態時，允許使用者加入分組並記錄操作日誌
if group.is_active:
    user = get_user_by_id(request.user_id)
    user.join(group)
    log_user_activity(user, target=group, type=ActivityType.JOINED_GROUP)
```

```
else:
    user = get_user_by_id(request.user_id)
    log_user_activiry(user, target=group, type=ActivityType.JOIN_GROUP_FAILED)
```

我們可以把重複程式碼移到分支外,儘量降低分支內程式碼的相似性:

```
user = get_user_by_id(request.user_id)

if group.is_active:
    user.join(group)
    activity_type = UserActivityType.JOINED_GROUP
else:
    activity_type = UserActivityType.JOIN_GROUP_FAILED

log_user_activiry(user, target=group, type=activity_type)
```

像上面這種重複的語句很容易發現,下面是一個隱蔽性更強的例子:

```
# 建立或更新使用者資料資料
# 如果是新使用者,建立新 Profile 資料,否則更新已有資料
if user.no_profile_exists:
    create_user_profile(
        username=data.username,
        gender=data.gender,
        email=data.email,
        age=data.age,
        address=data.address,
        points=0,
        created=now(),
    )
else:
    update_user_profile(
        username=data.username,
        gender=data.gender,
        email=data.email,
        age=data.age,
        address=data.address,
        updated=now(),
    )
```

在上面這段程式裡,我們可以一眼看出,程式在兩個分支下呼叫了不同的函式,做了不一樣的事情。但因為那些重複的函式參數,我們很難一眼看出二者的核心不同點到底是什麼。

為了降低這種相似性,我們可以使用 Python 函式的動態關鍵字參數(**kwargs)特性,簡單優化一下上面的程式:

```
if user.no_profile_exists:
    _update_or_create = create_user_profile
    extra_args = {'points': 0, 'created': now()}
else:
    _update_or_create = update_user_profile
    extra_args = {'updated': now()}

_update_or_create(
    username=user.username,
    gender=user.gender,
    email=user.email,
    age=user.age,
    address=user.address,
    **extra_args,
)
```

降低不同分支內程式碼的相似性，可以幫助讀者更快地領會它們之間的差異，
進而更容易理解分支的存在意義。

4.3.4 使用「笛摩根定律」

當我們需要表達包含許多「否定」的邏輯時，經常會寫出下面這樣的條件判斷
程式：

```
# 如果使用者沒有登入或者使用者沒有使用 Chrome，則拒絕提供服務
if not user.has_logged_in or not user.is_from_chrome:
    return "our service is only available for chrome logged in user"
```

當你第一眼看到程式時，是不是需要思考好一會兒，才能搞懂它想幹什麼？這
是正常的，因為上面的邏輯運算式裡同時用了 2 個 not 和 1 個 or，而人類剛好
不擅長處理這種有著過多「否定」的邏輯關係。

這時就該讓「笛摩根定律」閃亮登場了。簡單來說，「笛摩根定律」告訴了我們
這麼一件事：**not A or not B 等價於 not (A and B)**。

因此，上面的程式可以改寫成下面這樣：

```
if not (user.has_logged_in and user.is_from_chrome):
    return "our service is only available for chrome logged in user"
```

相比之前，新程式少了一個 not 關鍵字，變得好理解了不少。當你的程式中出
現太多「否定」時，請嘗試用「笛摩根定律」來化繁為簡吧。

4.3.5　使用 `all()`/`any()` 函式構建條件運算式

在 Python 的眾多內建函式中，有兩個特別適合在建構條件運算式時使用，它們就是 `all()` 和 `any()`。這兩個函式接收一個可迭代物件作為參數，回傳一個布林值結果。

顧名思義，這兩個函式的行為如下。

❑ `all(iterable)`：只有在 `iterable` 中所有成員的布林值都為真時回傳 `True`，否則回傳 `False`。

❑ `any(iterable)`：只要 `iterable` 中任何一個成員的布林值為真就回傳 `True`，否則回傳 `False`。

舉個例子，我需要判斷一個串列裡的所有數字是不是都大於 10，如果使用普通迴圈，程式需要寫成下面這樣：

```python
def all_numbers_gt_10(numbers):
    """ 僅當序列中所有數字都大於 10 時，回傳 True"""
    if not numbers:
        return False

    for n in numbers:
        if n <= 10:
            return False
    return True
```

但如果使用 `all()` 內建函式，同時配合一個簡單的生成器運算式，上面的程式就可以簡化成下面這樣：

```python
def all_numbers_gt_10_2(numbers):
    return bool(numbers) and all(n > 10 for n in numbers)
```

簡單、高效率，同時沒有損失可讀性。

4.3.6　注意 **and** 和 **or** 的運算優先順序

我們經常用 and 和 or 運算子來建構邏輯運算式，那麼你對它們足夠了解嗎？看看下面這兩個運算式，猜猜它們回傳的結果會一樣嗎？

```python
>>> (True or False) and False
>>> True or False and False
```

答案是：不一樣。這兩個運算式的值分別是 False 和 True，你猜對了嗎？

出現這個結果的原因是：and 運算子的優先順序高於 or。因此在 **Python** 看來，上面第二個運算式實際上等同於 True or (False and False)，所以最終結果是 True 而不是 False。

當你要寫包含多個 and 和 or 運算子的複雜邏輯運算式時，請留意運算優先順序問題。如果加上一些括號可以讓邏輯變得更清晰，那就不要吝嗇。

4.3.7 避開 **or** 運算子的陷阱

or 運算子是建構邏輯運算式時的常客。or 最有趣的地方是它的「短路求值」特性。例如在下面的例子裡，1 / 0 永遠不會被執行，也就意味著不會拋出 ZeroDivisionError 例外：

```
>>> True or (1 / 0)
True
```

正因為這個「短路求值」特性，在很多情形下，我們經常使用 or 來替代一些簡單的條件判斷語句，例如下面這個例子：

```
context = {}
# 僅當 extra_context 不為 None 時，將其增加進 context 中
if extra_context:
    context.update(extra_context)
```

在上面這段程式裡，extra_context 的值一般情況下會是一個字典，但有時也可能是 None。因此我加了一個條件判斷語句：僅在值不為 None 時才做 context.update() 操作。如果使用 or 運算子，上面三行語句可以變得更精簡：

```
context.update(extra_context or {})
```

因為 a or b or c or ... 這樣的運算式，會回傳這些變數裡第一個布林值為真的物件，直到最後一個為止，所以 extra_context or {} 運算式在物件不為空時就是 extra_context 自身，而當 extra_context 為 None 時就變成 {}。

使用 a or b 來表示「a 為空時用 b 代替」的寫法非常常見，你在各種程式設計語言、各類專案原始碼裡都能發現它的影子，但在這種寫法下，其實藏著一個陷阱。

因為 or 計算的是變數的布林真假值，所以不光是 None，0、[]、{} 以及其他所有布林值為假的東西，都會在 or 運算中被忽略：

```
# 所有的 0、空串列、空字串等，都是布林假值
>>> bool(None), bool(0), bool([]), bool({}), bool(''), bool(set())
(False, False, False, False, False, False)
```

如果忘記了 or 的這個特點，你可能就會碰到一些很奇怪的問題。以下面這段程式來說：

```
timeout = config.timeout or 60
```

雖然它的目的是判斷當 config.timeout 為 None 時，使用 60 作為預設值。但如果 config. timeout 的值被主動派生成 0 秒，timeout 也會因為上面的 0 or 60 = 60 運算被重新賦值為 60，正確的派生反而被忽略了。

所以，這時使用 if 來進行精確的判斷會更妥當一些：

```
if config.timeout is None:
    timeout = 60
```

4.4　總結

本章我們學習了在 Python 中編寫條件分支語句時的一些注意事項。基礎知識部分介紹了分支語句的一些慣用寫法，例如不要明確地和空值做比較，和 None 做相等判斷時使用 is 運算子，等等。

在寫分支程式時，最重要的一點是儘量避免多層巢狀分支，請謹記「扁平勝過巢狀」。

雖然這麼說不一定準確，但錯綜複雜的分支語句，確實是讓許多程式變得難以維護的罪魁禍首。有時，如果你在寫程式時轉換一下思路，也許會發現惱人的 if/else 分支其實可以被其他東西替代。當程式裡的分支越少、分支越扁平化、分支的判斷條件越簡單時，程式就越容易維護。

以下是本章要點知識總結。

（1）條件分支語句慣用寫法

- ❑ 不要明確地和布林值做比較。
- ❑ 利用型態本身的布林值規則，省略零值判斷。
- ❑ 把 not 代表的否定邏輯移入運算式內部。
- ❑ 只在需要判斷某個物件是否是 None、True、False 時，使用 is 運算子。

（2）Python 資料模型

- ❑ 定義 __len__ 和 __bool__ 魔法方法，可以自訂物件的布林值規則。
- ❑ 定義 __eq__ 方法，可以修改物件在進行 == 運算時的行為。

（3）程式可讀性技巧

- ❑ 不同分支內容易出現重複或類似的程式碼，把它們放到分支外可提升程式碼的可讀性。
- ❑ 使用「笛摩根定律」可以讓有多重否定的運算式變得更容易理解。

（4）程式碼可維護性技巧

- ❑ 盡可能讓三元運算式保持簡單。
- ❑ 扁平勝過巢狀：使用「提前回傳」優化程式碼裡的多層巢狀分支。
- ❑ 當條件運算式變得特別複雜時，可以嘗試封裝新的函式和方法來簡化。
- ❑ and 的優先順序比 or 高，不要忘記使用括號來讓邏輯更清晰。
- ❑ 在使用 or 運算子替代條件分支時，請注意避開因布林值運算導致的陷阱。

（5）程式組織技巧

- ❑ bisect 模組可以用來優化範圍類別分支判斷。
- ❑ 字典型態可以用來替代簡單的條件分支語句。
- ❑ 嘗試總結條件分支程式裡的規律，用更精簡、更易擴展的方式改寫它們。
- ❑ 使用 any() 和 all() 內建函式可以讓條件運算式變得更精簡。

5

例外與錯誤處理

多年前剛開始使用 Python 程式設計時，我一度非常討厭「例外」（exception）。原因很簡單，因為程式每次拋出例外，就代表發生了什麼意料之外的「壞事」。

例如，程式本應該呼叫遠端 API 取得資料，卻因為網路不通順，呼叫失敗了，這時我們就會看到大量的 HTTPRequestException 例外。又例如，程式本應把使用者輸入的內容存入資料庫，卻因為內容太長，儲存失敗，我們又會看到一大堆 DatabaseFieldError 例外。

為了讓程式不至於被這些例外弄到崩潰，我不得不在程式中加上許多 try/except 來捕捉這些例外。所以，那時的例外處理對於我來說，就是一些不想做卻又不得不做的瑣事，沒有樂趣可言。

但慢慢地，在寫了越來越多的 Python 程式後，我發現不能簡單地把例外和「意料之外的壞事」畫上等號。例外實際上是 Python 這門程式設計語言裡許多核心機制的基礎，它在 Python 裡無處不在。

例如，每當你按下 Ctrl ＋ C 快捷鍵中斷腳本執行時，Python 解譯器就會拋出一個 KeyboardInterrupt 例外；每當你用 for 迴圈完整搜尋一個串列時，就有一個 StopIteration 例外被捕捉。程式碼如下所示：

```
# 使用 Ctrl + C 快捷鍵中斷 Python 腳本執行
$ python keyboard_int.py
Input a string: ^C

# 解譯器輸出的例外資訊
Traceback (most recent call last):
  File "keyboard_int.py", line 4, in <module>
    s = input('Input a string: ')
KeyboardInterrupt
```

同時我開始認識到，錯誤處理不是什麼程式設計的額外負擔，它和所有其他工作一樣重要。如果能善用例外機制優雅地處理好程式裡的錯誤，我們就能用更少、更清晰的程式碼，寫出更強大的程式。

在本章中，我將分享自己對於例外和錯誤處理的一些經驗。

5.1 基礎知識

5.1.1 優先使用例外捕捉

假設我想寫一個簡單的函式，它接收一個整數參數，回傳對它加 1 後的結果。為了讓這個函式更通用，我希望當它接收到一個字串型態的整數時，也能正常完成計算。

下面是我寫好的 `incr_by_one()` 函式程式：

```python
def incr_by_one(value):
    """ 對輸入整數加 1，回傳新的值

    :param value: 整數，或者可以轉成整數的字串
    :return: 整數結果
    """
    if isinstance(value, int):
        return value + 1
    elif isinstance(value, str) and value.isdigit():
        return int(value) + 1
    else:
        print(f'Unable to perform incr for value: "{value}"')
```

它的執行結果如下：

```python
# 整數
>>> incr_by_one(5)
6

# 整數字串
>>> incr_by_one('73')
74

# 其他無法轉換為整數的參數
>>> incr_by_one('not_a_number')
Unable to perform incr for value: "not_a_number"
>>> incr_by_one(object())
Unable to perform incr for value: "<object object at 0x10e420cb0>"
```

在 incr_by_one() 函式裡，因為參數 value 可能是任意型態，所以我寫了兩個條件分支來避免程式報錯：

（1）判斷僅當型態是 int 時才執行加法操作。

（2）判斷僅當型態是 str，同時滿足 .isdigit() 方法時才進行操作。

這幾行程式碼看似簡單，但其實代表了一種通用的程式設計風格：LBYL（look before you leap）。LBYL 常被翻譯成「三思而後行」。以白話來說，就是在執行一個可能會出錯的操作時，先做一些關鍵的條件判斷，只有在條件滿足時才進行操作。

LBYL 是一種本能式的思考結果，它的邏輯就像「如果天氣預報說會下雨，那麼我就不出門」一樣直接。

而在 LBYL 之外，還有另一種與之形成鮮明對比的風格：EAFP（easier to ask for forgiveness than permission），可直譯為「請求原諒比許可簡單」。

請求原諒比許可簡單

EAFP「請求原諒比許可簡單」是一種和 LBYL「三思而後行」截然不同的程式設計風格。

在 Python 世界裡，EAFP 指不做任何事前檢查，直接執行操作，但在外層用 try 來捕捉可能發生的例外。如果還用下雨舉例，這種做法類似於「出門前不看天氣預報，如果淋雨了，就回家後洗澡吃感冒藥」。

如果遵循 EAFP 風格，incr_by_one() 函式可以改成下面這樣：

```python
def incr_by_one(value):
    """ 對輸入整數加 1，回傳新的值

    :param value: 整數，或者可以轉成整數的字串
    :return: 整數結果
    """
    try:
        return int(value) + 1
    except (TypeError, ValueError) as e:
        print(f'Unable to perform incr for value: "{value}", error: {e}')
```

和 LBYL 相比，EAFP 程式設計風格更為簡單直接，它總是直接往主流程而去，把意外情況都放在例外處理 try/except 區塊內消化掉。

如果你問我：這兩種程式設計風格哪個更好？我只能說，整個 Python 使用者明顯偏愛基於例外捕捉的 EAFP 風格。這裡面的原因很多。

一個顯而易見的原因是，EAFP 風格的程式通常會更精簡。因為它不要求開發者用分支完全覆蓋各種可能出錯的情況，只需要捕捉可能發生的例外即可。另外，EAFP 風格的程式通常效能也更好。例如在這個例子裡，如果你每次都用字串 '73' 來呼叫函式，這兩種風格的程式在操作流程上會有如下區別。

（1）LBYL：每次呼叫都要先進行額外的 isinstance 和 isdigit 判斷。

（2）EAFP：每次呼叫直接執行轉換，回傳結果。

另外，和許多其他程式設計語言不同，在 Python 裡拋出和捕捉例外是很輕量的操作，即使大量拋出、捕捉例外，也不會給程式帶來過多額外負擔。

所以，每當直覺驅使你寫下 if/else 來進行錯誤分支判斷時，請先把這份衝動放一邊，考慮用 try 來捕捉例外是不是更合適。畢竟，Pythonista[1] 們喜歡「吃感冒藥」勝過「看天氣預報」。

5.1.2 try 語句常用知識

在實踐 EAFP 程式設計風格時，需要大量用到例外處理語句：try/except 結構。它的基礎語法如下：

```python
def safe_int(value):
    """ 嘗試把輸入轉換為整數 """
    try:
        return int(value)
    except TypeError:
        # 當某種例外被拋出時，將會執行對應 except 下的語句
        print(f'type error: {type(value)} is invalid')
    except ValueError:
        # 你可以在一個 try 語句區塊下寫多個 except
        print(f'value error: {value} is invalid')
    finally:
        # finally 裡的語句，無論如何都會被執行，就算已經執行了 return
        print('function completed')
```

1　Pythonista 是程式設計社區對 Python 開發者的一個比較流行的稱呼，其他程式設計語言也有類似的詞，例如 Go 語言開發者常自稱 Gopher。

函式執行結果如下：

```
>>> safe_int(None)
type error: <class 'NoneType'> is invalid
function completed
```

在寫 try/except 語句時，有幾個常用的知識點。

1. 把更精確的 **except** 語句放在前面

當你在程式中寫下 except SomeError: 後，如果程式拋出了 SomeError 型態的例外，就會被這條 except 語句所捕捉。但是，這條語句能捕捉的其實不止 SomeError，它還會捕捉 SomeError 型態的所有派生類別。

而 Python 的內建例外類別之間存在許多繼承關係，舉個例子：

```
# BaseException 是一切例外類別的父類，甚至包括 KeyboardInterrupt 例外
>>> issubclass(Exception, BaseException)
True
>>> issubclass(LookupError, Exception)
True
>>> issubclass(KeyError, LookupError)
True
```

上面的程式展示了一條例外類別派生關係：BaseException → Exception → LookupError → KeyError。

如果一個 try 程式區塊裡包含多條 except，例外匹配會按照從上而下的順序進行。這時，如果你不小心把一個比較模糊的父類別例外放在前面，就會導致在下面的 except 永遠不會被觸發。

例如在下面這段程式裡，except KeyError: 分支下的內容永遠不會被執行：

```
def incr_by_key(d, key):
    try:
        d[key] += 1
    except Exception as e:  ❶
        print(f'Unknown error: {e}')
    except KeyError:
        print(f'key {key} does not exists')
```

❶ 任何例外都會被它捕捉

要修復這個問題，我們需要交換兩個 except 的順序，把更精確的例外放在前面：

```python
def incr_by_key(d, key):
    try:
        d[key] += 1
    except KeyError:
        print(f'key {key} does not exists')
    except Exception as e:
        print(f'Unknown error: {e}')
```

這樣調整後，KeyError 例外就能被第一條 except 語句正常捕捉了。

2. 使用 else 分支

在用 try 捕捉例外時，有時程式只需要在一切正常時做某件事。為了做到這一點，我們常常需要在程式裡設定一個專用的標記變數。

舉個簡單的例子：

```python
# 同步使用者資料到外部系統，僅在同步成功時發送通知消息
sync_succeeded = False
try:
    sync_profile(user.profile, to_external=True)
    sync_succeeded = True
except Exception as e:
    print("Error while syncing user profile")

if sync_succeeded:
    send_notification(user, 'profile sync succeeded')
```

在上面這段程式裡，我期望只有當 sync_profile() 執行成功時，才繼續呼叫 send_notification() 發送通知消息。為此，我宣告了一個額外變數 sync_succeeded 來作為標記。

如果使用 try 程式區塊裡的 else 分支，程式可以變得更簡單：

```python
try:
    sync_profile(user.profile, to_external=True)
except Exception as e:
    print("Error while syncing user profile")
else:
    send_notification(user, 'profile sync succeeded')
```

上面的 else 和條件分支語句裡的 else 雖然是同一個詞，但含義不太一樣。

例外捕捉語句裡的 else 表示：僅在 try 程式區塊裡沒拋出任何例外時，才執行 else 分支下的內容，結果就像在 try 最後增加一個標記變數一樣。

 和 finally 語句不同，如果程式在執行 try 程式區塊時碰到了 return 或 break 等跳躍陳述式，中斷了本次例外捕捉，那麼即使程式沒拋出任何例外，else 分支內的邏輯也不會被執行。

難理解的 else 關鍵字

雖然例外語句裡的 else 關鍵字我平時用的不少，但不得不承認，此處的 else 並不像其他 Python 語法一樣那麼直觀、容易理解。

else 這個詞，字面意義是「否則」，但當它緊隨著 try 和 except 出現時，你其實很難分辨它到底代表哪一種「否則」—到底是有例外時的「否則」，還是沒例外時的「否則」。因此，有些開發者認為，例外捕捉裡的 else 關鍵字，應當調整為 then：表示「沒有例外後，接著做某件事」的意思。

但木已成舟，在可預見的未來，例外捕捉裡的 else 應該會繼續存在下去。而因為不準確的關鍵字帶來的理解成本，只能由我們默默承受了。

---

3. 使用空 raise 語句

在處理例外時，有時我們可能只是想記錄下某個例外，然後把它重新拋出，交由上層處理。這時，不帶任何參數的 raise 語句可以派上用場：

```python
def incr_by_key(d, key):
    try:
        d[key] += 1
    except KeyError:
        print(f'key {key} does not exists, re-raise the exception')
        raise
```

當一個空 raise 語句出現在 except 區塊裡時，它會原封不動地重新拋出當前例外。

5.1.3 拋出例外,而不是回傳錯誤

我們知道,Python 裡的函式可以一次回傳多個值(透過回傳一個元組實現)。所以,當我們要表明函式執行出錯時,可以讓它同時回傳結果與錯誤資訊。

下面的 create_item() 函式就利用了這個特性:

```python
def create_item(name):
    """ 接收名稱,建立 Item 物件

    :return: ( 物件 , 錯誤資訊 ),成功時錯誤資訊為 ''
    """
    if len(name) > MAX_LENGTH_OF_NAME:
        return None, 'name of item is too long'
    if len(get_current_items()) > MAX_ITEMS_QUOTA:
        return None, 'items is full'
    return Item(name=name), ''


def create_from_input():
    name = input()
    item, err_msg = create_item(name)
    if err_msg:
        print(f'create item failed: {err_msg}')
    else:
        print('item<{name}> created')
```

在這段程式裡,create_item() 函式的功能是建立新的 Item 物件。

當上層呼叫 create_item() 函式時,如果執行失敗,函式會把錯誤原因放到第二個結果中回傳。而當函式執行成功時,為了保持回傳值結構統一,函式同樣會回傳錯誤原因,只是內容為空字串 ''。

乍看之下,這種做法似乎很自然,對那些有 Go 語言程式設計經驗的人來說更是如此。但在 Python 世界裡,回傳錯誤並非解決此類問題的最佳辦法。這是因為這種做法會增加呼叫方處理錯誤的成本,尤其是當許多函式遵循這個規範,並且有很多層呼叫關係時。

Python 有完善的例外機制,並且在某種程度上鼓勵我們使用例外(見 5.1.1 節)。所以,用例外來進行錯誤處理才是更標準的做法。

透過導入自訂例外類別,上面的程式可以改寫成下面這樣:

```python
class CreateItemError(Exception):
    """ 建立 Item 失敗 """
```

```python
def create_item(name):
    """ 建立一個新的 Item

    :raises: 當無法建立時拋出 CreateItemError
    """
    if len(name) > MAX_LENGTH_OF_NAME:
        raise CreateItemError('name of item is too long')
    if len(get_current_items()) > MAX_ITEMS_QUOTA:
        raise CreateItemError('items is full')
    return Item(name=name), ''


def create_from_input():
    name = input()
    try:
        item = create_item(name)
    except CreateItemError as e:
        print(f'create item failed: {e}')
    else:
        print(f'item<{name}> created')
```

用拋出例外代替回傳錯誤後，整個程式結構乍看之下變化不大，但細節上的改變其實非常多。

❑ 新函式擁有更穩定的回傳數值型態，它永遠只會回傳 Item 型態或是拋出例外。

❑ 雖然我們鼓勵使用例外，但例外總是會不可避免地讓人「感到驚訝」，所以，最好在說明字串裡說明可能拋出的例外型態。

❑ 不同於回傳值，例外在被捕捉前會不斷往呼叫堆疊上層彙報。因此 create_item() 的直接呼叫方也可以完全不處理 CreateItemError，而交由更上層處理。例外的這個特點給了我們更多靈活性，但同時也帶來了更大的風險。具體來說，如果程式缺少一個高明的統一例外處理邏輯，那麼某個被所有人忽視了的例外可能會層層上報，最終弄垮整個程式。

處理例外的題外話

如何在程式設計語言裡處理錯誤，是一個至今仍然存在爭議的話題。例如像上面不推薦的多回傳值方式，正是缺乏例外的 Go 語言中的核心錯誤處理機制。另外，即使是例外機制本身，在不同程式設計語言之間也存在差別。例如 Java 的例外機制就和 Python 裡的很不一樣。

> 例外，或是沒有例外，都是由程式設計語言設計者進行多方取捨後的結果，更多時候不存在絕對的優劣之分。但就以 Python 而言，使用例外來表達錯誤無疑更符合 Python 哲學，更應該受到推崇。

5.1.4　使用上下文管理器

當 Python 工程師們談到例外處理時，第一個想到的常常都是 try 語句。但除了 try 以外，還有一個關鍵字和例外處理也有著密切的關係，它就是 with。

你可能早就用過 with 了，例如用它來打開一個檔案：

```python
# 使用 with 打開檔案，檔案描述符會在作用域結束後自動被釋放
with open('foo.txt') as fp:
    content = fp.read()
```

with 是一個神奇的關鍵字，它可以在程式中開關一段由它管理的上下文，並控制程式在進入和退出這段上下文時的行為。例如在上面的程式裡，這段上下文所附加的主要行為就是：進入時打開某個檔案並回傳檔案物件，退出時關閉該檔案物件。

並非所有物件都能像 open('foo.txt') 一樣配合 with 使用，只有滿足**上下文管理器**（context manager）協定的物件才行。

上下文管理器是一種定義了「進入」和「退出」動作的特殊物件。要建立一個上下文管理器，只要實現 __enter__ 和 __exit__ 兩個魔法方法即可。

下面這段程式實現了一個簡單的上下文管理器：

```python
class DummyContext:
    def __init__(self, name):
        self.name = name

    def __enter__(self):
        # __enter__ 會在進入管理器時被呼叫，同時可以回傳結果
        # 這個結果可以透過 as 關鍵字被呼叫方取得
        #
        # 此處回傳一個增加了隨機尾碼的 name
        return f'{self.name}-{random.random()}'

    def __exit__(self, exc_type, exc_val, exc_tb):
        # __exit__ 會在退出管理器時被呼叫
```

```
    print('Exiting DummyContext')
    return False
```

它的執行結果如下：

```
>>> with DummyContext('foo') as name:
...     print(f'Name: {name}')
...
Name: foo-0.021691996029607252
Exiting DummyContext
```

1. 用於代替 `finally` 語句清理資源

在寫 `try` 語句時，`finally` 關鍵字經常用來做一些資源清理之類的工作，例如關閉已建立的網路連接：

```
conn = create_conn(host, port, timeout=None)
try:
    conn.send_text('Hello, world!')
except Exception as e:
    print(f'Unable to use connection: {e}')
finally:
    conn.close()
```

上面這種寫法雖然經典，卻有些繁瑣。如果使用上下文管理器，這種資源回收程式可以變得更簡單。

當程式使用 with 進入一段上下文後，不論裡面發生了什麼，它在退出這段上下文程式區塊時，一定會呼叫上下文管理器的 __exit__ 方法，就和 finally 語句的行為一樣。

因此，我們完全可以用上下文管理器來代替 finally 語句。做起來很簡單，只要在 __exit__ 裡增加需要的回收語句即可：

```
class create_conn_obj:
    """ 建立連線物件，並在退出上下文時自動關閉 """

    def __init__(self, host, port, timeout=None):
        self.conn = create_conn(host, port, timeout=timeout)

    def __enter__(self):
        return self.conn
```

```
    def __exit__(self, exc_type, exc_value, traceback):
        # __exit__ 會在管理器退出時呼叫
        self.conn.close()
        return False
```

使用 `create_conn_obj` 可以建立會自動關閉的連線物件：

```
# 使用上下文管理器建立連接
with create_conn_obj(host, port, timeout=None) as conn:
    try:
        conn.send_text('Hello, world!')
    except Exception as e:
        print(f'Unable to use connection: {e}')
```

除了回收資源外，你還可以用 `__exit__` 方法做許多其他事情，例如對例外進行二次處理後重新拋出，又例如忽略某種例外，等等。

2. 用於忽略例外

在執行某些操作時，有時程式會拋出一些**不影響正常執行流程**的例外。

也就是說，當你在關閉某個連接時，如果它已經是關閉狀態了，解譯器就會拋出 `AlreadyClosedError` 例外。這時，為了讓程式正常執行下去，你必須用 `try` 語句來捕捉並忽略這個例外：

```
try:
    close_conn(conn)
except AlreadyClosedError:
    pass
```

雖然這樣的程式碼很簡單，但卻無法複用。當專案中有很多地方要忽略這種例外時，這些 `try/except` 語句就會分佈在各個角落，看上去非常凌亂。

如果使用上下文管理器，我們可以很方便地實現可複用的「忽略例外」功能 —— 只要在 `__exit__` 方法裡簡單寫幾行程式碼就可以：

```
class ignore_closed:
    """ 忽略已經關閉的連接 """

    def __enter__(self):
        pass

    def __exit__(self, exc_type, exc_value, traceback):
```

```
        if exc_type == AlreadyClosedError:
            return True
        return False
```

當你想忽略 AlreadyClosedError 例外時，只要把程式碼使用 with 語句包起來即可：

```
with ignore_closed():
    close_conn(conn)
```

透過 with 實現的「忽略例外」功能，主要利用了上下文管理器的 __exit__ 方法。

__exit__ 接收三個參數：exc_type、exc_value 和 traceback。

在程式執行時，如果 with 管轄的上下文內沒有拋出任何例外，那麼當解譯器觸發 __exit__ 方法時，上面的三個參數值都是 None；但如果有例外被拋出，這三個參數就會變成該例外的具體內容。

（1）exc_type：例外的型態。

（2）exc_value：例外物件。

（3）traceback：錯誤的堆疊物件。

此時，程式的行為取決於 __exit__ 方法的回傳值。如果 __exit__ 回傳了 True，那麼這個例外就會被目前的 with 語句壓制住，不再繼續拋出，達到「忽略例外」的結果；如果 __exit__ 回傳了 False，那這個例外就會被正常拋出，交由呼叫方處理。

因此，在上面的 ignore_closed 上下文管理器裡，任何 AlreadyClosedError 型態的例外都會被忽略，而其他例外會被正常拋出。

 如果你在真實專案中要忽略某種例外，可以直接使用標準函式庫模組 contextlib 裡的 suppress 函式，它提供現成的「忽略例外」功能。

3. 使用 contextmanager 裝飾器

雖然上下文管理器很好用，但定義一個符合協定的管理器物件其實蠻不容易的 —— 首先建立一個類別，然後實現好幾個魔法方法。為了簡化這部分工作，Python 提供了一個非常好用的工具：@contextmanager 裝飾器。

@contextmanager 在內建模組的 contextlib 中，它可以把任何一個生成器函式直接轉換為一個上下文管理器。

舉個例子，我在前面實現的自動關閉連接的 create_conn_obj 上下文管理器，如果用函式來改寫，可以簡化成下面這樣：

```python
from contextlib import contextmanager

@contextmanager
def create_conn_obj(host, port, timeout=None):
    """ 建立連線物件，並在退出上下文時自動關閉 """
    conn = create_conn(host, port, timeout=timeout)
    try:
        yield conn ❶
    finally: ❷
        conn.close()
```

❶ 以 yield 關鍵字為界，yield 前的流程會在進入管理器時執行（類似於 __enter__），yield 後的流程會在退出管理器時執行（類似於 __exit__）

❷ 如果要在上下文管理器內處理例外，必須用 try 語句區塊包含 yield 語句

在日常工作中，我們用到的大多數上下文管理器，可以直接透過「生成器函式 + @contextmanager」的方式來定義，這比建立一個符合協議的類別要簡單得多。

5.2　案例故事

如果你和幾年前的我一樣，簡單地認為例外是一種會讓程式崩潰的「老鼠屎」，就難免會產生這種想法：「好的程式就應該儘量捕捉所有例外，讓一切都平穩運行。」

但諷刺的是，如果你真的帶著這種想法去寫程式，反而容易給自己帶來一些意料之外的麻煩。下面小 R 的這個故事就是一個例子。

5.2.1　提前崩潰也不錯

小 R 是一位剛接觸 Python 不久的工程師。因為工作需要，他要寫一個簡單的程式來抓取特定網頁的標題，並將其儲存在本機的檔案中。

在學習 requests 模組和 re 模組後，他很快寫出腳本，如程式清單 5-1 所示。

程式清單 5-1 抓取網頁標題腳本

```python
import requests
import re


def save_website_title(url, filename):
    """ 取得某個網址的網頁標題，然後將其寫入文件中

    :return: 如果成功儲存，回傳 True；否則輸出錯誤，回傳 False
    """
    try:
        resp = requests.get(url)
        obj = re.search(r'<title>(.*)</title>', resp.text)
        if not obj:
            print('save failed: title tag not found in page content')
            return False

        title = obj.grop(1)
        with open(filename, 'w') as fp:
            fp.write(title)
            return True
    except Exception:
        print(f'save failed: unable to save title of {url} to {filename}')
        return False


def main():
    save_website_title('https://www.qq.com', 'qq_title.txt')


if __name__ == '__main__':
    main()
```

腳本裡的 save_website_title() 函式做了好幾件事情。它首先透過 requests 模組取得網頁內容，然後用正規表示式提取網頁標題，最後將標題寫在本機檔案中。

而小 R 認為，整個過程中有兩個步驟很容易出錯：網路請求與本機檔案的操作。所以在寫程式時，他用一個龐大的 try/except 語句區塊，把這幾個步驟全都包在了裡面 —— 畢竟安全第一。

那麼，小 R 寫的這段程式到底隱藏著什麼問題呢？

1. 小 R 的無心之過

如果你旁邊剛好有一台裝了 Python 的電腦，那麼可以試著執行一遍上面的腳本。你會發現，無論怎麼修改網址和目的檔案參數，這段程式都不能正常執行，而會報錯：save failed:unable to ... 。這是為什麼呢？

問題就藏在這個龐大的 try/except 程式區塊裡。如果你非常仔細地逐行檢查這段程式，就會發現在寫函式時，小 R 犯了一個**小錯誤**：他把取得正則匹配串的方法錯打成了 obj.grop(1) —— 少了一個字母 u（正確寫法：obj.group(1)）。

但因為那段例外捕捉範圍過大、過於含糊，所以這個本該被拋出的 AttibuteError 例外被吞噬了，函式的 debug 過程變得難上加難：

```
>>> obj.grop(1)
Traceback (most recent call last):
  File "<stdin>", line 1, in <module>
AttributeError: 're.Match' object has no attribute 'grop'
```

這個 obj.grop(1) 可能只是小 R 的一次無心之過。但我們可以透過它窺見一個新問題，那就是：「我們為什麼要捕捉例外？」

2. 為什麼要捕捉例外

「為什麼要捕捉例外？」這個問題看起來很簡單。捕捉例外，不就是為了避免程式崩潰嗎？但如果這就是正確答案，為什麼小 R 寫的程式沒有崩潰，卻反而比崩潰更糟糕呢？

在程式中捕捉例外，表面上是避免程式因為例外發生而直接崩潰，但它的核心，其實是工程師對處於程式主流程之外的、已知或未知情況的一種妥當處置。而**妥當**這個詞正是例外處理的關鍵。

例外捕捉不是在拿著捕蟲網玩捕蟲遊戲，誰捕的蟲子多誰就獲勝。弄一個龐大的 try 語句，把所有可能出錯、不可能出錯的程式碼，一口氣全部用 except Exception: 包起來，顯然是不妥當的。

如果堅持做最精準的例外捕捉，小 R 腳本裡的問題根本就不會發生，精準捕捉包括：

❏ 永遠只捕捉那些可能會拋出例外的語句區塊。

❏ 儘量只捕捉精確的例外型態，而不是模糊的 Exception。

❏ 如果出現了預期外的例外，讓程式早點崩潰也未必是件壞事。

依照這些原則，小 R 的程式碼應該改成程式清單 5-2 這樣。

程式清單 5-2 抓取網頁標題腳本（精確捕捉例外）

```python
import re
from requests.exceptions import RequestException


def save_website_title(url, filename):
    # 讀取網頁
    try:
        resp = requests.get(url)
    except RequestException as e:
        print(f'save failed: unable to get page content: {e}')
        return False

    # 取得標題
    obj = re.search(r'<title>(.*)</title>', resp.text)
    if not obj:
        print('save failed: title tag not found in page content')
        return False
    title = obj.group(1)

    # 儲存檔案
    try:
        with open(filename, 'w') as fp:
            fp.write(title)
    except IOError as e:
        print(f'save failed: unable to write to file {filename}: {e}')
        return False
    else:
        return True
```

與舊程式相比，新程式去掉了大區塊的 try，拆解出了兩段更精確的例外捕捉語句。

對於用正則取得標題那段程式碼來說，它本來就不應該拋出任何例外，所以我們沒必要使用 try 語句包裹它。如果將 group 誤寫成了 grop，也沒關係，程式馬上就會透過 AttributeError 來告訴我們。

5.2.2 例外與抽象一致性

下面這個故事來自我的親身經歷。

在許多年前，當時我正在參與某手機應用程式的後端 API 開發。如果你也開發過後端 API，一定知道會需要制定一套「API 狀態碼規範」，才方便替使用者端處理錯誤。

當時我們制定的狀態碼回應大概如下所示：

```
// HTTP Status Code: 400
// Content-Type: application/json
{
    "code": "UNABLE_TO_UPVOTE_YOUR_OWN_REPLY",
    "detail": " 你不能點讚自己的回覆 "
}
```

制定好規範後，接下來的任務就是決定如何實現它。專案當時用的是 Django 框架，而 Django 的錯誤頁面正是利用例外機制實現的。

舉個例子，如果你想讓一個請求回傳 404 錯誤頁面，那麼只需要在該請求過程中執行 raiseHttp404 拋出例外即可。

所以，我們很自然地從 Django 那兒獲得了靈感。我們在專案內定義了狀態碼例外類別：APIErrorCode，然後寫了很多繼承該類別的狀態碼例外。當需要回傳錯誤資訊給使用者時，只需要做一次 raise 就能搞定：

```
raise error_codes.UNABLE_TO_UPVOTE
raise error_codes.USER_HAS_BEEN_BANNED
... ...
```

毫不意外，所有人都很喜歡用這種方式來回傳狀態碼。因為它用起來非常方便：無論當前呼叫堆疊有多深，只要你想給使用者回傳狀態碼，直接呼叫 raise error_codes.ANY_THING 就行。

1. 無法複用的 process_image() 函式

隨著產品的不斷演進，專案規模變得越來越龐大。某日，當我正準備複用一個底層影像處理函式時，突然看到一段讓我非常糾結的程式碼，如程式清單 5-3 所示。

程式清單 5-3　某個影像處理模組內部：{PROJECT}/util/image/processor.py

```
def process_image(...):
    try:
        image = Image.open(fp)
    except Exception:
        raise error_codes.INVALID_IMAGE_UPLOADED
    ...
```

process_image() 函式會嘗試打開一個檔案物件。如果該檔案不是有效的圖片格式，就拋出 error_codes.INVALID_IMAGE_UPLOADED 例外。該例外會被 Django 中介軟體捕捉，最終給使用者回傳「**INVALID_IMAGE_UPLOADED**」（上傳的圖片格式有誤）狀態碼回應。

這段程式碼為什麼會讓我糾結？下面我從頭解釋這件事。

最初寫 process_image() 時，呼叫這個函式的就只有「處理使用者上傳圖片的 POST 請求」而已。所以為了偷懶，我讓該函式直接拋出 APIErrorCode 例外來完成錯誤處理工作。

再回到問題本身，當時我需要寫一個在後台執行的批次處理圖片腳本，而它剛好可以複用 process_image() 函式所實現的功能。

但這時事情開始變得不對勁起來，如果我想複用該函式，那麼：

❑ 必須導入 APIErrorCode 例外類別相依來捕捉例外 —— 就算腳本和 Django API 根本沒有任何關係；

❑ 必須捕捉 INVALID_IMAGE_UPLOADED 例外 —— 就算圖片根本就不是由使用者上傳的。

2. 避免拋出抽象等級高於當前模組的例外

這就是例外類別與模組抽象等級不一致導致的結果。APIErrorCode 例外類別的意義在於，表達一種能直接被終端使用者（人）明白並改善的「錯誤程式」。它是整個專案中最高層的抽象之一。

但是出於方便，我在一個底層影像處理模組裡拋出了它。這打破了 process_image() 函式的抽象一致性，導致我無法在後台腳本裡複用它。

這種情況屬於模組拋出了高於所屬抽象等級的例外。避免這種錯誤需要注意以下兩點：

❑ 讓模組只拋出與當前抽象等級一致的例外。

❑ 在必要的地方進行例外包裝與轉換。

為了滿足這兩點，我需要對程式碼做一些調整：

❑ `image.processer` 模組應該拋出自己封裝的 `ImageOpenError` 例外。

❑ 在貼近高層抽象（視圖 View 函式）的地方，將影像處理模組的低級例外 `ImageOpenError` 包裝為高級例外 `APIErrorCode`。

修改後的程式如程式清單 5-4 和程式清單 5-5 所示。

程式清單 5-4 影像處理模組：{PROJECT}/util/image/processor.py

```python
class ImageOpenError(Exception):
    """ 影像打開錯誤例外類別

    :param exc: 原始例外
    """

    def __init__(self, exc):
        self.exc = exc
        """ # 呼叫例外父類別方法，初始化錯誤資訊
        super().__init__(f'Image open error: {self.exc}')

def process_image(...):
    try:
        image = Image.open(fp)
    except Exception as e:
        raise ImageOpenError(exc=e)
    ... ...
```

程式清單 5-5 API 視圖模組：{PROJECT}/app/views.py

```python
def foo_view_function(request):
    try:
        process_image(fp)
    except ImageOpenError:
        raise error_codes.INVALID_IMAGE_UPLOADED
```

這樣調整以後，我就能愉快地在後台腳本裡複用 `process_image()` 函式。

3. 包裝抽象等級低於當前模組的例外

除了應該避免拋出高於當前抽象等級的例外之外，我們同樣應該避免洩露低於當前抽象等級的例外。

如果你使用過第三方 HTTP 函式庫 requests，可能已經發現它在請求出錯時所拋出的例外，並不是它在底層所使用的 urllib3 模組的原始例外，而是經過 requests.exceptions 包裝過的例外：

```
>>> try:
...     requests.get('https://www.invalid-host-foo.com')
... except Exception as e:
...     print(type(e))
...
<class 'requests.exceptions.ConnectionError'>
```

這樣做同樣是為了保證例外類別的抽象一致性。

urllib3 模組是 requests 相依的低層實現細節，而這個細節在未來是有可能變動的。當某天 requests 真的要修改底層實現時，這些包裝過的例外類別，就可以避免對使用者端的錯誤處理邏輯產生不良影響。

 有關函式與抽象等級的話題，你可以在 7.3.2 節找到更多相關內容。

5.3　程式設計建議

5.3.1　不要隨意忽略例外

在 5.1.4 節中，我介紹了如何使用上下文管理器來忽略某種例外。但必須要補充的是，在實際工作中，直接忽略例外其實非常少見，因為這麼做風險很高。

當工程師決定讓自己的程式拋出例外時，他一定不是臨時起意，反而是希望呼叫自己程式的人對這個例外做些什麼。面對例外，呼叫方可以：

❑ 在 except 語句裡捕捉並處理它，繼續執行後面的程式。

❑ 在 except 語句裡捕捉它，將錯誤通知給終端使用者，中斷執行。

❑ 不捕捉例外，讓例外繼續往堆疊上層走，最終可能導致程式崩潰。

無論選擇哪種方案，都比下面這樣直接忽略例外更好：

```
try:
    send_sms_notification(user, message)
except RequestError:
    pass
```

如果 send_sms_notification() 執行失敗，拋出了 RequestError 例外，它會直接被 except 忽略，就好像例外從未發生過一樣。

當然，程式一定不是無緣無故寫成這樣的。工程師會說：「這個簡訊通知根本不重要，即使失敗也沒關係。」但即使如此，透過日誌記錄這個例外還是會更好：

```
try:
    send_sms_notification(user, message)
except RequestError:
    logger.warning('RequestError while sending SMS notification to %s', user.username)
```

有了錯誤日誌後，如果某個使用者回饋自己沒收到通知，我們可以馬上從日誌裡查到是否有失敗記錄，不至於無計可施。此外，這些日誌還可以用來做許多有趣的事情，例如統計所有短信的發送失敗比例，等等。

綜上所述，除了極少數情況外，不要直接忽略例外。

「Python 之禪」裡也提到了這個建議：「除非有意靜默，否則不要無故忽視例外。」（Errors should never pass silently. Unless explicitly silenced.）

5.3.2　不要手動做資料校正

在平常寫程式時，很大比例的錯誤處理工作和使用者輸入有關。當程式裡的某些資料直接來自使用者輸入時，我們必須先驗證這些輸入值，再進行之後的處理，否則就會出現難以預料的錯誤。

舉個例子，我在寫一個命令列小程式，它要求使用者輸入一個 0 ～ 100 範圍的數字。如果使用者輸入的內容無效，就要求其重新輸入。

小程式的程式碼如程式清單 5-6 所示。

程式清單 5-6　要求使用者輸入數字的腳本（手動驗證）

```
def input_a_number():
    """ 要求使用者輸入一個 0 ～ 100 的數字，如果無效則重新輸入 """
    while True:
        number = input('Please input a number (0-100): ')

        # 下面的三條 if 語句都是對輸入值的驗證程式
        if not number:
```

```
        print('Input can not be empty!')
        continue
    if not number.isdigit():
        print('Your input is not a valid number!')
        continue
    if not (0 <= int(number) <= 100):
        print('Please input a number between 0 and 100!')
        continue

    number = int(number)
    break

print(f'Your number is {number}')
```

執行結果如下：

```
Please input a number (0-100):
Input can not be empty!
Please input a number (0-100): foo
Your input is not a valid number!
Please input a number (0-100): 65
Your number is 65
```

這個函式共包含 14 行有效程式碼，其中有 9 行 if 都在驗證資料。也許你覺得這樣的程式碼結構很正常，但請想像一下，如果我們需要驗證的輸入不止一個，驗證邏輯也比這個複雜怎麼辦？

那樣的話，這些資料驗證程式就會變得又臭又長，占滿整個函式。

如何改進這段程式呢？如果把資料驗證程式抽離為一個獨立函式，和核心邏輯分開，程式肯定會變得更清晰。不過比這更重要的是，我們要把「輸入資料驗證」當作一個獨立的領域，挑選更適合的模組來完成這項工作。

在資料驗證這塊，pydantic 模組是一個不錯的選擇。如果用它來做驗證，上面的程式可以改寫成程式清單 5-7。

程式清單 5-7　要求使用者輸入數字的腳本（使用 pydantic 函式庫）

```
from pydantic import BaseModel, conint, ValidationError


class NumberInput(BaseModel):
    # 使用型態註解 conint 定義 number 屬性的取值範圍
    number: conint(ge=0, le=100)
```

```
def input_a_number_with_pydantic():
    while True:
        number = input('Please input a number (0-100): ')

        # 產生實體為 pydantic 模型，捕捉驗證錯誤例外
        try:
            number_input = NumberInput(number=number)
        except ValidationError as e:
            print(e)
            continue

        number = number_input.number
        break

    print(f'Your number is {number}')
```

使用專業的資料驗證模組後，整段程式變得簡單了許多。

在寫程式時，我們應當儘量避免手動驗證任何資料。因為資料驗證任務獨立性很強，所以應該導入合適的第三方驗證模組（或者自己實現），讓它們來處理這部分專業工作。

 如果你在開發 Web 應用，資料驗證工作通常來說比較容易。例如 Django 框架就有自己的表單驗證模組，Flask 也可以使用 WTForms 模組來進行資料驗證。

5.3.3 拋出可區分的例外

當開發者編寫自訂例外類別時，似乎不需要遵循太多原則。常見的幾條是：要繼承 Exception 而不是 BaseException；例外類別名稱最好以 Error 或 Exception 結尾等。但除了這些以外，設計例外的人其實還需要考慮一個重要指標 —— 呼叫方是否能清晰區分各種例外。

以 5.1.3 節的程式為例，在呼叫 create_item() 函式時，程式可能會拋出 CreateItemError 例外。所以呼叫方需要用 try 來捕捉該例外：

```
def create_from_input():
    name = input()
    try:
        item = create_item(name)
    except CreateItemError as e:
        print(f'create item failed: {e}')
```

```
    else:
        print(f'item<{name}> created')
```

如果呼叫方只需要像上面這樣，簡單判斷建立過程有沒有出錯，現在的例外設計可以說已經足夠了。

但是，如果呼叫方想針對「items 已滿」這種錯誤增加一些特殊邏輯，例如清空所有 items，我們就需要將上面的程式改成下面這樣：

```
def create_from_input():
    name = input()
    try:
        item = create_item(name)
    except CreateItemError as e:
        # 如果已滿，清空所有 items
        if str(e) == 'items is full':
            clear_all_items()

        print(f'create item failed: {e}')
    else:
        print(f'item<{name}> created')
```

雖然這段程式透過比對錯誤字串實現了需求，但這種做法其實非常不穩定。如果 create_item() 未來稍微調整了一下例外錯誤資訊，程式邏輯就會崩壞。

為了解決這個問題，我們可以利用例外間的繼承關係，設計一些更精準的例外子類別：

```
class CreateItemError(Exception):
    """ 建立 Item 失敗 """


class CreateErrorItemsFull(CreateItemError):
    """ 目前的 Item 容器已滿 """


def create_item(name):
    if len(name) > MAX_LENGTH_OF_NAME:
        raise CreateItemError('name of item is too long')
    if len(get_current_items()) > MAX_ITEMS_QUOTA:
        raise CreateErrorItemsFull('items is full')
    return Item(name=name)
```

這樣做以後，呼叫方就能用額外的 except 子句來單獨處理「items 已滿」例外了，如下所示：

```python
def create_from_input():
    name = input()
    try:
        item = create_item(name)
    except CreateErrorItemsFull as e:
        clear_all_items()
        print(f'create item failed: {e}')
    except CreateItemError as e:
        print(f'create item failed: {e}')
    else:
        print(f'item<{name}> created')
```

除了設計更精確的例外子類別外，你還可以建立一些包含額外屬性的例外類別，例如包含「錯誤程式」（error_code）的 CreateItemError 類別：

```python
class CreateItemError(Exception):
    """ 建立 Item 失敗

    :param error_code: 錯誤程式
    :param message: 錯誤資訊
    """

    def __init__(self, error_code, message):
        self.error_code = error_code
        self.message = message
        super().__init__(f'{self.error_code} - {self.message}')


# 拋出例外時指定 error_code
raise CreateItemError('name_too_long', 'name of item is too long')
raise CreateItemError('items_full', 'items is full')
```

這樣呼叫方在捕捉例外後，也能根據例外物件的 error_code 來精確分辨例外型態。

5.3.4 不要使用 assert 來檢查參數合法性

assert 是 Python 中用來寫斷言語句的關鍵字，它可以用來測試某個運算式是否成立。例如：

```python
>>> value = 10
>>> assert value > 100
```

```
Traceback (most recent call last):
  File "<stdin>", line 1, in <module>
AssertionError
```

當 assert 後面的運算式執行結果為 False 時，斷言語句會馬上拋出 AssertionError 例外。因此，有人可能會想藉由它來檢查函式參數是否合法，就像下面這樣：

```python
def print_string(s):
    assert isinstance(s, str), 's must be string'
    print(s)
```

但這樣做其實並不對。assert 是一個專供開發者偵錯工具的關鍵字。它所提供的斷言檢查，可以在執行 Python 時使用 -O 選項直接跳過：

```python
$ python -O
# -O 選項表示讓所有 assert 斷言語句無效化
# 開啟該選項後，下面的 assert 語句不會拋出任何例外
>>> assert False
```

因此，請不要拿 assert 來做參數驗證，用 raise 語句來代替它吧：

```python
def print_string(s):
    if not isinstance(s, str):
        raise TypeError('s must be string')
    print(s)
```

5.3.5　無須處理是最好的錯誤處理

雖然我們學習了許多錯誤處理技巧，但無論如何，對於所有寫程式的工程師來說，錯誤處理永遠是一種在程式主流程之外的額外負擔。

如果在一個理想的環境裡，我們的程式根本不需要處理任何錯誤，那該有多好。不僅如此，在 *A Philosophy of Software Design* 一書中，作者 John Ousterhout 分享過一個與之相關的有趣故事。

在設計 Tcl 程式設計語言時，作者直言自己曾犯過一個大錯誤。在 Tcl 語言中，有一個用來刪除某個變數的 unset 指令。在設計這個指令時，作者認為當人們用 unset 刪除一個不存在的變數時，一定是不正常的，程式自然應該拋出一個錯誤。

但在 Tcl 語言發佈之後，作者驚訝地發現，當人們呼叫 unset 時，其實常常處在一種模棱兩可的程式狀態中 —— 不確定變數是否存在。這時，unset 的設計就會讓它用起來非常尷尬。大部分人在使用 unset 時，幾乎都需要額外寫程式來捕捉 unset 可能拋出的錯誤。

John Ousterhout 直言，如果可以重新設計 unset 指令，他會對它的職責做一些調整：不再把 unset 當成一種可能會失敗的**刪除變數行為**，而是把它當作一種**確保某變數不存在**的指令。當 unset 的職責改變後，即使變數不存在，它也可以不拋出任何錯誤，直接回傳就好。

unset 指令的例子體現出了一種程式設計技巧：在設計 API 時，如果稍微調整一下思考問題的角度，修改 API 的抽象定義，那麼那些原本需要處理的錯誤，也許就會神奇地消失。如果 API 不拋出錯誤，呼叫方也就不需要處理錯誤，這會大大減輕大家的心智負擔。

除了在設計 API 時考慮減少錯誤以外，「空物件模式」也是一個透過轉換觀念來避免錯誤處理的好例子。

5.3.6 空物件模式

Martin Fowler 在他的經典著作《重構》中，用一章詳細說明了「空物件模式」（null object pattern）。簡單來說，「空物件模式」就是本該回傳 None 值或拋出例外時，回傳一個符合正常結果介面的特製「空型態物件」來代替，以此省去呼叫方處理錯誤的工作。

我們來看一個例子。現在有多份問卷調查的得分記錄，全部為字串格式，存放在一個串列中：

```
data = ['piglei 96', 'joe 100', 'invalid-data', 'roland $invalid_points', ...]
```

正常的得分記錄是 {username} {points} 格式，但你會發現，有些資料明顯不符合規範（例如 invalid-data）。現在我想寫一個腳本，統計及格（大於等於 80）的得分記錄總數，如程式清單 5-8 所示。

程式清單 5-8 統計及格的得分記錄總數

```python
QUALIFIED_POINTS = 80


class CreateUserPointError(Exception):
    """ 建立得分紀錄失敗時拋出 """
```

```python
class UserPoint:
    """ 使用者得分記錄 """

    def __init__(self, username, points):
        self.username = username
        self.points = points

    def is_qualified(self):
        """ 回傳得分是否及格 """
        return self.points >= QUALIFIED_POINTS


def make_userpoint(point_string):
    """ 從字串初始化一筆得分記錄

    :param point_string: 形如 piglei 1 的表示得分記錄的字串
    :return: UserPoint 對象
    :raises: 當輸入資料不符合時回傳 CreateUserPointError
    """
    try:
        username, points = point_string.split()
        points = int(points)
    except ValueError:
        raise CreateUserPointError(
            'input must follow pattern "{username} {points}"'
        )

    if points < 0:
        raise CreateUserPointError('points can not be negative')
    return UserPoint(username=username, points=points)


def count_qualified(points_data):
    """ 計算得分及格的總人數

    :param points_data: 字串格式的使用者得分名單
    """
    result = 0
    for point_string in points_data:
        try:
            point_obj = make_userpoint(point_string)
        except CreateUserPointError:
            pass
        else:
            result += point_obj.is_qualified()
    return result


data = [
    'piglei 96',
```

```
        'nobody 61',
        'cotton 83',
        'invalid_data',
        'roland $invalid_points',
        'alfred -3',
    ]

    print(count_qualified(data))
    # 輸出結果：
    # 2
```

在上面的程式裡，因為輸入資料可能不符合要求，所以 make_userpoint() 方法在解析輸入資料、建立 UserPoint 物件的過程中，可能會拋出 CreateUserPointError 例外來通知呼叫方。

因此，每當呼叫方使用 make_userpoint() 時，都必須加上 try/except 語句來捕捉例外。

如果導入「空物件模式」，上面的例外處理流程就可以完全消失，如程式清單 5-9 所示。

程式清單 5-9 統計及格的得分記錄總數（空物件模式）

```
QUALIFIED_POINTS = 80

class UserPoint:
    """ 使用者得分記錄 """

    def __init__(self, username, points):
        self.username = username
        self.points = points

    def is_qualified(self):
        """ 回傳得分是否及格 """
        return self.points >= QUALIFIED_POINTS

class NullUserPoint:
    """ 一個空的使用者得分記錄 """

    username = ''
    points = 0

    def is_qualified(self):
        return False
```

```python
def make_userpoint(point_string):
    """ 從字串初始化一筆得分記錄

    :param point_string: 形如 piglei 1 的表示得分記錄的字串
    :return: 如果輸入符合要求，回傳 UserPoint 物件，否則回傳 NullUserPoint
    """
    try:
        username, points = point_string.split()
        points = int(points)
    except ValueError:
        return NullUserPoint()

    if points < 0:
        return NullUserPoint()
    return UserPoint(username=username, points=points)
```

在新版程式裡，我定義了一個代表「空得分記錄」的新類別：
NullUserPoint，每當 make_userpoint() 接收到無效的輸入，執行失敗時，
就會回傳一個 NullUserPoint 物件。

這樣修改後，count_qualified() 就不再需要處理任何例外了：

```python
def count_qualified(points_data):
    """ 計算得分及格的總人數

    :param points_data: 字串格式的使用者得分名單
    """
    return sum(make_userpoint(s).is_qualified() for s in points_data) ❶
```

❶ 這裡的 make_userpoint() 都會回傳一個符合要求的物件（UserPoint() 或
NullUserPoint()）

與前面 unset 指令的故事一樣，「空物件模式」也是一種轉換設計觀念以避免
錯誤處理的技巧。當函式進入邊界情況時，「空物件模式」不再拋出錯誤，而是
讓其回傳一個類似於正常結果的特殊物件，因此呼叫方自然就不必處理任何錯
誤，人們寫起程式來也會更輕鬆。

在 Python 世界中，「空物件模式」並不少見，例如鼎鼎有名的 Django
框架裡的 AnonymousUser 設計就使用了這種模式。

5.4 總結

在本章中，我們學習了在 Python 中使用例外和處理錯誤的一些經驗和技巧。基礎知識部分簡單介紹了 LBYL 和 EAFP 兩種程式設計風格。寫程式時，Pythonista 更傾向於使用基於例外捕捉的 EAFP 風格。

雖然 Python 函式允許我們同時回傳結果和錯誤資訊，但更常見的做法是拋出自訂例外。除了 try 語句外，with 語句也經常被用來處理例外，自訂上下文管理器可以有效複用例外處理邏輯。

在捕捉例外時，過於模糊是不可以的，精確的例外捕捉有助於我們寫出更強健的程式。有時，讓程式提前崩潰也不一定是什麼壞事。

以下是本章要點知識總結。

（1）基礎知識

- ❏ 一個 try 語句支持多個 except 子句，但請記得把更精確的例外類別放在前面。
- ❏ try 語句的 else 分支會在沒有例外時執行，因此它可用來替代標記變數。
- ❏ 不帶任何參數的 raise 語句會重複拋出當前例外。
- ❏ 上下文管理器經常用來處理例外，它最常見的用途是代替 finally 子句。
- ❏ 上下文管理器可以用來忽略某段程式裡的例外。
- ❏ 使用 @contextmanager 裝飾器可以輕鬆定義上下文管理器。

（2）錯誤處理與參數驗證

- ❏ 當你可以選擇寫條件判斷或例外捕捉時，優先選例外捕捉（EAFP）。
- ❏ 不要讓函式回傳錯誤資訊，直接拋出自訂例外吧。
- ❏ 手動驗證資料合法性非常繁瑣，儘量使用專業模組來做這件事。
- ❏ 不要使用 assert 來做參數驗證，用 raise 替代它。
- ❏ 處理錯誤需要付出額外成本，如果能透過設計避免它就再好不過了。
- ❏ 在設計 API 時，需要慎重考慮是否真的有必要拋出錯誤。
- ❏ 使用「空物件模式」能免去一些針對邊界情況的錯誤處理工作。

（3）當你捕捉例外時：

- ❏ 過於模糊和寬泛的例外捕捉可能會讓程式免於崩潰，但也可能會帶來更大的麻煩。

- ❏ 例外捕捉貴在精確，只捕捉可能拋出例外的語句，只捕捉可能的例外型態。

- ❏ 有時候，讓程式提早崩潰未必是什麼壞事。

- ❏ 完全忽略例外是風險非常高的行為，大多數情況下，至少記錄一筆錯誤日誌。

（4）當你拋出例外時：

- ❏ 保證模組內拋出的例外與模組自身的抽象級別一致。

- ❏ 如果例外的抽象等級過高，把它替換為更低級的新例外。

- ❏ 如果例外的抽象等級過低，把它包裝成更高級的例外，然後重新拋出。

- ❏ 不要讓呼叫方用字串匹配來判斷例外種類，儘量提供可區分的例外。

6

迴圈與可迭代物件

「迴圈」是一個非常有趣的概念。在生活中,迴圈代表無休止地重複某件事,例如一直播放同一首歌就叫「單曲循環」。當某件事重複太多次以後,人們就很容易感到乏味,所以哪怕再好聽的曠世名曲,也沒人願意連續聽上一百遍。

雖然人會對迴圈感到乏味,電腦卻絲毫沒有這個問題。工程師的主要任務之一,就是利用迴圈的概念,用極少的指令驅使電腦不知疲倦地完成繁重的計算任務。試想一下,如果不使用迴圈,從一個包含一萬個數字的串列裡找到數字42 的位置,會是一件多麼令人抓狂的任務。但正因為有了迴圈,我們可以用一個簡單的 for 來處理這種事情 —— 無論串列裡的數字是一萬個還是十萬個。

在 Python 中,我們可以用兩種方式寫迴圈:for 和 while。for 是我們最常用到的迴圈關鍵字,它的語法是 for <item> in <iterable>,需要配合一個可迭代迭代物件 iterable 使用:

```python
# 迴圈輸出串列裡所有字串的長度
names = ['foo', 'bar', 'foobar']

for name in names:
    print(len(name))
```

Python 裡的 while 迴圈和其他程式設計語言沒什麼區別。它的語法是 while,其中 expression 運算式是迴圈的成立條件,值為假時就中斷迴圈。如果把上面的 for 迴圈翻譯成 while,程式碼會變長不少:

```python
i = 0
while i < len(names):
    print(len(names[i]))
    i += 1
```

對比這兩段程式碼,我們可以觀察到:對於一些常見的迴圈任務,使用 for 比while 要方便。因此在日常寫程式時,for 的出場頻率也遠比 while 要高。

如你所見，Python 的迴圈語法並不複雜，但這並不代表我們可以很輕鬆地寫出好的迴圈。要把迴圈程式碼寫得漂亮，有時關鍵不在迴圈結構自身，而在於另一個用來配合迴圈的主角：可迭代對象。

在本章中，我會分享在 Python 裡寫迴圈的一些經驗和技巧，幫助你掌握如何利用可迭代物件寫出更優雅的迴圈。

6.1　基礎知識

6.1.1　迭代器與可迭代物件

我們知道，在寫 for 迴圈時，不是所有物件都可以用作迴圈主體 —— 只有那些可迭代（iterable）物件才行。說到可迭代物件，你最先想到的一定是那些內建型態，例如字串、生成器以及第 3 章介紹的所有容器型態，等等。

除了這些內建型態外，你其實還可以輕鬆定義其他可迭代型態。但在此之前，我們需要先搞清楚 Python 裡的「迭代」究竟是怎麼一回事。這就需要引入兩個重要的內建函式：iter() 和 next()。

1. **iter()** 與 **next()** 內建函式

還記得內建函式 bool() 嗎？我在第 4 章中介紹過，使用 bool() 可以取得某個物件的布林值的真假：

```
>>> bool('foo')
True
```

而 iter() 函式和 bool() 很像，呼叫 iter() 會試著回傳一個迭代器物件。以常見的內建可迭代型態舉例來說：

```
>>> iter([1, 2, 3]) ❶
<list_iterator object at 0x101a82d90>

>>> iter('foo') ❷
<str_iterator object at 0x101a99ed0>

>>> iter(1) ❸
Traceback (most recent call last):
  File "<stdin>", line 1, in <module>
TypeError: 'int' object is not iterable
```

❶ 串列型態的迭代器對象 —— `list_iterator`

❷ 字串型態的迭代器物件 —— `str_iterator`

❸ 對不可迭代的型態執行 `iter()` 會拋出 TypeError 例外

什麼是**迭代器**（iterator）？顧名思義，這是一種幫助你迭代其他物件的物件。迭代器最明顯的特徵是：不斷對它執行 `next()` 函式會回傳下一次迭代結果。

以串列舉例：

```
>>> l = ['foo', 'bar']

# 首先透過 iter 函式拿到串列 l 的迭代器對象
>>> iter_l = iter(l)
>>> iter_l
<list_iterator object at 0x101a8c6d0>

# 然後對迭代器呼叫 next() 不斷取得串列的下一個值
>>> next(iter_l)
'foo'
>>> next(iter_l)
'bar'
```

當迭代器沒有更多值可以回傳時，就會拋出 StopIteration 例外：

```
>>> next(iter_l)
Traceback (most recent call last):
  File "<stdin>", line 1, in <module>
StopIteration
```

除了可以使用 `next()` 拿到迭代結果之外，迭代器還有一個重要的特點，那就是當你對迭代器執行 `iter()` 函式，試著取得迭代器的迭代器物件時，回傳的結果一定是迭代器本身：

```
>>> iter_l
<list_iterator object at 0x101a82d90>
>>> iter(iter_l) is iter_l
True
```

了解完上述概念後，其實你就已經瞭解了 `for` 迴圈的工作原理。當你使用 `for` 迴圈搜尋某個可迭代物件時，其實是先呼叫了 `iter()` 拿到它的迭代器，然後不斷地用 `next()` 從迭代器中取得值。

也就是說，下面這段 for 迴圈程式：

```
names = ['foo', 'bar', 'foobar']

for name in names:
    print(name)
```

其實可以翻譯成下面這樣：

```
iterator = iter(names)
while True:
    try:
        name = next(iterator)
        print(name)
    except StopIteration:
        break
```

弄清楚迭代的原理後，接下來我們嘗試建立自己的迭代器。

2. 自訂迭代器

要自訂一個迭代器型態，關鍵在於實現下面這兩個魔法方法。

❑ __iter__：呼叫 iter() 時觸發，迭代器對象總是回傳自己。

❑ __next__：呼叫 next() 時觸發，透過 return 來回傳結果，沒有更多內容就拋出 StopIteration 例外，會在迭代過程中多次觸發。

舉一個具體的例子。如果我想寫一個和 range() 類似的迭代器物件 Range7，它可以回傳某個範圍內所有可被 7 整除或包含 7 的整數。

下面是 Range7 類別的程式：

```python
class Range7:
    """ 生成某個範圍內可被 7 整除或包含 7 的整數

    :param start: 開始數字
    :param end: 結束數字
    """

    def __init__(self, start, end):
        self.start = start
        self.end = end
        # 使用 current 儲存當前所處的位置
        self.current = start
```

```python
    def __iter__(self):
        return self

    def __next__(self):
        while True:
            # 當已經到達邊界時，拋出例外終止迭代
            if self.current >= self.end:
                raise StopIteration

            if self.num_is_valid(self.current):
                ret = self.current
                self.current += 1
                return ret
            self.current += 1

    def num_is_valid(self, num):
        """ 判斷數字是否滿足要求 """
        if num == 0:
            return False
        return num % 7 == 0 or '7' in str(num)
```

我們可以透過 `for` 迴圈來驗證這個迭代器的執行結果：

```python
>>> r = Range7(0, 20)
>>> for num in r:
...     print(num)
...
7
14
17
```

搜尋 Range7 物件時，它確實會不斷回傳符合要求的數字。

不過，雖然上面的程式滿足需求，但在進一步使用時，我們會發現目前的 Range7 物件有一個問題，那就是每個新 Range7 物件只能被完整搜尋一次，如果做二次搜尋，就會拿不到任何結果：

```python
>>> r = Range7(0, 20)
>>> tuple(r)
(7, 14, 17)
>>> tuple(r)  ❶
()
```

❶ 第二次用 `tuple()` 轉換成元組，只能得到一個空元組

這個問題並非 Range7 所獨有,它其實是所有迭代器的「通病」。

如果你回過頭仔細讀一遍 Range7 的程式碼,肯定可以發現它在二次搜尋時不回傳結果的原因。

在之前的程式裡,每個 Range7 物件都只有唯一的 current 屬性,當程式第一次搜尋完迭代器後,current 就會不斷增長為邊界值 self.end。之後,除非手動重置 current 的值,否則二次搜尋自然就不會再拿到任何結果。

那到底要如何調整程式,才能讓 Range7 物件可以被複用呢?這需要先從「迭代器」和「可迭代對象」的區別說起。

3. 區分迭代器與可迭代物件

迭代器與可迭代物件這兩個詞雖然看上去很像,但它們的含義大不相同。

迭代器是可迭代物件的一種。它最常出現的場景是在迭代其他物件時,作為一種介質或工具物件存在 —— 就像呼叫 iter([]) 時回傳的 list_iterator。每個迭代器都對應一次完整的迭代過程,因此它自身必須儲存與當前迭代相關的狀態 —— 迭代位置(就像 Range7 裡面的 current 屬性)。

一個合法的迭代器,必須同時實現 __iter__ 和 __next__ 兩個魔法方法。

相比之下,可迭代物件的定義則寬泛許多。判斷一個物件 obj 是否可迭代的唯一標準,就是呼叫 iter(obj),然後看結果是不是一個迭代器[1]。因此,可迭代物件只需要實現 __iter__ 方法,不一定需要實現 __next__ 方法。

所以,如果想讓 Range7 物件在每次迭代時都回傳完整結果,我們必須把現在的程式碼拆成兩部分:可迭代型態 Range7 和迭代器型態 Range7Iterator。程式如下所示:

```python
class Range7:
    """ 生成某個範圍內可被 7 整除或包含 7 的數字 """

    def __init__(self, start, end):
        self.start = start
        self.end = end

    def __iter__(self):
```

1　事實上,這個檢查過程不用手動完成。iter() 函式本身就會自動驗證結果是不是一個合法迭代器,如果不合法,呼叫時就會拋出 TypeError: iter() returned non-iterator 例外。

```python
        # 回傳一個新的迭代器物件
        return Range7Iterator(self)


class Range7Iterator:
    def __init__(self, range_obj):
        self.range_obj = range_obj
        self.current = range_obj.start

    def __iter__(self):
        return self

    def __next__(self):
        while True:
            if self.current >= self.range_obj.end:
                raise StopIteration

            if self.num_is_valid(self.current):
                ret = self.current
                self.current += 1
                return ret
            self.current += 1

    def num_is_valid(self, num):
        if num == 0:
            return False
        return num % 7 == 0 or '7' in str(num)
```

在新程式中，每次搜尋 Range7 物件時，都會建立出一個全新的迭代器物件
Range7Iterator，之前的問題因此可以得到圓滿解決：

```python
>>> r = Range7(0, 20)

>>> tuple(r)
(7, 14, 17)

>>> tuple(r) ❶
(7, 14, 17)
```

❶ Range7 型態現在可以被重複迭代了

最後，總結一下迭代器與可迭代物件的區別：

❑ 可迭代物件不一定是迭代器，但迭代器一定是可迭代物件。

❑ 對可迭代物件使用 iter() 會回傳迭代器，迭代器則會回傳其自身。

❑ 每個迭代器的被迭代過程是一次性的，可迭代物件則不一定。

❑ 可迭代物件只需要實現 __iter__ 方法，而迭代器要額外實現 __next__
　 方法。

> ### 可迭代對象與 __getitem__
>
> 除了 __iter__ 和 __next__ 方法外，還有一個魔法方法也和可迭代物件密切相關：__getitem__。
>
> 如果一個型態沒有定義 __iter__，但是定義了 __getitem__ 方法，那麼 Python 也會認為它是可迭代的。在搜尋它時，解譯器會不斷使用數字索引值 (0,1,2, …) 來呼叫 __getitem__ 方法獲得回傳值，直到拋出 IndexError 為止。
>
> 但 __getitem__ 可搜尋的這個特點不屬於目前主流的迭代器協議，更多是對舊版本的一種相容行為，所以本章不做過多闡述。

4. 生成器是迭代器

在第 3 章中我簡單介紹過生成器物件。我們知道，生成器是一種「懶惰的」可迭代物件，使用它來代替傳統串列可以節約記憶體，提升執行效率。

但除此之外，生成器還是一種簡化的迭代器實現，使用它可以大大降低實現傳統迭代器的寫程式的成本。因此在平時，我們基本不需要透過 __iter__ 和 __next__ 來實現迭代器，只要寫上幾個 yield 就行。

如果利用生成器，上面的 Range7Iterator 可以改寫成一個只有 5 行程式碼的函式：

```python
def range_7_gen(start, end):
    """ 生成器版本的 Range7Iterator"""
    num = start
    while num < end:
        if num != 0 and (num % 7 == 0 or '7' in str(num)):
            yield num
        num += 1
```

我們可以用 iter() 和 next() 函式來驗證「生成器就是迭代器」這個事實：

```python
>>> nums = range_7_gen(0, 20)

# 使用 iter() 函式測試
>>> iter(nums)
<generator object range_7_gen at 0x10404b2e0>
>>> iter(nums) is nums
True
```

```
# 使用 next() 不斷取得下一個值
>>> next(nums)
7
>>> next(nums)
14
```

生成器（generator）利用其簡單的語法，大大降低了迭代器的使用門檻，是優化迴圈程式時最得力的幫手。

6.1.2　修飾可迭代物件優化迴圈

對於學過其他程式設計語言的人來說，如果需要在搜尋一個串列的同時，取得目前索引位置，他也許會寫出這樣的程式：

```
index = 0
for name in names:
    print(index, name)
    index += 1
```

上面的迴圈雖然沒錯，但並不是最佳做法。一個擁有兩年 Python 開發經驗的人會說，這段程式應該這麼寫：

```
for i, name in enumerate(names):
    print(i, name)
```

enumerate() 是 Python 的一個內建函式，它接收一個可迭代物件作為參數，回傳一個不斷生成 (目前下標，目前元素) 的新可迭代物件。對於這個場景，使用它再適合不過了。

雖然 enumerate() 函式很簡單，但它其實代表了一種迴圈程式優化思路：透過修飾可迭代物件來優化迴圈。

使用生成器函式修飾可迭代物件

什麼是「修飾可迭代物件」？用一段簡單的程式碼來說明：

```
def sum_even_only(numbers):
    """ 對 numbers 裡面所有的偶數求和 """
    result = 0
    for num in numbers:
        if num % 2 == 0:
```

```
        result += num
    return result
```

在這段程式的迴圈中，我寫了一行 if 語句來剔除所有奇數。但是，如果借鑒 enumerate() 函式的思路，我們其實可以把這個「奇數剔除邏輯」提煉成一個生成器函式，從而簡化迴圈內部程式。

下面就是我們需要的生成器函式 even_only()，它專門負責偶數過濾工作：

```
def even_only(numbers):
    for num in numbers:
        if num % 2 == 0:
            yield num
```

之後在 sum_even_only_v2() 裡，只要先用 even_only() 函式修飾 numbers 變數，迴圈內的「偶數過濾」邏輯就可以完全去掉，只需簡單求和即可：

```
def sum_even_only_v2(numbers):
    """ 對 numbers 裡面所有的偶數求和 """
    result = 0
    for num in even_only(numbers):
        result += num
    return result
```

總結一下，「修飾可迭代對象」是指用生成器（或普通的迭代器）在迴圈外部包裝原本的迴圈主體，完成一些原本必須在迴圈內部執行的工作 —— 例如過濾特定成員、提供額外結果等，以此簡化迴圈程式碼。

除了自訂修飾函式外，你還可以直接使用標準函式庫模組 itertools 裡的許多現成工具。

6.1.3 使用 **itertools** 模組優化迴圈

itertools 是一個和迭代器有關的標準函式庫模組，其中包含許多用來處理可迭代物件的工具函式。在該模組的官方文件裡，你可以找到每個函式的詳細介紹與說明。

在本節中，我會對 itertools 裡的部分函式做簡單介紹，但焦點會和官方文件稍有不同。我會透過一些常見的程式情境，來詳細解釋 itertools 是如何改善迴圈程式碼的。

1. 使用 `product()` 扁平化多層巢狀迴圈

雖然我們都知道:「扁平勝過巢狀」,但有時針對某種需求,似乎還是需要寫一些多層巢狀迴圈才行。下面這個函式就是一個例子:

```python
def find_twelve(num_list1, num_list2, num_list3):
    """ 從 3 個數字串列中,尋找是否存在和為 12 的 3 個數 """
    for num1 in num_list1:
        for num2 in num_list2:
            for num3 in num_list3:
                if num1 + num2 + num3 == 12:
                    return num1, num2, num3
```

對於這種巢狀搜尋多個物件的多層迴圈程式,我們可以使用 `product()` 函式來優化它。`product()` 接收多個可迭代物件作為參數,然後根據它們的笛卡兒積不斷生成結果:

```python
>>> from itertools import product
>>> list(product([1, 2], [3, 4]))
[(1, 3), (1, 4), (2, 3), (2, 4)]
```

用 `product()` 優化函式裡的巢狀迴圈:

```python
from itertools import product


def find_twelve_v2(num_list1, num_list2, num_list3):
    for num1, num2, num3 in product(num_list1, num_list2, num_list3):
        if num1 + num2 + num3 == 12:
            return num1, num2, num3
```

相比之前,新函式只用了一層 `for` 迴圈就完成了任務,程式變得更精煉了。

2. 使用 `islice()` 實現迴圈內隔行處理

如果有一份資料檔案,裡面包含某論壇的許多貼文標題,內容格式如下所示:

```
python-guide: Python best practices guidebook, written for humans.
---
Python 2 Death Clock
---
Run any Python Script with an Alexa Voice Command
---
<... ...>
```

我現在需要解析這個檔案，拿到檔案裡的所有標題。

可能是為了格式美觀，這份檔案裡的每兩個標題之間，都有一個「---」分隔符號。它給我的解析工作帶來了一些小麻煩 —— 在搜尋過程中，我必須跳過這些無意義的符號。

利用 enumerate() 內建函式，我可以直接在迴圈內加一段基於目前序號的 if 判斷來做到這一點：

```python
def parse_titles(filename):
    """ 從隔行資料檔案中讀取 Reddit 主題名稱
    """
    with open(filename, 'r') as fp:
        for i, line in enumerate(fp):
            # 跳過無意義的 --- 分隔符號
            if i % 2 == 0:
                yield line.strip()
```

但是，對於這種在迴圈內隔行處理的需求來說，如果使用 itertools 裡的 islice() 函式修飾被迴圈物件，整段迴圈程式可以變得更簡單、更直接。

islice(seq, start, end, step) 函式和陣列切片操作（list[start:stop: step]）接收的參數幾乎完全一致。如果需要在迴圈內部實現隔行處理，只要設定第三個參數 step（遞進步長）的值為 2 即可：

```python
from itertools import islice

def parse_titles_v2(filename):
    with open(filename, 'r') as fp:
        # 設定 step=2，跳過無意義的 --- 分隔符號
        for line in islice(fp, 0, None, 2):
            yield line.strip()
```

3. 使用 takewhile() 替代 break 語句

有時，我們需要在每次開始執行循環體程式時，決定是否需要提前結束迴圈，例如：

```python
for user in users:
    # 當第一個不合格的使用者出現後，不再進行後面的處理
    if not is_qualified(user):
        break

    # 進行處理……
```

對於這種程式，我們可以使用 takewhile() 函式來進行簡化。

takewhile(predicate, iterable) 會在迭代第二個參數 iterable 的過程中，不斷使用當前值作為參數呼叫 predicate() 函式，並對回傳結果進行真值測試，如果為 True，則回傳目前值並繼續迭代，否則立即中斷本次迭代。

使用 takewhile() 後程式會變成這樣：

```python
from itertools import takewhile

for user in takewhile(is_qualified, users):
    # 進行處理……
```

除了上面這三個函式以外，itertools 還有其他一些有意思的工具函式，它們都可以搭配迴圈使用，例如用 chain() 函式可以扁平化雙層巢狀迴圈、用 zip_longest() 函式可以同時搜尋多個物件，等等。

篇幅所限，此處不再一一介紹 itertools 的其他函式，讀者如有興趣可自行查閱官方文件。

6.1.4 迴圈語句的 else 關鍵字

在 Python 語言的所有關鍵字裡，else 也許是最奇特（或者說最「臭名昭彰」）的一個。條件分支語句用 else 來表示「否則執行某件事」，例外捕捉語句用 else 表示「沒有例外就做某件事」。而在 for 和 while 迴圈結構裡，人們同樣也可以使用 else 關鍵字。

舉個例子，下面的 process_tasks() 函式裡有個批量處理任務的 for 迴圈：

```python
def process_tasks(tasks):
    """ 批量處理任務，如果遇到狀態不為 pending 的任務，則中止本次處理 """
    non_pending_found = False
    for task in tasks:
        if not task.is_pending():
            non_pending_found = True
            break
        process(task)

    if non_pending_found:
        notify_admin('Found non-pending task, processing aborted.')
    else:
        notify_admin('All tasks was processed.')
```

函式會在執行結束時通知管理員。為了在不同情況（有或沒有「pending」狀態的任務）下發送不同通知，函式在迴圈開始前定義了一個標記變數 non_pending_found。

如果利用迴圈語句的 else 分支，這份程式可縮減成下面這樣：

```python
def process_tasks(tasks):
    """ 批量處理任務，如果遇到狀態不為 pending 的任務，則中止本次處理 """
    for task in tasks:
        if not task.is_pending():
            notify_admin('Found non-pending task, processing aborted.')
            break
        process(task)
    else:
        notify_admin('All tasks was processed.')
```

for 迴圈（和 while 迴圈）後的 else 關鍵字，代表如果迴圈正常結束（沒有碰到任何 break），便執行該分支內的語句。因此，舊式的「迴圈＋標記變數」程式，就可以利用該特性簡寫為「迴圈 +else 分支」。看上去還不錯，對吧？

但不曉得你是否記得，在介紹例外語句的 else 分支時我說過，那裡的 else 關鍵字很不直觀、很難理解。而現在迴圈語句裡的 else 與之相比，更是有過之而無不及。

如果一個 Python 初學者讀到上面的第二段程式，基本不可能猜到程式裡的 else 分支到底是什麼意思，而這正是糟糕的關鍵字的「功勞」。如果 Python 當初使用 nobreak 或 the 來替代 else，相信這個語言特性會比現在好理解得多。

正因為如此，一些 Python 學習資料會建議大家避免使用迴圈裡的 else 分支。理由很簡單：因為和 for...else 所帶來的高昂理解成本相比，它所提供的那些方便根本微不足道。但與此同時，也有更多資料把迴圈的 else 分支當成一種標準的 Python 寫法，大力推薦他人使用。

所以，到底該不該用 for...else ？我其實很難給出一個權威建議。但能告訴你的是，和 try...else 比起來，我使用 for...else 的次數要少得多。

舉例來說，如果前面的 process_tasks() 函式在真實專案中出現，我極可能會使用「拆解子函式」的技巧來重構它。透過把迴圈結構拆解為一個獨立函式，我可以完全避免「使用標記變數還是 else 分支」的艱難抉擇：

```python
def process_tasks(tasks):
    """ 批量處理任務並將結果通知管理員 """
    if _process_tasks(tasks):
        notify_admin('All tasks was processed.')
    else:
        notify_admin('Found non-pending task, processing aborted.')


def _process_tasks(tasks):
    """ 批量處理任務，如果遇到狀態不為 pending 的任務，則中止本次處理

    :return: 是否完全處理所有任務
    :rtype: bool
    """
    for task in tasks:
        if not task.is_pending():
            return False
        process(task)
    return True
```

6.2　案例故事

在工作中，檔案物件是我們最常接觸到的可迭代型別之一。用 for 迴圈搜尋一個檔案物件，便可逐行讀取它的內容。但這種方式在碰到大檔案時，可能會出現一些奇怪的效率問題。在下面的故事中，小 R 就遇到了這個問題。

數字統計任務

小 R 是一位 Python 初學者，在學習了如何用 Python 讀取檔案後，他想要做一個小練習：計算某個檔案中數字字元（0～9）的數量。

參考了檔案操作的相關文件後，他很快寫出了如程式清單 6-1 所示的程式。

程式清單 6-1　標準的檔案讀取方式

```python
def count_digits(fname):
    """ 計算檔案裡包含多少個數字字元 """
    count = 0
    with open(fname) as file:
        for line in file:
            for s in line:
                if s.isdigit():
                    count += 1
    return count
```

小 R 的筆記型電腦中有一個測試用的小檔案 small_file.txt，裡面包含了一行行的隨機字串：

```
feiowe9322nasd9233rl
aoeijfiowejf8322kaf9a
```

把這個檔案傳入函式後，程式輕鬆計算出了數字字元的數量：

```
print(count_digits('small_file.txt'))
# 輸出結果：13
```

不過奇怪的是，雖然 count_digits() 函式可以很快完成對 small_file.txt 的統計，但當小 R 把它用於另一個 5GB 大的檔案 big_file.txt 時，卻發現程式花費一分多鐘才給出結果，並且整個執行過程耗光了筆記型電腦的全部 4G 記憶體。

big_file.txt 的內容和 small_file.txt 沒什麼不同，也都是一些隨機字串而已。但在 big_file.txt 裡，所有文字都放在了同一行：

大文件 big_file.txt

```
df2if283rkwefh... < 剩餘 5 GB 大小 > ...
```

為什麼同一份程式用於大文件時，效率就會變低這麼多呢？原因就藏在小 R 讀取檔案的方法裡。

1. 讀取檔案的標準做法

小 R 在程式裡所使用的檔案讀取方式，可謂 Python 裡的「標準做法」：首先用 with open(fine_name) 上下文管理器語法獲得一個檔案物件，然後用 for 迴圈迭代它，**逐行**取得檔案裡的內容。

為什麼這種檔案讀取方式會成為標準？這是因為它有兩個好處：

（1）with 上下文管理器會自動關閉文件描述符。

（2）在迭代檔案物件時，內容是一行一行回傳的，不會佔用太多記憶體。

不過這套標準做法雖好，但不是沒有缺點。如果被讀取的檔案裡根本就沒有任何分行符號，那麼上面列的第（2）個好處就不再成立。缺少分行符號以後，程式搜尋檔案物件時就不知道該何時中斷，最終只能一次性生成一個巨大的字串物件，白白消耗大量時間和記憶體。

這就是 count_digits() 函式在處理 big_file.txt 時變得異常緩慢的原因。

要解決這個問題,我們需要把這種讀取檔案的「標準做法」暫時放到一邊。

2. 使用 while 迴圈加 read() 方法分塊讀取

除了直接搜尋檔案物件來逐行讀取檔內容外,我們還可以呼叫更底層的 file.read() 方法。

與直接用迴圈迭代檔物件不同,每次呼叫 file.read(chunk_size),會馬上讀取從目前索引位置往後 chunk_size 大小的檔案內容,不必等待任何分行符號出現。

有了 file.read() 方法的說明,小 R 的函式可以改寫程式清單 6-2。

程式清單 6-2 使用 file.read() 讀取文件

```python
def count_digits_v2(fname):
    """ 計算檔案裡包含多少個數字字元,每次讀取 8 KB"""
    count = 0
    block_size = 1024 * 8
    with open(fname) as file:
        while True:
            chunk = file.read(block_size)
            # 當檔案沒有更多內容時,read 呼叫將會回傳空字串 ''
            if not chunk:
                break
            for s in chunk:
                if s.isdigit():
                    count += 1
    return count
```

在新函式中,我們使用了一個 while 迴圈來讀取檔案內容,每次最多讀 8KB,程式不再需要在記憶體中拼接長達數十億位元組的字串,記憶體佔用會大幅降低。

不過,新程式雖然解決了大檔案讀取時的性能問題,迴圈內的邏輯卻變得更零碎了。如果使用 iter() 函式,我們可以進一步簡化程式。

3. iter() 的另一個用法

在 6.1.1 節中,我介紹過 iter() 是一個用來取得迭代器的內建函式,但除此之外,它其實還有另一個鮮為人知的用法。

當我們以 iter(callable, sentinel) 的方式呼叫 iter() 函式時，會拿到一個特殊的迭代器物件。用迴圈搜尋這個迭代器，會不斷回傳呼叫 callable() 的結果，如果結果等於 sentinel，迭代過程中止。

利用這個特點，我們可以把上面的 while 重新改為 for，讓迴圈內部變得更簡單，如程式清單 6-3 所示。

程式清單 6-3 巧用 iter() 讀取文件

```python
from functools import partial


def count_digits_v3(fname):
    count = 0
    block_size = 1024 * 8
    with open(fname) as fp:
        # 使用 functools.partial 建構一個新的無須參數的函式
        _read = partial(fp.read, block_size) ❶

        # 利用 iter() 建構一個不斷呼叫 _read 的迭代器
        for chunk in iter(_read, ''):
            for s in chunk:
                if s.isdigit():
                    count += 1
    return count
```

❶ 你可以在 7.1.3 節找到 partial 工具函式的相關介紹

完成改造後，我們再來看看新函式的性能如何。

小 R 的舊程式需要 4GB 記憶體，耗時超過一分鐘，才能勉強完成 big_file.txt 的統計工作。而新程式只需要 7MB 記憶體和 12 秒就能完成同樣的事情 —— 效率提升了近 4 倍，記憶體佔用更是不到原來的 1%。

解決了原有程式的性能問題後，小 R 很快又遇到了一個新問題。

4. 按職責拆解迴圈程式

在 count_digits_v3() 函式裡，小 R 實現了統計檔案裡所有數字的功能。現在，他又有一個新任務：統計檔案裡面所有偶數字元 (0,2,4,6,8) 出現的次數。

在實現新需求時，小 R 會發現一個讓人心煩的問題：他無法複用已有的「按照塊讀取大檔案」的功能，只能把那片包含 partial()、iter() 的迴圈程式依樣畫葫蘆照抄一遍。

這是因為舊程式的迴圈內部存在兩個獨立的邏輯:「資料生成」(從檔案裡不斷取得數字字元)與「資料消耗」(統計個數)。這兩個獨立邏輯被放在了同一個迴圈內,耦合在了一起。

為了提升程式的可複用性,我們需要幫小 R 去耦合。

要將迴圈去耦合,生成器(或迭代器)是首選。在這個案例中,我們可以定義一個新的生成器函式:read_file_digits(),由它來負責所有與「資料生成」相關的邏輯,如程式清單 6-4、程式清單 6-5、程式清單 6-6 所示。

程式清單 6-4 讀取數字內容的生成器函式

```python
def read_file_digits(fp, block_size=1024 * 8):
    """ 生成器函式:分塊讀取檔案內容,回傳其中的數字字元 """
    _read = partial(fp.read, block_size)
    for chunk in iter(_read, ''):
        for s in chunk:
            if s.isdigit():
                yield s
```

這樣 count_digits_v4() 裡的主迴圈就只需要負責計數即可,程式如下所示。

程式清單 6-5 複用讀取函式後的統計函式

```python
def count_digits_v4(fname):
    count = 0
    with open(fname) as file:
        for _ in read_file_digits(file):
            count += 1
    return count
```

當小 R 接到新任務,需要統計偶數時,可以直接複用 read_file_digits() 函式,程式如下所示。

程式清單 6-6 複用讀取函式後的統計偶數函式

```python
from collections import defaultdict


def count_even_groups(fname):
    """ 分別統計檔案裡每個偶數字元出現的次數 """
    counter = defaultdict(int)
    with open(fname) as file:
        for num in read_file_digits(file):
            if int(num) % 2 == 0:
                counter[int(num)] += 1
    return counter
```

實現新需求變得輕而易舉。

小 R 的故事告訴了我們一個道理。在寫迴圈時，我們需要時常問自己：迴圈內的程式是不是過長、過於複雜了？如果答案是肯定的，那就試著把程式按職責分類，抽象成獨立的生成器（或迭代器）吧。這樣不僅能讓程式變得更整潔，可複用性也會極大提升。

6.3　程式設計建議

6.3.1　中斷巢狀迴圈的正確方式

在 Python 裡，當我們想要中斷某個迴圈時，可以使用 break 語句。但有時，當程式需要馬上從一個多層巢狀迴圈裡中斷時，一個 break 就明顯不敷使用。

以下面這段程式為例：

```python
def print_first_word(fp, prefix):
    """ 找到檔案裡第一個以指定首碼開頭的單詞並輸出

    :param fp: 可讀檔案物件
    :param prefix: 需要尋找的單詞首碼
    """
    first_word = None
    for line in fp:
        for word in line.split():
            if word.startswith(prefix):
                first_word = word
                # 注意：此處的 break 只能跳出最內層迴圈
                break
        # 一定要在外層加一個額外的 break 語句來判斷是否結束迴圈
        if first_word:
            break

    if first_word:
        print(f'Found the first word startswith "{prefix}": "{first_word}"')
    else:
        print(f'Word starts with "{prefix}" was not found.')
```

print_first_word() 函式負責找到並輸出某個檔案裡以特定首碼 prefix 開頭的第一個單詞，它的執行結果如下：

```
# 找到匹配結果時
$ python labeled_break.py --prefix="re"
```

```
Found the first word startswith "re": "rename"

# 沒找到匹結果配時
$ python labeled_break.py --prefix="yy"
Word starts with "yy" was not found.
```

在上面的程式裡，為了讓程式在找到第一個單詞時中斷搜尋，我寫了兩個 break —— 內層迴圈一個，外層迴圈一個。這其實是不得已而為之，因為 Python 語言不支援「帶標籤的 break」語句[2]，無法用一個 break 跳出多層迴圈。

但這樣寫其實並不好，這許許多多的 break 會讓程式邏輯變得更難理解，也更容易出現 bug。

如果想快速從巢狀迴圈裡跳出，其實有個更好的做法，那就是把迴圈程式拆解為一個新函式，然後直接使用 return。

例如，在下面這段程式裡，我們可以把 print_first_word() 裡的「尋找單詞」部分拆解為一個獨立函式：

```python
def find_first_word(fp, prefix):
    """ 找到檔案裡第一個以指定首碼開頭的單詞並輸出

    :param fp: 可讀檔案物件
    :param prefix: 需要尋找的單詞首碼
    """
    for line in fp:
        for word in line.split():
            if word.startswith(prefix):
                return word
    return None


def print_first_word(fp, prefix):
    first_word = find_first_word(fp, prefix)
    if first_word:
        print(f'Found the first word startswith "{prefix}": "{first_word}"')
    else:
        print(f'Word starts with "{prefix}" was not found.')
```

這樣修改後，巢狀迴圈裡的中斷邏輯就變得更容易理解了。

2　帶標籤的 break 語句是指工程師在寫 break 時指定一個程式標籤，例如 break outer_loop，實現一次跳出多層迴圈的結果。許多程式設計語言（例如 Java、Go 語言）支援這個功能。

6.3.2　巧用 **next()** 函式

我在 6.1.1 節中提到，內建函式 next() 是構成迭代器協定的關鍵函式。但在平時寫程式時，我們很少會直接用到 next()。這是因為在大部分情境下，迴圈語句可以滿足普通迭代需求，不需要我們手動呼叫 next()。

但 next() 函式其實很有趣。如果配合恰當的迭代器，next() 經常可以用很少的程式完成意想不到的功能。

舉個例子，如果有一個字典 d，你要怎麼拿到它的第一個 key 呢？

直接呼叫 d.keys()[0] 是不行的，因為字典鍵不是普通的容器對象，不支援切片操作：

```
>>> d = {'foo': 1, 'bar': 2}
>>> d.keys()[0]
Traceback (most recent call last):
  File "<stdin>", line 1, in <module>
TypeError: 'dict_keys' object is not subscriptable
```

為了取得第一個 key，你必須把 d.keys() 先轉換為普通串列才可以：

```
>>> list(d.keys())[0]
'foo'
```

但這麼做有一個很大的缺點，那就是如果字典內容很多，list() 操作需要在記憶體中構建一個大串列，記憶體佔用大，執行效率也比較低。

如果使用 next()，你可以更簡單地完成任務：

```
>>> next(iter(d.keys()))
'foo'
```

只要先用 iter() 取得一個 d.keys() 的迭代器，再對它呼叫 next() 就能馬上拿到第一個元素。這樣做不需要搜尋字典的所有 key，自然比先轉換串列的方法效率更高。

除此之外，在生成器物件上執行 next() 還能有效率地完成一些搜尋元素的工作。

假設有一個裝了非常多整數的串列物件 numbers，我需要找到裡面第一個可以被 7 整除的數字。除了寫傳統的「for 迴圈配合 break」式程式，你也可以直接用 next() 配合生成器運算式來完成任務：

```
>>> numbers = [3, 6, 8, 2, 21, 30, 42]
>>> print(next(i for i in numbers if i % 7 == 0))
21
```

6.3.3　注意已被耗盡的迭代器

截至目前，我們已經見識了使用生成器的許多好處，例如相比串列更省記憶體、可以用來去耦合迴圈程式，等等。但任何事物都有其兩面性，生成器或者說它的父型態迭代器，並非完美無缺，它們最大的陷阱之一是：會被耗盡。

以下面這段程式為例：

```
>>> numbers = [1, 2, 3]

# 使用生成器運算式建立一個新的生成器物件
# 此時想像中的 numbers 內容為：2, 4, 6
>>> numbers = (i * 2 for i in numbers)
```

如果你連著對 numbers 做兩次成員判斷，程式會回傳截然不同的結果：

```
# 第一次 in 判斷會觸發生成器搜尋，找到 4 後回傳 True
>>> 4 in numbers
True

# 做第二次 in 判斷時，生成器已被部分搜尋過，無法再找到 4，因此回傳意料外的結果 False
>>> 4 in numbers
False
```

這種由生成器的「耗盡」特性所導致的 bug，隱蔽性非常強，當它出現在一些複雜專案中時，非常難找到。例如 Instagram 團隊就曾在 PyCon2017 上分享過一個他們遇到的類似問題[3]。

因此在平時，你需要將生成器（迭代器）的「可被一次性耗盡」特點銘記於心，避免寫出由它所導致的 bug。如果要複用一個生成器，可以呼叫 list() 函式將它轉成串列後再使用。

3　用搜尋引擎搜尋「Instagram 在 PyCon2017 的演講摘要」，可以查看這個問題的詳細內容。

除了生成器函式、生成器運算式以外，人們還常常忽略內建的 map()、filter() 函式也會回傳一個一次性的迭代器物件。在使用這些函式時，也請務必注意。

6.4　總結

本章我們學習了使用迴圈的相關知識。在 Python 裡使用迴圈，關鍵不僅僅在於迴圈語法本身，更和可迭代型態息息相關。

Python 裡的物件迭代過程，有兩個重要的參與者：iter() 與 next() 內建函式，它們分別對應兩個重要的魔法方法：__iter__ 和 __next__。透過定義這兩個魔法方法，我們可以快速建立自己的迭代器物件。

要寫出好的迴圈，要記住一個關鍵點 —— 不要讓迴圈內的程式過於複雜。你可以把不同職責的程式作為獨立的生成器函式拆解出去，這樣能大大提升程式的可複用性。

以下是本章要點知識總結。

（1）迭代與迭代器原理

❑ 使用 iter() 函式會嘗試取得一個迭代器物件。

❑ 使用 next() 函式會取得迭代器的下一個內容。

❑ 可以將 for 迴圈簡單地理解為 while 迴圈 + 不斷呼叫 next()。

❑ 自訂迭代器需要實現 __iter__ 和 __next__ 兩個魔法方法。

❑ 生成器物件是迭代器的一種。

❑ iter(callable, sentinel) 可以基於可呼叫物件構造一個迭代器。

（2）迭代器與可迭代物件 =

❑ 迭代器和可迭代物件是不同的概念。

❑ 可迭代物件不一定是迭代器，但迭代器一定是可迭代物件。

❑ 對可迭代物件使用 iter() 會回傳迭代器，迭代器則會回傳它自身。

❑ 每個迭代器的被迭代過程是一次性的，可迭代物件則不一定。

❑ 可迭代物件只需要實現 __iter__ 方法，而迭代器要額外實現 __next__ 方法。

（3）程式可維護性技巧

❏ 透過定義生成器函式來修飾可迭代物件，可以優化迴圈內部程式。

❏ itertools 套件裡有許多函式可以用來修飾可迭代物件。

❏ 生成器函式可以用來解耦迴圈程式，提升可複用性。

❏ 不要使用多個 break，拆解為函式然後直接 return 更好。

❏ 使用 next() 函式有時可以完成一些意想不到的功能。

（4）檔案操作知識

❏ 使用標準做法讀取檔案內容，在處理沒有分行符號的大檔案時會很慢。

❏ 呼叫 file.read() 方法可以解決讀取大檔案的性能問題。

7

函式

假設你把程式設計語言裡的所有常見概念，例如迴圈、分支、異常、函式等，全部一鼓作氣擺在我面前，問我最喜歡哪個，我會毫不猶豫地選擇「函式」（function）。

我對函式的喜愛，最直接的原因來自於對重複程式碼的厭惡。透過函式，我可以把一段段邏輯封裝成可複用的小單位，整片地消除專案裡的重複程式。

試想你正在為系統開發一個新功能，在寫程式時，你發現新功能的主要邏輯和一個舊功能非常類似，於是你認真讀了一遍舊程式，並從中提煉出了好幾個**函式**。透過複用這些函式，你只增加了寥寥幾行程式碼，就完成了新功能開發 —— 還有比這更讓人有成就感的事情嗎？

而消除重複程式碼，只是函式所提供給我們的眾多好處之一。如果以它為起點，向四周繼續發散，你會發現更多有趣的程式設計概念，包括**高階函式**（higher-order function）、**閉包**（closure）、**裝飾器**（decorator），等等。深入理解和掌握這些概念，是成為一名合格工程師的必經之路。

話題回到 Python 裡的函式。我們知道，Python 是一門支持**物件導向**（object-oriented）的程式設計語言，但除此之外，Python 對函式的支援也毫不遜色。

從基礎開始，我們最常用的函式定義方式是使用 def 語句：

```python
# 定義函式
def add(x, y):
    return x + y

# 呼叫函式
add(3, 4)
```

除了 def 以外，你還可以使用 lambda 關鍵字來定義一個匿名函式：

```
# 結果與 add 函式一樣
add = lambda x, y: x + y
```

函式在 Python 中是一等物件,這意味著我們可以把函式自身作為函式參數來使用。最常用的內建排序函式 sorted() 就利用了這個特性:

```
>>> l = [13, 16, 21, 3]

# key 參數接收匿名函式作為參數
>>> sorted(l, key=lambda i: i % 3)
[21, 3, 13, 16]
```

建立一個函式很容易 —— 只要寫下一行 def,放進去一些程式碼就行。但要寫出一個好函式就沒那麼簡單了。在寫函式時,有許多環節值得我們仔細思考:

❏ 函式的名字是否易讀好記? dump_fields 是個好名字嗎?

❏ 函式的參數設計是否合理?接收 4 個參數會太多嗎?

❏ 函式應該回傳 None 嗎?

類似的問題還有很多。

假設函式設計得好,其他人在閱讀程式碼時,不僅能更快地理解程式的意圖,呼叫函式時也會覺得輕鬆愜意。而設計糟糕的函式,不僅讀起來晦澀難懂,想呼叫它時也常會碰一鼻子灰。

在本章中,我將分享一些在 Python 裡編寫函式的技巧,幫你避開一些常見陷阱,寫出更清晰、更強健的函式。

7.1 基礎知識

7.1.1 函式參數的常用技巧

參數(parameter)是函式的重要組成部分,它是函式最主要的輸入來源,決定了呼叫方使用函式時的體驗。

接下來,我將介紹與 Python 函式參數有關的幾個常用技巧。

1. 別將可變型態作為參數預設值

在寫函式時,我們經常需要為參數設定預設值。這些預設值可以是任何形態,例如字串、數值、串列,等等。而當它是可變型態時,怪事就會發生。

以下面這個函式為例：

```python
def append_value(value, items=[]):
    """ 向 items 清單中追加內容，並回傳清單 """
    items.append(value)
    return items
```

這樣的函式定義看上去沒什麼問題，但當你多次呼叫它以後，就會發現函式的行為和預想的不太一樣：

```python
>>> append_value('foo')
['foo']
>>> append_value('bar')
['foo', 'bar']
```

可以看到，在第二次呼叫時，函式並沒有回傳正確結果 ['bar']，而是回傳了 ['foo','bar']，這意味著參數 items 的值不再是函式定義的空串列 []，而是變成了第一次執行後的結果 ['foo']。

之所以出現這個問題，是因為 Python 函式的**參數預設值只會在函式定義階段被建立一次**，之後不論再呼叫多少次，函式內拿到的預設值都是同一個物件。

假設再多花些功夫，你甚至可以透過函式物件的保留屬性 __defaults__ 直接讀取這個預設值：

```python
>>> append_value.__defaults__[0] ❶
['foo', 'bar']

>>> append_value.__defaults__[0].append('baz') ❷
>>> append_value('value')
['foo', 'bar', 'baz', 'value']
```

❶ 透過 __defaults__ 屬性可以直接取得函式的參數預設值
❷ 假設修改這個參數預設值，可以直接影響函式呼叫結果

因此，熟悉 Python 的工程師通常不會將可變型態作為參數預設值。這是因為一旦函式在執行時修改了這個預設值，就會對之後的所有函式呼叫產生影響。

為了避免這個問題，使用 None 來替代可變型態預設值是比較常見的做法：

```python
def append_value(value, items=None):
    if items is None:
        items = []
```

```
    items.append(value)
    return item
```

這樣修改後，假設呼叫方沒有提供 items 參數，函式每次都會建構一個新串列，不會再出現之前的問題。

2. 定義特殊物件來區分是否提供了默認參數

當我們為函式參數設定了預設值，不強制要求呼叫方提供這些參數以後，會導致另一件複雜事情：無法嚴格區分呼叫方是不是**真的**提供了這個預設參數。

以下面這個函式為例：

```
def dump_value(value, extra=None):
    if extra is None:
        # 無法區分是否提供 None 是不是主動傳入
        ...

# 兩種呼叫方式
dump_value(value)
dump_value(value, extra=None)
```

對於 dump_value() 函式來說，當呼叫方使用上面兩種方式來呼叫它時，它其實無法分辨。

因為在這兩種情況下，函式內拿到的 extra 參數的值都是 None。

要解決這個問題，最常見的做法是定義一個特殊物件（標記變數）作為參數預設值：

```
# 定義標記變數
# object 通常不會單獨使用，但是拿來做這種標記變數剛剛好
_not_set = object()

def dump_value(value, extra=_not_set):
    if extra is _not_set:
        # 呼叫方沒有傳遞 extra 參數
        ...
```

相比 None，_not_set 是一個獨一無二、無法隨意取得的標記值。假設函式在執行時判斷 extra 的值等於 _not_set，那我們基本可以認定：呼叫方沒有提供 extra 參數。

3. 定義僅限關鍵字參數

在經典程式設計圖書《程式整潔之道》[1] 中，作者 Robert C. Martin 提到：「函式接收的參數不要太多，最好不要超過 3 個。」這個建議很有道理，因為參數越多，函式的呼叫方式就會變得越複雜，程式也會變得更難懂。

下面這段程式就是個反例：

```
# 參數太多，根本不知道函式在做什麼
func_with_many_args(user, post, True, 30, 100, 'field')
```

但建議歸建議，在實際上的 Python 專案中，接收超過 3 個參數的函式比比皆是。

為什麼會這樣呢？大概是因為 Python 裡的函式不僅支援透過有序**位置參數**（positional argument）呼叫，還能指定參數名，透過**關鍵字參數**（keyword argument）的方式呼叫。

例如下面這個使用者查詢函式：

```
def query_users(limit, offset, min_followers_count, include_profile):
    """ 查詢使用者

    :param min_followers_count: 最小關注者數量
    :param include_profile: 結果包含使用者詳細檔案
    """
    ...
```

假設完全使用位置參數來呼叫它，會寫出非常讓人摸不清頭緒的程式：

```
# 時間長了，誰能知道 100 和 True 分別代表什麼呢？
query_users(20, 0, 100, True)
```

但如果使用關鍵字參數，程式就會易讀許多：

```
query_users(limit=20, offset=0, min_followers_count=100, include_profile=True)

# 關鍵字參數可以不嚴格按照函式定義參數的順序來傳遞
query_users(min_followers_count=100, include_profile=True, limit=20, offset=0)
```

---

1 原版書名 *Clean Code: A Handbook of Agile Software Craftsmanship*，作者 Robert C. Martin，出版於 2007 年。

所以，當你要呼叫參數較多（超過 3 個）的函式時，使用關鍵字參數模式可以大大提高程式的可讀性。

雖然關鍵字參數呼叫模式很有用，但有一個美中不足之處：它只是呼叫函式時的一種可選方式，無法成為強制要求。不過，我們可以用一種特殊的參數定義語法來彌補這個不足：

```
# 注意參數串列中的 * 符號
def query_users(limit, offset, *, min_followers_count, include_profile):
```

透過在參數串列中插入 * 符號，該符號後的所有參數都變成了「僅限關鍵字參數」（keywordonly argument）。如果呼叫方仍然想用位置參數來提供這些參數值，程式就會拋出錯誤：

```
>>> query_users(20, 0, 100, True)
# 執行後報錯：
TypeError: query_users() takes 2 positional arguments but 4 were given

# 正確的呼叫方式
>>> query_users(20, 0, min_followers_count=100, include_profile=True)
```

當函式參數較多時，透過這種方式把部分參數變為「僅限關鍵字參數」，可以強制呼叫方提供參數名，提升程式可讀性。

限位置參數

除了「僅限關鍵字參數」外，Python 還在 3.8 版本後提供另一個對稱特性：「僅限位置參數」（positional-only argument）。

「僅限位置參數」的使用方式是在參數串列中插入 / 符號。例如 def query_users(limit,offset, /, min_followers_count, include_profile) 表示，limit 和 offset 參數都只能透過位置參數來提供。

不過在平時程式設計中，我發現需要使用「僅限位置參數」的情境，遠沒有「僅限關鍵字參數」的多，所以就不多做介紹了。如果你感興趣，可以閱讀 PEP-570 瞭解詳細說明。

7.1.2 函式回傳的常見模式

除了參數以外，函式還有另一個重要組成部分：回傳值。下面是一些和回傳值有關的常見模式。

1. 儘量只回傳一種型態

Python是一門動態語言，它在型態方面非常靈活，因此我們能用它輕鬆完成一些在其他靜態語言裡很難做到的事情，例如讓一個函式同時回傳多種型態的結果：

```python
def get_users(user_id=None):
    if user_id is not None:
        return User.get(user_id)
    else:
        return User.filter(is_active=True)


# 回傳單個使用者
user = get_users(user_id=1)
# 回傳多個使用者
users = get_users()
```

當使用方呼叫這個函式時，如果提供了 user_id 參數，函式就會回傳單個使用者物件，否則函式會回傳所有活躍使用者串列。同一個函式完成了兩種需求。

雖然這樣的「多功能函式」看上去很實用，像瑞士刀一樣「多才多藝」，但在現實世界裡，這樣的函式只會更容易讓呼叫方困惑 —— 「明明 get_users() 函式名字裡寫的是 users，為什麼有時候只回傳了單個使用者呢？」

好的函式設計一定是簡單的，這種簡單體現在各個方面。回傳多種型態明顯違反了簡單原則。這種做法不僅會給函式本身增加不必要的複雜度，還會提高使用者理解和使用函式的成本。

像上面的例子，更好的做法是將它拆解為兩個獨立的函式。

（1）get_user_by_id(user_id)：回傳單個使用者。

（2）get_active_users()：回傳多個使用者串列。

這樣就能讓每個函式只回傳一種型態，變得更簡單易用。

2. 需謹慎回傳 None 值

在程式設計語言的世界裡,「空值」隨處可見,它通常用來表示某個應該存在但是缺失的東西。「空值」在不同程式設計語言裡有不同的名字,例如 Go 把它叫作 nil,Java 把它叫作 null,Python 則稱它為 None。

在 Python 中,None 是獨一無二的存在。因為它有著一種獨特的「虛無」含義,所以經常被用作函式回傳值。

當我們需要讓函式回傳 None 時,主要是下面 3 種情況。

❖ 操作類函式的預設回傳值

當某個操作類函式不需要任何回傳值時,通常會回傳 None。與此同時,None 也是不帶任何 return 語句的函式的預設回傳值:

```python
def close_ignore_errors(fp):
    # 操作類函式,預設回傳 None
    try:
        fp.close()
    except IOError:
        logger.warning('error closing file')
```

在這種情境下,回傳 None 沒有任何問題。標準函式庫裡有許多這類函式,例如 os.chdir()、串列的 append() 方法等。

❖ 意料之中的缺失值

還有一種函式,它們所做的事情天生就是在嘗試,例如從資料庫裡搜尋一個使用者、在目錄中搜尋一個檔案。視條件不同,函式執行後可能有結果,也可能沒有結果。而重點在於,對於函式的呼叫方來說,「沒有結果」是意料之中的事情。

針對這種函式,使用 None 作為「沒有結果」時的回傳值通常也是合理的。

在標準函式庫中,正規表示式模組 re 下的 re.search()、re.match() 函式均屬於此類。這兩個函式在找到匹配結果時,會回傳 re.Match 物件,否則回傳 None。

❖ 在執行失敗時代表「錯誤」

有時候,None 也會用作執行失敗時的預設回傳值。以下面這個函式為例:

```python
def create_user_from_name(username):
    """ 透過使用者名稱建立一個 User 實例 """
    if validate_username(username):
        return User.from_username(username)
    else:
        return None


user = create_user_from_name(username)
if user is not None:
    user.do_something()
```

當 username 透過驗證時，函式會回傳正常的使用者物件，否則回傳 None。

這種做法看上去合情合理，甚至你會覺得，這和上一個情境「意料之中的缺失值」是同一件事。但它們之間其實有著微妙的區別。以兩個典型的具體函式來說，這種區別如下。

❑ re.search()：函式名 search，代表從目標字串裡尋找匹配結果，而尋找行為一向是可能有結果，也可能沒有結果的。而且，當沒有結果時，函式也不需要向呼叫方說明原因，所以它適合回傳 None。

❑ create_user_from_name()：函式名的含義是「透過名字建構使用者」，裡面並沒有一種可能沒有結果的含義。而且如果建立失敗，呼叫方極有可能會想知道失敗原因，而不僅僅是拿到一個 None。

從上面的分析來看，適合回傳 None 的函式需要滿足以下兩個特點：

（1）函式的名稱和參數必須表達「結果可能缺失」的意思。

（2）如果函式執行無法產生結果，呼叫方也不關心具體原因。

所以，除了「搜尋」「查詢」幾個情境外，對絕大部分函式而言，回傳 None 並不是一個好的做法。

對這些函式來說，用拋出例外來代替回傳 None 會更為合理。這也很好理解：當函式被呼叫時，如果無法回傳正常結果，就代表出現了意料以外的狀況，而「意料之外」正是例外所掌管的領域。

使用例外改寫函式後，程式會變成下面這樣：

```python
class UnableToCreateUser(Exception):
    """ 當無法建立使用者時拋出 """
```

```python
def create_user_from_name(username):
    """ 透過使用者名稱建立一個 User 實例

    :raises: 當無法建立使用者時拋出 UnableToCreateUser
    """
    if validate_username(username):
        return User.from_username(username)
    else:
        raise UnableToCreateUser(f'unable to create user from {username}')


try:
    user = create_user_from_name(username)
except UnableToCreateUser:
    # 此處寫例外處理邏輯
else:
    user.do_something()
```

與回傳 None 相比，這種方式要求呼叫方使用 try 語句來捕捉可能出現的例外。雖然程式比之前多了幾行，但這樣做有一個明顯的優勢：呼叫方可以從例外物件裡取得錯誤原因 —— 只回傳一個 None 可做不到這點。

3. 早回傳，多回傳

自從我開始寫程式以來，常常會聽人說起一個叫「單一出口」的原則。這條原則是說：「函式應該保證只有一個出口。」如果從字面上理解，符合這條原則的函式大概如下所示：

```python
def user_get_tweets(user):
    """ 取得使用者已發佈狀態

    - 如果設定 " 顯示隨機狀態 "，取得隨機狀態
    - 如果設定 " 不顯示任何狀態 "，回傳空的預留位置狀態
    - 預設回傳最新狀態
    """
    tweets = []
    if user.profile.show_random_tweets:
        tweets.extend(get_random_tweets(user))
    elif user.profile.hide_tweets:
        tweets.append(NULL_TWEET_PLACEHOLDER)
    else:
        # 最新狀態需要用 token 從其他服務取得，並轉換格式
        token = user.get_token()
        latest_tweets = get_latest_tweets(token)
        tweets.extend([transorm_tweet(item) for item in latest_tweets])
    return tweets
```

在這段程式裡，user_get_tweets() 函式首先在開頭初始化了結果變數 tweets，然後統一在結尾用一條 return 語句回傳，符合「單一出口」原則。

如果以 4.3.1 節的「避免多層巢狀分支」的要求來看，上面的程式是完全符合標準的 —— 函式內部只有一層分支，沒有多層巢狀。

但這種風格的程式可讀性不是很好，主要原因在於，讀者在閱讀函式的過程中，必須先把所有邏輯通通都的裝進腦袋中，只有等到最後的 return 出現時，才能知道所有事情。

以實際情境舉例，當我在讀 user_get_tweets() 函式時，只想弄清楚「顯示隨機狀態」這個分支會回傳什麼，那當我讀完第二行程式碼後，仍然需要繼續看完剩下的所有程式，才能確認函式最終會回傳什麼。

當函式邏輯較為複雜時，這種遵循「單一出口」風格編寫的程式，為閱讀程式增加了不少負擔。

如果我們稍微調整一下寫程式的思路：一旦函式在執行過程中滿足回傳結果的要求，就直接回傳，程式會變成下面這樣：

```python
def user_get_tweets(user):
    """ 取得使用者已發佈狀態 """
    if user.profile.show_random_tweets:
        return get_random_tweets(user)

    if user.profile.hide_tweets:
        return [NULL_TWEET_PLACEHOLDER]

    # 最新狀態需要用 token 從其他服務取得，並轉換格式
    token = user.get_token()
    latest_tweets = get_latest_tweets(token)
    return [transorm_tweet(item) for item in latest_tweets]
```

在這段程式裡，函式的 return 數量從 1 個變成了 3 個。試著讀讀上面的程式，是不是會發現函式的邏輯變得更容易理解了？

產生這種變化的主要原因是，對於讀程式的人來說，return 是一種有效的簡化思考的工具。

當我們從上而下閱讀程式時，假設遇到了 return，就會清楚知道：「這條執行路線已經結束了」。這部分邏輯在大腦裡佔用的空間會立刻得到釋放，讓我們可以專注於下一段邏輯。

因此，在寫函式時，請不要糾結函式是不是應該只有一個 return，只要儘快回傳結果可以提升程式可讀性，那就多多回傳吧。

「單一出口」的由來

在寫這部分內容時，特地查詢「單一出口」原則的歷史，以下是我的發現。

在幾十年前，組合語言與 FORTRAN 語言流行的年代，程式設計語言擁有令人頭痛的靈活性，你可以用各種花樣在程式內任意跳轉，這導致工程師很容易寫出各種難以調校的程式。

為了解決這個問題，著名電腦科學家 Dijkstra 提出了「單一入口，單一出口」（Single Entry, Single Exit）原則。在這個原則中，「單一出口」的意思是：函式（副程式）應該只從同一個地方跳出。

這樣一來事情就很明朗了。在現代程式設計語言裡，無論函式內部有多少個 return 語句，函式的出口都是統一的 —— 通往上層呼叫堆疊，所以這完全不屬於最初的「單一出口」原則所擔心的範圍。

即使後來「單一出口」原則發展出了別的含義，它也只針對一些特定的程式設計語言、程式設計情境有意義。例如在特定環境下，不適當的回傳會導致程式資源洩露等問題，所以要把回傳統一起來管理。

但在 Python 中，「單一出口原則建議函式只寫一個 return」只能算是一種誤讀，在「單一出口」和「多多回傳」之間，我們完全可以選擇可讀性更強的那個。

7.1.3　常用函式模組：`functools`

在 Python 標準函式庫中，有一些與函式關係緊密的模組，其中最有代表性的就屬 functools。

functools 是一個專門用來處理函式的內建模組，其中有十幾個和函式相關的有用工具，我會挑選比較常用的兩個，簡單介紹它們的功能。

1. `functools.partial()`

假設在你的專案中，有一個負責進行乘法運算的函式 multiply()：

```
def multiply(x, y):
    return x * y
```

同時，還有許多呼叫 multiplay() 函式進行運算的程式：

```
result = multiply(2, value)
val = multiply(2, number)
# ...
```

這些程式有一個共同的特點，那就是它們呼叫函式時的第一個參數都是 2 ——
全都是對某個值進行 *2 操作。

為了簡化函式呼叫，讓程式更簡潔，我們其實可以定義一個接收單個參數的
double() 函式，讓它透過 multiply() 完成計算：

```
def double(value):
    # 回傳 multiply 函式呼叫結果
    return multiply(2, value)

# 呼叫程式變得更簡單
result = double(value)
val = double(number)
```

這是一個很常見的函式使用場景：首先有一個接收許多參數的函式 a，然後額
外定義一個接收更少參數的函式 b，透過在 b 內部補充一些預設參數，最後回
傳呼叫 a 函式的結果。

針對這種情境，我們其實不需要像前面一樣，用 def 去完全定義一個新函
式 —— 直接使用 functools 模組提供的高階函式 partial() 就行。

partial 的呼叫方式為 partial(func, *arg, **kwargs)，其中：

❏ func 是完成具體功能的原函式。

❏ *args/**kwargs 是可選位置與關鍵字參數，必須是原函式 func 所接收的合
  法參數。

舉個例子，當你呼叫 partial(func, True, foo=1) 後，函式會回傳一個新的
可呼叫物件（callable object）—— 偏函式 partial_obj。

拿到這個偏函式後，如果你不使用任何參數呼叫它，結果等同於使用建構
partial_obj 物件時的參數呼叫原函式：partial_obj() 等同於 func(True,
foo=1)。

但假設你在呼叫 partial_obj 物件時提供了額外參數，前者就會首先將本次呼叫參數和構造 partial_obj 時的參數進行合併，然後將合併後的參數再傳給原始函式 func 處理，也就是說，partial_obj(bar=2) 與 func(True, foo=1, bar=2) 結果相同。

使用 functools.partial，上面的 double() 函式定義可以變得更簡潔：

```python
import functools

double = functools.partial(multiply, 2)
```

2. functools. lru_cache()

在寫程式時，我們的函式常常需要做一些耗時較長的操作，例如呼叫第三方 API、進行複雜運算等。這些操作會導致函式執行速度慢，無法滿足要求。為了提高效率，給這種函式加上快取是比較常見的做法。

在快取方面，functools 套件為我們提供一個開箱即用的工具：lru_cache()。使用它，你可以方便地給函式加上快取功能，同時不用修改任何函式內部程式。

假設有一個分數統計函式 caculate_score()，每次執行都要耗費一分鐘以上：

```python
def calculate_score(class_id):
    print(f'Calculating score for class: {class_id}...')
    # 假設此處存在一些速度很慢的統計程式……
    time.sleep(60)
    return 42
```

因為 caculate_score() 函式執行耗時較長，而且每個 class_id 的統計結果都是穩定的，所以我可以直接使用 lru_cache() 為它加上快取：

```python
@lru_cache(maxsize=None)
def calculate_score(class_id):
    print(f'Calculating score for class: {class_id}...')
    time.sleep(60)
    return 42
```

加上 lru_cache() 後的結果如下：

```python
>>> calculate_score(100)
# 快取未命中，耗時較長
```

```
Calculating score for class: 100...
42
```

```
# 第二次使用同樣的參數呼叫函式，就不會觸發函式內部的計算邏輯，
# 結果立刻就回傳了
>>> calculate_score(100)
42
```

在使用 `lru_cache()` 裝飾器時，可以傳入一個可選的 `maxsize` 參數，該參數代表當前函式最多可以儲存多少個快取結果。當快取的結果數量超過 `maxsize` 以後，程式就會基於「最近最少使用」（least recently used，LRU）演算法丟掉舊快取，釋放記憶體。預設情況下，`maxsize` 的值為 128。

如果你把 `maxsize` 設定為 None，函式就會儲存每一個執行結果，不再刪除任何舊快取。這時如果被快取的內容太多，就會有佔用過多記憶體的風險。

除了 `partial()` 與 `lru_cache()` 以外，`functools` 套件裡還有許多有趣的函式工具，例如 `wraps()`、`reduce()` 等。如果有興趣，可以到官方文件查閱更詳細的資料，這裡就不再一一贅述。

7.2　案例故事

在**函式語言程式設計**（functional programming）領域，有一個術語**純函式**（pure function）。它最大的特點是，假設輸入參數相同，輸出結果也一定相同，不受任何其他因素影響。換句話說，純函式是一種無狀態的函式。

例如下面的 `mosaic()` 函式就符合我們對純函式的定義：

```
def mosaic(s):
    """ 把輸入字串替換為等長的星號字元 """
    return '*' * len(s)
```

呼叫結果如下：

```
>>> mosaic('input')
'*****'
```

讓函式保持無狀態有不少好處。相比有狀態函式，無狀態函式的邏輯通常更容易理解。在進行並發程式設計時，無狀態函式也有著無需處理狀態相關問題的天然優勢。

但即便如此，我們的日常工作還是無法避免要和「狀態」打交道，例如在下面這個故事裡，小R遇到的問題就需要用「狀態」來解決。

函式與狀態

1. 熱身運動

小R正在自學Python，一天，他從網上看到一道和字串處理有關的練習題：

有一段文字，裡面包含各種數字，例如數量、價格等，寫一段程式把文字裡的所有數字都用星號替代，實現遮罩的結果。

❑ 原始文本：商店共 *100* 個蘋果，小明以 *12* 元每斤的價格買走了 *8* 個。

❑ 目標文本：商店共 * 個蘋果，小明以 * 元每斤的價格買走了 * 個。

看完這道題目，小R心想：「前段時間剛學過正規表示式，用它來處理這個問題非常合適！」翻了翻正規表示式模組 re 的官方文件後，他很快鎖定了目標：re.sub() 函式。

re.sub(pattern, repl, string, count, flags) 是正規表示式模組所提供的字串替換函式，它接收五個參數。

（1）pattern：需要匹配的正則模式。

（2）repl：用於替換的目標內容，可以是字串或函式。

（3）string：待替換的目標字串。

（4）count：最大替換次數，預設為 0，表示不限制次數。

（5）flags：正則匹配標誌，例如 re.IGNORECASE 代表不區分大小寫。

使用 re.sub() 函式，小R很快解出了練習題的答案，如程式清單 7-1 所示。

程式清單 7-1 用正則替換連續數字的函式程式

```python
import re

def mosaic_string(s):
    """ 用 * 替換輸入字串裡面所有的連續數字 """
    return re.sub(r'\d+', '*', s) ❶
```

❶ 正則小知識入門：此處 pattern 中的 \d 表示 0～9 的所有數字，+ 表示重複 1 次以上

呼叫結果如下：

```
>>> mosaic_string(" 商店共 100 個蘋果，小明以 12 元每斤的價格買走了 8 個 ")
' 商店共 * 個蘋果，小明以 * 元每斤的價格買走了 * 個 '
```

完成練習題後，小 R 點擊了「下一步」按鈕，沒想到螢幕上出現了新的要求。

> 恭喜你完成了第一步，但這只是熱身運動。
>
> 現在請進一步修改函式，保留每個被替換數字的原始長度，例如 *100* 應該被替換成 ***。

2. 使用函式

看到新的問題說明後，小 R 覺得這個需求仍然可以用 re.sub() 函式完成，於是他重新認真翻了一遍說明字串，果然找到了辦法。

原來，在使用 re.sub(pattern, repl, string) 函式時，第二個參數 repl 不僅可以是普通字串，還可以是一個可呼叫的函式物件。

如果要用等長的星號來替換所有數字，只要先定義如程式清單 7-2 所示的函式。

程式清單 7-2 用等長星號替換數字

```
def mosaic_matchobj(matchobj): ❶
    """ 將匹配到的模式替換為等長星號字串 """
    length = len(matchobj.group())
    return '*' * length
```

❶ 用作 repl 參數的函式必須接收一個參數：matchobj，它的值是當前匹配到的物件。

然後將它作為 repl 參數，就能實現題目要求的結果：

```
def mosaic_string(s):
    """ 用等長的 * 替換輸入字串裡面所有的連續數字 """
    return re.sub(r'\d+', mosaic_matchobj, s)
```

呼叫結果如下：

```
>>> mosaic_string(" 商店共 100 個蘋果，小明以 12 元每斤的價格買走了 8 個 ")
' 商店共 *** 個蘋果，小明用 ** 元的價格買走了 * 個 '
```

解決問題之後，小 R 高興地點擊「下一步」。不出所料，螢幕上又出現了新的需求。

> 恭喜你完成了問題，現在請迎接最終挑戰。

> 請在替換數字時加入一些更有趣的邏輯 —— 全部使用星號 * 來替換，可能會有些單調，如果能變換使用 * 和 x 兩種符號就好了。

> 舉個例子，「商店共 100 個蘋果，小明以 12 元每斤的價格買走了 8 個」被替換後應該變成「商店共 *** 個蘋果，小明以 xx 元每斤的價格買走了 * 個」。

3. 給函式加上狀態：全域變數

看到新的問題後，小 R 陷入了思考。

截至上一個問題，小 R 所寫的 mosaic_matchobj() 函式只是一個無狀態函式。但為了滿足新需求，小 R 需要調整 mosaic_matchobj() 函式，把它從一個無狀態函式改為有狀態函式。

這裡的「狀態」，當然就是指它需要記錄每次呼叫時應該使用 * 還是 x 符號。

給函式加上狀態的方法有很多，而全域變數通常是最容易想到的方式。

為了實現每次呼叫時變換馬賽克字元，小 R 可以直接定義一個全域變數 _mosaic_char_index，用它來記錄函式當前使用了 '*' 還是 'x' 字元。只要在每次呼叫函式時修改它的值，就能實現變換功能。

函式程式如程式清單 7-3 所示。

程式清單 7-3　使用全域變數的有狀態替換函式

```python
_mosaic_char_index = 0


def mosaic_global_var(matchobj):
    """
    將匹配到的模式替換為其他字元，使用全域變數實現變換字元結果
    """
    global _mosaic_char_index  ❶
    mosaic_chars = ['*', 'x']

    char = mosaic_chars[_mosaic_char_index]
    # 遞增馬賽克字元索引值
    _mosaic_char_index = (_mosaic_char_index + 1) % len(mosaic_chars)
```

```
        length = len(matchobj.group())
        return char * length
```

❶ 使用 global 關鍵字宣告一個全域變數

經過測試，函式可以滿足要求：

```
>>> print(re.sub(r'\d+', mosaic_global_var, '商店共100個蘋果，小明以12元每斤的價格買走
了8個'))
商店共 *** 個蘋果，小明以 xx 元每斤的價格買走了 * 個
```

雖然全域變數能滿足需求，而且看上去似乎蠻簡單，但千萬不要被它的外表蒙蔽了雙眼。用全域變數儲存狀態，其實是寫程式時最應該避開的事情之一。

為什麼這麼說？其中的原因有很多。

首先，上面這種方式封裝性特別差，程式裡的 mosaic_global_var() 函式不是一個完整可用的物件，必須配合一個套件層級狀態 _mosaic_char_index 使用。

其次，上面這種方式非常脆弱。如果多個套件在不同執行緒裡，同時導入並使用 mosaic_global_var() 函式，整個字元變換的邏輯就會亂掉，因為多個呼叫方共用同一個全域標記變數 _mosaic_char_index。

最後，現在的函式提供的呼叫結果甚至都不穩定。如果連續呼叫函式，就會出現下面這種情況：

```
>>> print(re.sub(r'\d+', mosaic_global_var, '商店共100個蘋果，小明以12元每斤的價格買走
了8個')) ❶
商店共 *** 個蘋果，小明以 xx 元每斤的價格買走了 * 個

>>> print(re.sub(r'\d+', mosaic_global_var, '商店共100個蘋果，小明以12元每斤的價格買走
了8個')) ❷
商店共 xxx 個蘋果，小明以 ** 元每斤的價格買走了 x 個
```

❶ 首次呼叫，從 * 符號開始
❷ 第二次呼叫，因為全域標記沒有被重置，剛好變換到從 x 而不是 * 開始

總而言之，用全域變數管理狀態，在各種情況下幾乎都是下策，僅可在迫不得已時作為終極手段使用。

除了全域變數以外，小 R 還可以使用另一個辦法：閉包。

4. 給函式加上狀態：閉包

閉包（closure）是程式設計語言領域裡的一個專有名詞。簡單來說，閉包是一種允許函式存取已執行完成的其他函式裡的私有變數的技術，是為函式增加狀態的另一種方式。

正常情況下，當 Python 完成一次函式執行後，本次使用的區域變數都會在呼叫結束後被回收，無法繼續存取。但是，如果你使用下面這種「函式包裹函式」的方式，在外層函式執行結束後，回傳至內嵌函式，後者就可以繼續存取前者的區域變數，形成了一個「閉包」結構，如程式清單 7-4 所示。

程式清單 7-4　閉包範例

```
def counter():
    value = 0
    def _counter():
        # nonlocal 用來標示變數來自上層作用域，如不標示，內層函式將無法直接修改外層函式變數
        nonlocal value

        value += 1
        return value
    return _counter
```

呼叫 counter 回傳的結果函式，可以繼續存取本該被釋放的 value 變數的值：

```
>>> c = counter()
>>> c()
1
>>> c()
2
>>> c2 = counter()  ❶
>>> c2()
1
```

❶ 建立一個與 c 無關的新閉包物件 c2

得益于閉包的這個特點，小 R 可以用它來實現「會變換字元的馬賽克函式」，如程式清單 7-5 所示。

程式清單 7-5　使用閉包的有狀態替換函式

```
def make_cyclic_mosaic():
    """
    將匹配到的模式替換為其他字元，使用閉包實現變換字元結果
    """
    char_index = 0
```

```
    mosaic_chars = ['*', 'x']

    def _mosaic(matchobj):
        nonlocal char_index
        char = mosaic_chars[char_index]
        char_index = (char_index + 1) % len(mosaic_chars)

        length = len(matchobj.group())
        return char * length

    return _mosaic
```

呼叫結果如下：

```
>>> re.sub(r'\d+', make_cyclic_mosaic(), '商店共 100 個蘋果，小明以 12 元每斤的價格買走了
8 個') ❶
'商店共 *** 個蘋果，小明以 xx 元每斤的價格買走了 * 個'
>>> re.sub(r'\d+', make_cyclic_mosaic(), '商店共 100 個蘋果，小明以 12 元每斤的價格買走了
8 個') ❷
'商店共 *** 個蘋果，小明以 xx 元每斤的價格買走了 * 個'
```

❶ 注意：此處是 make_cyclic_mosaic() 而不是 make_cyclic_mosaic，因為 make_cyclic_mosaic() 函式的呼叫結果才是真正的替換函式

❷ 重複呼叫時使用新的閉包函式物件，計數器重新從 0 開始，沒有結果不穩定問題

相較於全域變數，使用閉包最大的特點就是封裝性要好得多。在閉包程式裡，索引變數 called_cnt 完全處於閉包內部，不會污染全域命名空間，而且不同閉包物件之間也不會相互影響。

總而言之，閉包是一種非常有用的工具，非常適合用來實現簡單的有狀態函式。

不過，除了閉包之外，還有一個天生就適合用來實現「狀態」的工具：類別。

5. 給函式加上狀態：類別

類別（class）是物件導向程式設計裡最基本的概念之一。在一個類別中，狀態和行為可以被很好地封裝在一起，因此它天生適合用來實現有狀態物件。

透過類別，我們可以生成一個個類別實例，而這些實例物件的方法，可以像普通函式一樣被呼叫。正因如此，小 R 也可以完全用類別來實現一個「會變換遮罩字元的馬賽克物件」，如程式清單 7-6 所示。

程式清單 7-6　基於類別實現有狀態替換方法

```python
class CyclicMosaic:
    """ 使用會變換的遮罩字元，基於類別實現 """

    _chars = ['*', 'x']

    def __init__(self):
        self._char_index = 0  ❶

    def generate(self, matchobj):
        char = self._chars[self._char_index]
        self._char_index = (self._char_index + 1) % len(self._chars)
        length = len(matchobj.group())
        return char * length
```

❶ 類別實例的狀態一般都在 `__init__` 函式裡初始化

在呼叫時，需要先初始化一個 CycleMosaic 實例，然後使用它的 generate 方法：

```
>>>re.sub(r'\d+', CycleMosaic().generate,' 商店共 100 個蘋果，小明以 12 元每斤的價格買走了 8 個 ')' 商店共 *** 個蘋果，小明以 xx 元每斤的價格買走了 * 個 '
```

使用類別和使用閉包一樣，也可以很好地滿足需求。

不過嚴格說來，這個方案最終相依的 CycleMosaic().generate，並非一個有狀態的函式，而是一個有狀態的實例方法。但無論是函式還是實例方法，它們都是「可呼叫物件」的一種，都可以作為 re.sub() 函式的 repl 參數使用。

權衡了這三種方案的利弊後，小 R 最終選擇了第三種基於類別的方法，完成了這道練習題。

6. 小結

在小 R 解答練習題的過程中，一共出現了三種實現有狀態函式的方式，這三種方式各有優缺點，總結如下。

基於全域變數：

❑ 學習成本最低，最容易理解。

❑ 會增加套件層級的全域狀態，封裝性和可維護性最差。

基於函式閉包：

❑ 學習成本適中，可讀性較好。

❑ 適合用來實現變數較少，較簡單的有狀態函式。

建立類別來封裝狀態：

❑ 學習成本較高。

❑ 當變數較多、行為較複雜時，類別程式比閉包程式更易讀，也更容易維護。

在寫程式時，如果你需要實現有狀態的函式，應該儘量避免使用全域變數，使用閉包或類別才是更好的選擇。

7.3 程式設計建議

7.3.1 別寫太複雜的函式

你有沒有在專案中見過那種長達幾百行、邏輯錯綜複雜的「巨無霸」函式？那樣的函式不僅難讀，改起來同樣困難重重，人人唯恐避之不及。所以，我認為寫函式最重要的原則就是：**別寫太複雜的函式**。

為了避免寫出太複雜的函式，第一個要回答的問題是：什麼樣的函式才能算是過於複雜？我會透過兩個標準來判斷。

1. 長度

第一個標準是長度，也就是函式有多少行程式碼。

當然，我們不能武斷地說，長函式就一定比短函式複雜。因為在不同的程式設計風格下，相同行數的程式所實現的功能可以有巨大差別，有人甚至能把一個完整的俄羅斯方塊遊戲塞進一行程式內。

但即使如此，長度對於判斷函式複雜度來說仍然有巨大價值。在著作《程式大全（第 2 版）》中，Steve McConnell 提到函式的理想長度範圍是 65 到 200 行，一旦超過 200 行，程式出現 bug 的機率就會明顯增加。

從我自身的經驗來看，對於 Python 這種表現力強的語言來說，65 行已經非常值得警惕了。假設你的函式超過 65 行，很大的機率代表函式已經過於複雜，承擔了太多職責，請考慮將它拆解為多個小而簡單的子函式（類別）吧。

2. 循環複雜度

第二個標準是「循環複雜度」（cyclomatic complexity）。

「循環複雜度」是由 Thomas J. McCabe 在 1976 年提出的用於評估函式複雜度的指標。它的值是一個正整數，代表程式內線性獨立路徑的數量。循環複雜度的值越大，表示程式可能的執行路徑就越多，邏輯就越複雜。

如果某個函式的循環複雜度超過 10，就代表它已經太複雜了，程式編寫者應該想辦法簡化。優化寫法或者拆解成子函式都是不錯的選擇。

接下來，我們透過實際程式來體驗一下循環複雜度的計算過程。

在 Python 中，你可以透過 radon 工具計算一個函式的循環複雜度。radon 是基於 Python 編寫，使用 `pip install radon` 即可完成安裝。

安裝完成後，接下來就是找到一份需要計算循環複雜度的程式。在這裡，我將使用第 4 章案例裡的「按照電影分數計算評級」的函式：

```python
def rank(self):
    rating_num = float(self.rating)
    if rating_num >= 8.5:
        return 'S'
    elif rating_num >= 8:
        return 'A'
    elif rating_num >= 7:
        return 'B'
    elif rating_num >= 6:
        return 'C'
    else:
        return 'D'
```

執行 radon 指令，就可以查看上面這個函式的循環複雜度：

```
> radon cc complex_func.py -s
complex_func.py
    F 1:0 rank - A (5)
```

可以看到，有著大段 if/elif 的 rank() 函式的循環複雜度為 5，評級為 A。雖然這個值沒有達到危險線 10，但考慮到函式只有短短 10 行，5 已經足夠引起重視了。

作為對比，我們再計算一下案例中使用 bisect 套件重構後的 rank() 函式：

```python
def rank(self):
    breakpoints = (6, 7, 8, 8.5)
    grades = ('D', 'C', 'B', 'A', 'S')
```

```
        index = bisect.bisect(breakpoints, float(self.rating))
        return grades[index]
```

重構後函式的循環複雜度如下：

```
radon cc complex_func.py -s
complex_func.py
    F 1:0 rank - A (1)
```

可以看到，新函式的循環複雜度從 5 降至 1。1 是一個非常理想化的值，如果一個函式的循環複雜度為 1，就代表這個函式只有一條主路徑，沒有任何其他執行路徑，這樣的函式通常來說都十分簡單、容易維護。

當然，在正常的專案開發流程中，我們一般不會在每次寫完程式後，都手動執行一次 radon 指令檢查函式循環複雜度是否符合標準，而會將這種檢查配置到開發或部署流程中自動執行。在第 13 章中，我將繼續介紹這部分內容。

7.3.2　一個函式只包含一層抽象

5.2.2 節中，我分享過一個與抽象一致性有關的案例。在那個案例中，函式拋出了高於自身抽象級別的異常，導致程式很難複用。於是我們得出結論：保證函式拋出的異常與自身抽象級別一致非常重要。

但抽象級別對函式設計的影響遠不止於此。在本節中，我們將繼續探討這個話題。不過在那之前，我先提出一個問題：「抽象級別到底是什麼？」

要解釋抽象級別，需要從解釋「抽象」開始。

1. 什麼是抽象

打開維基百科的 Abstraction 詞條頁面，你可以找到抽象的定義。通用領域裡的「抽象」，是指在面對複雜事物（或概念）時，主動過濾掉不需要的細節，只關注與當前目的有關的資訊的過程。

只看概念，抽象似乎蠻神祕的，但其實不然，抽象不僅不神祕，而且很自然 —— 人類每天都在使用抽象能力。

舉個例子，我吃完飯在路上散步，走得有點累了，於是對自己說：「腿真痠啊，找把椅子坐吧。」此時此刻，「椅子」在我腦中就是一個抽象的概念。

我腦中的椅子：

❑ 有一個平坦的表面可以坐在上面。

❑ 離地 20 到 50 公分，能支撐 60 公斤以上的重量。

對這個抽象概念來說，路邊的金屬黑色長椅是我需要的椅子，餐廳門口的塑膠扶手椅同樣也是我需要的椅子，甚至某個一塵不染的臺階也可以成為我要的「椅子」。

在這個抽象下，椅子的其他特徵，例如使用什麼材質（木材還是金屬）、漆的什麼顏色（白色還是黑色），對於我來說都不重要。於是在一次逛街途中，我不知不覺完成了一次對椅子的抽象，解決了坐哪裡休息的問題。

所以簡單來說，抽象就是一種選擇特徵、簡化認知的手段。接下來，我們看看抽象與軟體開發的關係。

2. 抽象與軟體開發

在電腦科學領域裡，人們廣泛使用了抽象能力，並圍繞抽象發明了許多概念和理論，而分層就是其中最重要的概念之一。

什麼是分層？分層就在設計一個複雜系統時，按照問題抽象程度的高低，將系統劃分為不同的抽象層（abstraction layer）。低級的抽象層裡包含較多的實現細節。隨著層級變高，細節越來越少，越接近我們想要解決的實際問題。

舉個例子，電腦網路體系裡的 7 層 OSI 模型（如圖 7-1 所示），就應用了這種分層思維。

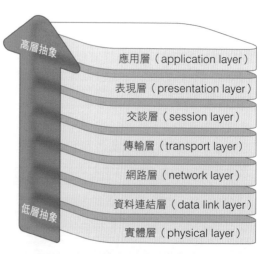

高層抽象

應用層（application layer）

表現層（presentation layer）

交談層（session layer）

傳輸層（transport layer）

網路層（network layer）

資料連結層（data link layer）

低層抽象

實體層（physical layer）

▲ 圖 7-1　電腦網路 7 層 OSI 模型示意圖

在 OSI 模型的第一層實體層，主要關注原始位元組流如何透過物理媒介傳輸，牽涉針腳、集線器等各種細節。而第七層應用層則更貼近終端使用者，這層包含的都是我們日常用到的東西，例如瀏覽網頁的 HTTP 協定、發送郵件的 SMTP 協定，等等。

在這種分層結構下，每一層抽象都只相依比它抽象級別更低的層，但對比它抽象級別更高的層一無所知。因此，每層都可以脫離更高級別的層獨立工作。例如活躍在傳輸層的 TCP 協定，對應用層的 HTTP、HTTPS 等應用協定可以毫無感知，獨立工作。

分層是一種特別有用的設計理念。基於分層，我們可以把複雜系統的諸多細節封裝到各個獨立的抽象層中，每一層只關注特定內容，複雜度得到大大降低，系統也變得更容易理解。

正因為抽象與分層理論特別有用，所以不管你沒有意識到，其實在各個維度上都活躍著「分層」的身影，如下所示。

❑ 專案間的分層：電商後端 API（高層抽象）→資料庫（低層抽象）。

❑ 專案內的分層：帳單套件（高層抽象）→ Django 框架（低層抽象）。

❑ 套件內的分層：函式名 – 取得帳戶資訊（高層抽象）→函式內 – 處理字串（低層抽象）。

無論在哪個維度上，任意混合抽象級別、打破分層都會導致不好的後果。

舉個例子，電商網站需要開發一個使用者抽獎功能。不在電商後端專案裡增加套件，而是透過堆砌大量資料庫內建函式，寫出長達 1000 行的 SQL 語句實現了需求的核心邏輯。請問，這樣的 SQL 語句有幾個人能看明白，再過一個月，恐怕作者自己都看不懂吧。

因此，即使是在非常微觀的層面上，例如寫一個函式時，我們同樣需要考慮函式內程式與抽象級別的關係。**假設一個函式內同時包含了多個抽象級別的內容，就會引發一連串的問題。**

接下來，我們透過一份真實的程式來看看如何確定函式的抽象級別。

3. 腳本案例：呼叫 API 搜尋歌手的第一張專輯

iTunes 是蘋果公司提供的商店服務，在裡面可以購買世界各地的電影、音樂等數位內容。

同時，iTunes 還提供了一個公開的可免費呼叫的內容查詢 API。下面這個腳本就透過呼叫該 API 實現了搜尋歌手的第一張專輯的功能。

`first_album.py` 腳本的完整程式如下：

```python
""" 透過 iTunes API 搜尋歌手發佈的第一張專輯 """
import sys
from json.decoder import JSONDecodeError

import requests
from requests.exceptions import HTTPError

ITUNES_API_ENDPOINT = 'https://itunes.apple.com/search'


def command_first_album():
    """ 透過腳本輸入尋找並輸出歌手的第一張專輯資訊 """
    if not len(sys.argv) == 2:
        print(f'usage: python {sys.argv[0]} {{SEARCH_TERM}}')
        sys.exit(1)

    term = sys.argv[1]
    resp = requests.get(
        ITUNES_API_ENDPOINT,
        {
            'term': term,
            'media': 'music',
            'entity': 'album',
            'attribute': 'artistTerm',
            'limit': 200,
        },
    )
    try:
        resp.raise_for_status()
    except HTTPError as e:
        print(f'Error: failed to call iTunes API, {e}')
        sys.exit(2)  ❶
    try:
        albums = resp.json()['results']
    except JSONDecodeError:
        print(f'Error: response is not valid JSON format')
        sys.exit(2)
    if not albums:
        print(f'Error: no albums found for artist "{term}"')
        sys.exit(1)

    sorted_albums = sorted(albums, key=lambda item: item['releaseDate'])
    first_album = sorted_albums[0]
```

```python
    # 去除發佈日期裡的小時與分鐘資訊
    release_date = first_album['releaseDate'].split('T')[0]

    # 輸出結果
    print(f"{term}'s first album: ")
    print(f"  * Name: {first_album['collectionName']}")
    print(f"  * Genre: {first_album['primaryGenreName']}")
    print(f"  * Released at: {release_date}")


if __name__ == '__main__':
    command_first_album()
```

❶ 當腳本執行異常時，應該使用非 0 回傳碼，這是寫腳本的規範之一

行看看結果：

```
> python first_album.py ❶
usage: python first_album.py {SEARCH_TERM}

> python first_album.py "linkin park" ❷
linkin park's first album:
  * Name: Hybrid Theory
  * Genre: Hard Rock
  * Released at: 2000-10-24

> python first_album.py "calfoewf#@#FE" ❸
Error: no albums found for artist "calfoewf#@#FE"
```

❶ 沒有提供參數時，輸出錯誤資訊並回傳
❷ 執行正常，輸出專輯資訊（《Hybrid Theory》超好聽！）
❸ 輸入參數沒有匹配到任何專輯，輸出錯誤資訊

4. 腳本抽象級別分析

這個腳本實現了我們想要的結果，那麼它的程式品質怎麼樣呢？我們從長度、循環複雜度、巢狀層級幾個維度來看看：

（1）主函式 command_first_album() 共 40 行程式碼；

（2）函式循環複雜度為 5；

（3）函式內最大巢狀層級為 1。

看上去每個維度都在合理範圍內，沒有什麼問題。但是，除了上面這些維度外，評價函式好壞還有一個重要標準：函式內的程式是否在同一個抽象層內。

上面腳本的主函式 command_first_album() 顯然不符合這個標準。在函式內部，不同抽象級別的程式任意混合在了一起。例如，當請求 API 失敗時（資料層），函式直接呼叫 sys.exit() 中斷了程式執行（使用者介面層）。

這種抽象級別上的混亂，最終導致了下面兩個問題。

❑ **函式程式的說明性不夠**：如果只是簡單讀一遍 command_first_album()，很難搞清楚它的主流程是什麼，因為裡面的程式碼五花八門，什麼層次的資訊都有。

❑ **函式的可複用性差**：假設現在要開發新需求 —— 查詢歌手的所有專輯，你無法複用已有函式的任何程式。

所以，如果缺乏設計，哪怕是一個只有 40 行程式碼的簡單函式，內部也很容易產生抽象混亂問題。要優化這個函式，我們需要重新梳理程式的抽象級別。

在我看來，這個程式至少可以分為以下三層。

（1）使用者介面層：處理使用者輸入、輸出結果。

（2）「第一張專輯」層：找到第一張專輯。

（3）專輯資料層：呼叫 API 取得專輯資訊。

在每一個抽象層內，程式所關注的事情都各不相同，如圖 7-2 所示。

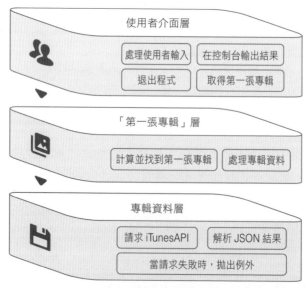

▲ 圖 7-2 「取得第一張專輯腳本」的不同抽象層

基於這樣的層級設計，我們可以對原始函式進行拆解。

5. 基於抽象層重構程式

重構後的腳本 first_album_new.py 的程式如下：

```python
""" 透過 iTunes API 搜尋歌手發佈的第一張專輯 """
import sys
from json.decoder import JSONDecodeError

import requests
from requests.exceptions import HTTPError

ITUNES_API_ENDPOINT = 'https://itunes.apple.com/search'


class GetFirstAlbumError(Exception):
    """ 取得第一張專輯失敗 """


class QueryAlbumsError(Exception):
    """ 取得專輯串列失敗 """


def command_first_album():
    """ 透過輸入參數查詢並輸出歌手的第一張專輯資訊 """
    if not len(sys.argv) == 2:
        print(f'usage: python {sys.argv[0]} {{SEARCH_TERM}}')
        sys.exit(1)

    artist = sys.argv[1]
    try:
        album = get_first_album(artist)
    except GetFirstAlbumError as e:
        print(f"error: {e}", file=sys.stderr)
        sys.exit(2)

    print(f"{artist}'s first album: ")
    print(f"  * Name: {album['name']}")
    print(f"  * Genre: {album['genre_name']}")
    print(f"  * Released at: {album['release_date']}")


def get_first_album(artist):
    """ 根據專輯清單取得第一張專輯

    :param artist: 歌手名字
    :return: 第一張專輯
    :raises: 取得失敗時拋出 GetFirstAlbumError
    """

    try:
```

```python
        albums = query_all_albums(artist)
    except QueryAlbumsError as e:
        raise GetFirstAlbumError(str(e))

    sorted_albums = sorted(albums, key=lambda item: item['releaseDate'])
    first_album = sorted_albums[0]
    # 去除發佈日期裡的小時與分鐘資訊
    release_date = first_album['releaseDate'].split('T')[0]
    return {
        'name': first_album['collectionName'],
        'genre_name': first_album['primaryGenreName'],
        'release_date': release_date,
    }


def query_all_albums(artist):
    """ 根據歌手名字搜尋所有專輯串列

    :param artist: 歌手名字
    :return: 專輯串列，List[Dict]
    :raises: 取得專輯失敗時拋出 GetAlbumsError
    """
    resp = requests.get(
        ITUNES_API_ENDPOINT,
        {
            'term': artist,
            'media': 'music',
            'entity': 'album',
            'attribute': 'artistTerm',
            'limit': 200,
        },
    )
    try:
        resp.raise_for_status()
    except HTTPError as e:
        raise QueryAlbumsError(f'failed to call iTunes API, {e}')
    try:
        albums = resp.json()['results']
    except JSONDecodeError:
        raise QueryAlbumsError('response is not valid JSON format')
    if not albums:
        raise QueryAlbumsError(f'no albums found for artist "{artist}"')
    return albums


if __name__ == '__main__':
    command_first_album()
```

在新程式中，舊的主函式被拆解成了三個不同的函式。

❑ command_first_album()：程式主入口，對應使用者介面層。

❑ get_first_album()：取得第一張專輯，對應「第一張專輯」層。

❑ query_all_albums()：呼叫 API 取得資料，對應專輯資料層。

經過調整後，腳本裡每個函式內的所有程式都只屬於同一個抽象層。這大大提升了函式程式的說明性。現在，當你在閱讀每個函式時，可以很清晰地知道它在做什麼事情。

同時，把大函式拆解成幾個更小的函式後，程式的可複用性也得到了提升。假設現在要開發「查詢所有專輯」功能，我們可以直接複用 query_all_albums() 函式完成工作。

在設計函式時，請務必記得檢查函式內程式是否在同一個抽象級別，如果不是，那就需要把函式拆成更多小函式。只有保證抽象級別一致，函式的職責才更簡單，程式才更易讀、更易維護。

7.3.3　優先使用串列生成式

函式程式設計是一種程式設計風格，它最大的特徵，就是透過組合大量沒有副作用的「純函式」來實現複雜的功能。如果你想在 Python 中實踐函式程式設計，最常用的幾個工具如下所示。

（1）map(func, iterable)：搜尋並執行 func 取得結果，迭代回傳新結果。

（2）filter(func, iterable)：搜尋並使用 func 測試成員，僅當結果為真時回傳。

（3）lambda：定義一個一次性使用的匿名函式。

舉個例子，假設你想取得所有處於活躍狀態的使用者積分，程式可以這麼寫：

```python
points = list(map(query_points, filter(lambda user: user.is_active(), users)))
```

不需要任何迴圈和分支，只要一條函式運算式就能完成工作。

但比起上面這種 map 套 filter 的寫法，我們其實完全可以使用串列生成式來解決這個問題：

```python
points = [query_points(user) for user in users if user.is_active()]
```

在大多數情況下，相較函式程式設計，使用串列生成式的程式通常更短，而且描述性更強。所以，當串列生成式可以滿足需求時，請優先使用它吧。

7.3.4　你沒有那麼需要 `lambda`

Python 中有一種特殊的函式：匿名函式。你可以用 `lambda` 關鍵字來快速定義一個匿名函式，例如 `lambda x, y: x + y`。匿名函式最常見的用途就是作為 `sorted()` 函式的排序參數使用。

但有時，我們會過於習慣使用 `lambda`，而寫出下面這樣的程式：

```
>>> l = ['87', '3', '10']

# 轉換為整數後排序
>>> sorted(l, key=lambda n: int(n))
['3', '10', '87']
```

仔細觀察上面的程式，你能發現問題在哪嗎？在這段程式裡，為了排序，我們定義了一個 lambda 函式，但這個函式其實什麼都沒做，只是把呼叫傳給 `int()` 而已。

所以，上面程式裡的匿名函式完全是多餘的，可以直接刪掉：

```
>>> sorted(l, key=int)
['3', '10', '87']
```

這樣的程式更短，也更好理解。

在使用 lambda 函式時，還有一種常見的使用情境 —— 用匿名函式做一些簡單的操作運算，例如透過 key 取得字典值、透過屬性名取得物件值，等等。

lambda 取得字典某個 key 的值：

```
>>> sorted(data, key=lambda obj: obj['name'])
```

對於這種進行簡單操作的匿名函式，我們其實完全可以用 operator 套件裡的函式來替代。例如使用 `operator.itemgetter()` 就可以直接實現「取得某個 key 的值」操作：

```
>>> from operator import itemgetter
>>> itemgetter('name')({'name': 'foo'}) ❶
'foo'
```

❶ 呼叫 itemgetter('name') 會生成一個新函式，使用 obj 參數呼叫新函式，結果等同於運算式 obj['name']

前面 sorted() 使用的 lambda 函式也可以直接用 itemgetter() 代替：

```
>>> sorted(data, key=itemgetter('name'))
```

除了 itemgetter() 以外，operator 套件裡還有許多有用的函式，它們都可以用來替代簡單的操作運算類匿名函式，例如 add()、attrgetter() 等，詳細串列可以查詢官方文件。

總之，Python 中的 lambda 函式只是一顆簡單的語法糖。它的許多使用情境，要麼本身就不存在，要麼更適合用 operator 套件來滿足。lambda 並非無可替代。

當你確實想要寫 lambda 函式時，請嘗試問自己一個問題：「這個功能用 def 寫一個普通函式是不是更合適？」尤其當需求比較複雜時，千萬別試著把大段邏輯糅進一個巨大的匿名函式裡。請記住，沒什麼特殊功能是 lambda 能做而普通函式做不到的。

7.3.5　了解遞迴的局限性

遞迴（recursion）是指函式在執行時相依呼叫自身來完成工作，是一種非常有用的程式設計技巧。在實現一些特定演算法時，使用遞迴的程式更符合人們的思維習慣，有著天然的優勢。

例如，下面計算費式數列（Fibonacci sequence）的函式就非常容易理解：

```
def fib(n):
    if n < 2:
        return n
    return fib(n-1) + fib(n-2)
```

費式數列的第一個成員和第二個成員是 0 和 1，之後的每個成員都是前兩個成員之和，例如 [0, 1, 1, 2, 3, 5, …]。

使用它取得數列的前 10 位成員：

```
>>> [fib(i) for i in range(10)]
[0, 1, 1, 2, 3, 5, 8, 13, 21, 34]
```

雖然上面的函式程式很直觀，但用起來有一些限制。例如當需要計算的數字很大時，上面的 fib(n) 函式在執行時會形成一個非常深的巢狀呼叫堆疊，當它的深度超過一定限制後，函式就會拋出 RecursionError 異常：

```
>>> fib(1000)
Traceback (most recent call last):
  ...
  [Previous line repeated 995 more times]
  File "fib.py", line 2, in fib
    if n < 2:
RecursionError: maximum recursion depth exceeded in comparison
```

這個最大遞迴深度限制由 Python 設定在語言層面上，你可以透過下面的指令查看和修改這個限制：

```
>>> import sys
>>> sys.getrecursionlimit()
1000
>>> sys.setrecursionlimit(10000)  ❶
```

❶ 你也可以手動把限制修改成 10000 層，但我們一般不會這樣做

在程式設計語言領域，為避免遞迴導致呼叫堆疊過深，佔用過多資源，不少程式設計語言使用一種被稱為**尾呼叫優化**（tail call optimization）的技術。這種技術能將 fib() 函式裡的遞迴優化成迴圈，以此避免巢狀層級過深，提升性能。

但 Python 沒有這種技術。因此在使用遞迴時，你必須對函式的輸入資料規模時刻保持警惕，確保它所觸發的遞迴深度，一定遠遠低於 sys.getrecursionlimit() 的最大限制。

當然，僅針對上面的 fib() 函式來說，它對遞迴的使用其實有許多值得優化的地方。第一個點就是 fib() 函式會觸發太多重複計算，它的演算法時間複雜度是 $O(2^n)$。因此，只要用 @lru_cache 給它加上快取，就可以極大地提升性能：

```
from functools import lru_cache

@lru_cache
def fib(n): ...
```

使用 @lru_cache 優化費式數列計算，其實就是 functools 套件官方
文件裡的一個例子。

這樣做以後，程式就免去了許多重複計算，可以極大地提升執行效率。

不過，增加 @lru_cache 也僅僅能提升它的效率，如果輸入數字過大，函式執
行時還是會超過最大遞迴深度限制。對於任何遞迴程式來說，一勞永逸的辦法
是將其改寫成迴圈。

下面這個函式就是用迴圈實現的費式數列，它的呼叫結果和遞迴函式 fib() 一
模一樣：

```python
def fib_loop(n):
    a, b = 0, 1
    for i in range(n):
        a, b = b, a + b
    return a
```

改寫為迴圈後，新函式不會因為輸入數字過大而觸發遞迴深度報錯，並且它的
演算法時間複雜度也遠比舊函式低，執行效率更高。

總而言之，Python 裡的遞迴因為缺少語言層面的優化，局限性較大。當你想用
遞迴來實現某個演算法時，請先琢磨琢磨是否能用迴圈來改寫。如果答案是肯
定的，那就改成迴圈吧。

但像上面的例子一樣，能被簡單重寫為迴圈的遞迴程式畢竟是少數。假設遞迴
確實能帶來許多方便，當你決意要使用它時，請務必注意不要超過最大遞迴深
度限制。

7.4 總結

在本章中，我們學習了在 Python 中寫函式的相關知識。

在設計函式參數時，請不要使用可變型態作為預設參數，而應該用 None 來代
替。你可以定義僅限關鍵字參數，來提高函式呼叫的可讀性。在函式中回傳結
果時，應該儘量保證回傳數值型態的統一，在想要回傳 None 值時，應該考慮是
否可以用拋出異常來替代。

functools 模組中有許多有用的工具，你可以查閱官方文件了解更多內容。

在案例故事中，我介紹了在函式中儲存狀態的幾種常見方式，包括全域變數、閉包、類別方法等。閉包和類別是寫有狀態函式的兩種推薦工具。

最後我想說的是，雖然函式可以刪除重複程式，但絕不能只把它看成一種複用程式的工具。函式最重要的價值其實是建立抽象，而提供複用價值甚至可以算成抽象所帶來的一種「副作用」。

因此，要想寫出好的函式，秘訣就在於設計好的抽象，這就是為什麼我說不要寫太複雜的函式（導致抽象不精確），每個函式只應該包含一層抽象。

以下是本章要點知識總結。

（1）函式參數與回傳相關基礎知識

- ❏ 不要使用可變型態作為參數預設值，用 None 來替代。
- ❏ 使用標記物件，可以嚴格區分函式呼叫時是否提供了某個參數。
- ❏ 定義僅限關鍵字參數，可以強制要求呼叫方提供參數名，提升可讀性。
- ❏ 函式應該擁有穩定的回傳型態，不要回傳多種型態。
- ❏ 適合回傳 None 的情況 —— 操作類函式、查詢函式表示意料之中的缺失值。
- ❏ 在執行失敗時，相比回傳 None，拋出異常更為合適。
- ❏ 如果提前回傳結果可以提升可讀性，就提前回傳，不必追求「單一出口」。

（2）程式可維護性技巧

- ❏ 不要寫太長的函式，但長度並沒有標準，65 行算是一個危險信號。
- ❏ 循環複雜度是評估函式複雜程度的常用指標，循環複雜度超過 10 的函式需要重構。
- ❏ 抽象與分層思維可以幫我們更好地構建與管理複雜的系統。
- ❏ 同一個函式內的程式應該處在同一抽象級別。

（3）函式與狀態

- ❏ 沒有副作用的無狀態純函式易於理解，容易維護，但大多數時候「狀態」不可避免。
- ❏ 避免使用全域變數給函式增加狀態。

❏ 當函式狀態較簡單時，可以使用閉包技巧。

❏ 當函式需要較為複雜的狀態管理時，建議定義類別來管理狀態。

（4）語言機制對函式的影響

❏ functools.partial() 可以用來快速構建偏函式。

❏ functools.lru_cache() 可以用來給函式添加快取。

❏ 比起 map 和 filter，串列生成式的可讀性更強，更應該使用。

❏ lambda 函式只是一種語法糖，你可以使用 operator 模組等方式來替代它。

❏ Python 語言裡的遞迴限制較多，可以的話，請儘量使用迴圈來代替。

CHAPTER

8

裝飾器

在大約十年前，我從事著 Python Web 開發相關的工作，用的是 Django 框架。那時 Django 是整個 Python 生態圈裡最流行的開源 Web 開發框架 [1]。

作為最流行的 Web 開發框架，Django 提供了非常強大的功能。它有一個清晰的 MTV（model-template-view，模型 —— 模板 —— 視圖）分層架構和開箱即用的 ORM[2] 引擎，以及豐富到令人眼花繚亂的可配置項。

但正因為提供了這些強大的功能，Django 的學習與使用成本也非常高。假設你從來沒有接觸過 Django，想要用它開發一個 Web 網站，需要先學習一大堆框架配置、路由視圖相關的東西，一晃大半天就過去了。

在 Django 幾乎統治了 Python Web 開發的那段日子裡，不知從哪一天開始，越來越多的人突然開始談論起另一個叫 Flask 的 Web 開發框架。

出於好奇，我點開了 Flask 框架的官方文件，很快就被它的簡潔性吸引了。舉個例子，使用 Flask 開發一個 Hello World 網站，只需要下面這寥寥幾行程式碼：

```python
from flask import Flask

app = Flask(__name__)

@app.route('/')
def hello_world():
    return 'Hello, World!'
```

作為對比，假設用 Django 開發這麼一個網站，僅設定檔 settings.py 裡的程式碼就遠比這些多。

1　在本書寫作之時（2021 年），Django 仍然是 Python 生態圈裡最流行的框架。

2　object-relational mapping（物件關係映射）的首字母縮寫，指一種把資料庫中的資料自動映射為程式內物件的技術，例如執行 User.objects.all() 會自動去資料庫查詢 user 表，並將所有資料自動轉換為 User 物件。

雖然在之後的好幾個月，在我深入學習使用 Flask 的過程中，發現它有許多值得稱讚的設計，但在當時，在我剛看到官網的 Hello World 範例程式的那一刻，最吸引我的，其實是那一行路由註冊程式：@app.route('/')。

在接觸 Flask 之前，雖然我已經使用過裝飾器，也自己實現過裝飾器，但從來沒想過，裝飾器原來可以用在 Web 網站中註冊存取路由，而且這套 API 看起來居然特別自然、符合直覺。

再後來，我接觸到更多和裝飾器有關的模組，例如基於裝飾器的快取套件、基於裝飾器的命令列工具集 Click 等，如程式清單 8-1 所示。

程式清單 8-1 使用 Click 模組定義的一個簡單的命令列工具[3]

```python
import click

@click.command()
@click.option('--count', default=1, help='Number of greetings.')
@click.option('--name', prompt='Your name',
              help='The person to greet.')
def hello(count, name):
    """Simple program that greets NAME for a total of COUNT times."""
    for x in range(count):
        click.echo('Hello %s!' % name)

if __name__ == '__main__':
    hello()
```

這些模組和工具，無一例外地使用裝飾器實現了簡單好用的 API，為我的開發工作帶來了極大便利。

不過，雖然 Python 裡的裝飾器（decorator）很有用，但它本身並不複雜，只是 Python 語言的一顆小小的語法糖。如你所知，這樣的裝飾器應用程式：

```python
@cache
def function():
    ...
```

完全等同於下面這樣：

```python
def function():
    ...

function = cache(function)
```

---

[3] 透過 click.option() 來定義腳本所需的參數，簡單靈活，程式來自官方文件。

裝飾器並不提供任何獨特的功能，它所做的，只是讓我們可以在函式定義語句上方，直接添加用來修改函式行為的裝飾器函式。假設沒有裝飾器，我們也可以在完成函式定義後，手動做一次包裝和重新賦值。

但正是因為裝飾器提供的這一點好處，「透過包裝函式來修改函式」這件事變得簡單和自然起來。

在日常工作中，如果你掌握了如何寫裝飾器，並在正確的時機使用裝飾器，就可以寫出更易複用、更好擴展的程式。在本章中，我將分享一些在 Python 中寫裝飾器的技巧，以及幾個用於寫裝飾器的常見工具，希望它們能助你寫出更好的程式。

8.1　基礎知識

8.1.1　裝飾器基礎

裝飾器是一種透過包裝目標函式來修改其行為的特殊高階函式，絕大多數裝飾器是利用函式的閉包原理來實現的。

程式清單 8-2 所示的 timer 是個簡單的裝飾器，它會記錄並輸出函式的每次呼叫耗時。

程式清單 8-2　輸出函式耗時的無參數裝飾器 timer

```python
def timer(func):
    """ 裝飾器：輸出函式耗時 """

    def decorated(*args, **kwargs):
        st = time.perf_counter()
        ret = func(*args, **kwargs)
        print('time cost: {} seconds'.format(time.perf_counter() - st))
        return ret

    return decorated
```

在上面的程式中，timer 裝飾器接收待裝飾函式 func 作為唯一的位置參數，並在函式內定義了一個新函式：decorated。

在寫裝飾器時，我都會把 decorated 叫作「包裝函式」。這些包裝函式通常接收任意數目的可變參數 (*args, **kwargs)，主要透過呼叫原始函式 func 來完成工作。在包裝函式內部，常會增加一些額外步驟，例如輸出資訊、修改參數等。

當其他函式使用了 timer 裝飾器後，包裝函式 decorated 會作為裝飾器的回傳值，完全替換被裝飾的原始函式 func。

random_sleep() 使用了 timer 裝飾器：

```
@timer
def random_sleep():
    """ 隨機睡眠一段時間 """
    time.sleep(random.random())
```

呼叫結果如下：

```
>>> random_sleep()
time cost: 0.8360576540000002 seconds ❶
```

❶ 由 timer 裝飾器輸出的耗時資訊

timer 是一個無參數裝飾器，實現起來較為簡單。假設你想實現一個接收參數的裝飾器，程式會更複雜一些。

程式清單 8-3 為 timer 增加了額外的 print_args 參數。

程式清單 8-3　增加 print_args 的有參數裝飾器 timer

```
def timer(print_args=False):
    """ 裝飾器：輸出函式耗時

    :param print_args: 是否輸出方法名和參數，預設為 False
    """

    def decorator(func):
        def wrapper(*args, **kwargs):
            st = time.perf_counter()
            ret = func(*args, **kwargs)
            if print_args:
                print(f'"{func.__name__}", args: {args}, kwargs: {kwargs}')
            print('time cost: {} seconds'.format(time.perf_counter() - st))
            return ret

        return wrapper

    return decorator
```

可以看到，為了增加對參數的支援，裝飾器在原本的兩層巢狀函式上又加了一層。這是因為整個裝飾過程發生了變化所導致的。

也就是說，下面的裝飾器應用程式：

```
@timer(print_args=True)
def random_sleep(): ...
```

展開後等同於下面的呼叫：

```
_decorator = timer(print_args=True) ❶
random_sleep = _decorator(random_sleep) ❷
```

❶ 先進行一次呼叫，傳入裝飾器參數，獲得第一層內嵌函式 decorator
❷ 進行第二次呼叫，取得第二層內嵌函式 wrapper

在使用有參數裝飾器時，一共要做兩次函式呼叫，所以裝飾器總共得包含三層巢狀函式。正因為如此，有參數裝飾器的程式一直都難寫、難讀。但沒關係，在 8.1.4 節中，會介紹如何用類別來實現有參數裝飾器，減少程式的巢狀層級。

8.1.2　使用 `functools.wraps()` 修飾包裝函式

在裝飾器包裝目標函式的過程中，常會出現一些副作用，其中一種是丟失函式元資料。

在前一節的例子裡，我用 timer 裝飾了 random_sleep() 函式。現在，假設我想讀取 random_sleep() 函式的名稱、文件等屬性，就會碰到一件尷尬的事情 —— 函式的所有元資料都變成了裝飾器的內層包裝函式 decorated 的值：

```
>>> random_sleep.__name__
'decorated'
>>> print(random_sleep.__doc__)
None
```

對於裝飾器來說，上面的元資料丟失問題只能算一個常見的小問題。但如果你的裝飾器會做一些更複雜的事，例如為原始函式增加額外屬性（或函式）等，那你就會踏入一個更大的陷阱。

舉個例子，現在有一個裝飾器 calls_counter，專門用來記錄函式一共被呼叫了多少次，並且提供一個額外的函式來輸出總次數，如程式清單 8-4 所示。

程式清單 8-4　記錄函式呼叫次數的裝飾器 `calls_counter`

```
def calls_counter(func):
    """ 裝飾器：記錄函式被呼叫了多少次
```

```
使用 func.print_counter() 輸出統計到的資料
"""
counter = 0

def decorated(*args, **kwargs):
    nonlocal counter
    counter += 1
    return func(*args, **kwargs)

def print_counter():
    print(f'Counter: {counter}')

decorated.print_counter = print_counter ❶
return decorated
```

❶ 為被裝飾函式增加額外函式，輸出統計的呼叫次數

裝飾器的執行結果如下：

```
>>> random_sleep()
>>> random_sleep()
>>> random_sleep.print_counter()
Counter: 2
```

在單獨使用 calls_counter 裝飾器時，程式可以正常工作。但是，當你把前面的 timer 與 calls_counter 裝飾器組合在一起使用時，就會出現問題：

```
@timer
@calls_counter
def random_sleep():
    """ 隨機睡眠一段時間 """
    time.sleep(random.random())
```

呼叫結果如下：

```
>>> random_sleep()
function took: 0.36080002784729004 seconds

>>> random_sleep.print_counter()
Traceback (most recent call last):
  File "<stdin>", line 1, in <module>
AttributeError: 'function' object has no attribute 'print_counter'
```

雖然 timer 裝飾器仍在工作，函式執行時會輸出耗時資訊，但本該由 calls_counter 裝飾器給函式追加的 print_counter 屬性找不到了。

為了分析原因，首先我們需要把上面的裝飾器呼叫展開成下面這樣的語句：

```
random_sleep = calls_counter(random_sleep) ❶
random_sleep = timer(random_sleep) ❷
```

❶ 首先，由 calls_counter 對函式進行包裝，此時的 random_sleep 變成了新的包裝函式，包含 print_counter 屬性

❷ 使用 timer 包裝後，random_sleep 變成了 timer 提供的包裝函式，原包裝函式額外的 print_counter 屬性就被丟掉了

要解決這個問題，我們需要在裝飾器內包裝函式時，保留原始函式的額外屬性。而 functools 套件下的 wraps() 函式剛好可以完成這件事情。

使用 wraps()，裝飾器只需要做一些變動：

```
from functools import wraps


def timer(func):

    @wraps(func) ❶
    def decorated(*args, **kwargs):
        ...

    return decorated
```

❶ 增加 @wraps(wrapped) 來裝飾 decorated 函式後，wraps() 首先會基於原函式 func 來更新包裝函式 decorated 的名稱、文件等內建屬性，之後會將 func 的所有額外屬性賦值到 decorated 上

在 timer 和 calls_counter 裝飾器裡增加 wraps 後，前面的所有問題都可以得到圓滿的解決。

首先，被裝飾函式的名稱和文件等元資料會保留：

```
>>> random_sleep.__name__
'random_sleep'
>>> random_sleep.__doc__
' 隨機睡眠一段時間 '
```

calls_counter 裝飾器為函式追加的額外函式也可以正常存取了：

```
>>> random_sleep()
function took: 0.9187359809875488 seconds
>>> random_sleep()
```

```
function took: 0.8986420631408691 seconds
>>> random_sleep.print_counter()
Counter: 2
```

正因為如此,在寫裝飾器時,務必使用 `@functools.wraps()` 來修飾包裝函式。

8.1.3 實現可選參數裝飾器

假設你用巢狀函式來實現裝飾器,接收參數與不接收參數的裝飾器程式有很大的區別 —— 前者總是比後者多一層巢狀。

```
# 1. 接收參數的裝飾器:2 層巢狀
def delayed_start(duration=1):
    def decorator(func):
        def wrapper(*args, **kwargs):
            ...
        return wrapper
    return decorator

# 2. 不接收參數的裝飾器:1 層巢狀
def delayed_start(func):
    def wrapper(*args, **kwargs):
        ...
    return wrapper
```

當你實現了一個接收參數的裝飾器後,即使所有參數都是有預設值的可選參數,你也必須在使用裝飾器時加上括號:

```
@delayed_start(duration=2) ❶

@delayed_start() ❷
```

❶ 使用裝飾器時提供參數
❷ 不提供參數,也需要使用括號呼叫裝飾器

有參數裝飾器的這個特點提高了它的使用成本 —— 如果使用者忘記增加那對括號,程式就會出錯。

那麼有沒有什麼辦法,能讓我們免去那對括號,直接使用 `@delayed_start` 這種寫法呢?答案是有的,利用僅限關鍵字參數,你可以很方便地做到這一點。

程式清單 8-5 裡的 `delayed_start` 裝飾器就定義了可選的 `duration` 參數。

程式清單 8-5 定義了可選參數的裝飾器 delayed_start

```python
def delayed_start(func=None, *, duration=1):  ❶
    """ 裝飾器：在執行被裝飾函式前，等待一段時間

    :param duration: 需要等待的秒數
    """

    def decorator(_func):
        def wrapper(*args, **kwargs):
            print(f'Wait for {duration} second before starting...')
            time.sleep(duration)
            return _func(*args, **kwargs)

        return wrapper

    if func is None:  ❷
        return decorator
    else:
        return decorator(func)  ❸
```

❶ 把所有參數都變成提供了預設值的可選參數

❷ 當 func 為 None 時，代表使用方提供了關鍵字參數，例如 @delayed_start(duration=2)，此時回傳接收單個函式參數的內層子裝飾器 decorator

❸ 當位置參數 func 不為 None 時，代表使用方沒有提供關鍵字參數，直接用了無括弧的 @delayed_start 呼叫方式，此時回傳內層包裝函式 wrapper

這樣定義裝飾器以後，我們可以透過多種方式來使用它：

```python
# 1. 不提供任何參數
@delayed_start
def hello(): ...

# 2. 提供可選的關鍵字參數
@delayed_start(duration=2)
def hello(): ...

# 3. 提供括弧呼叫，但不提供任何參數
@delayed_start()
def hello(): ...
```

把參數變為可選能有效降低使用者的心裡壓力，讓裝飾器變得更易用。標準函式庫 dataclasses 套件裡的 @dataclass 裝飾器就使用了這個小技巧。

8.1.4　用類別來實現裝飾器（函式替換）

絕大多數情況下，我們會選擇用巢狀函式來實現裝飾器，但這並非構造裝飾器的唯一方式。事實上，某個物件是否能透過裝飾器（@decorator）的形式使用只有一條判斷標準，那就是 decorator 是不是一個可呼叫的物件。

函式自然是可呼叫物件，除此之外，類別同樣也是可呼叫物件。

```
>>> class Foo:
...     pass
...
>>> callable(Foo) ❶
True
```

❶ 使用 callable() 內建函式可以判斷某個物件是否可呼叫

如果一個類別實現了 __call__ 魔法方法，那麼它的實例也會變成可呼叫物件：

```
>>> class Foo:
...     def __call__(self, name): ❶
...         print(f'Hello, {name}')
...
>>> foo = Foo()
>>> callable(foo)
True
>>> foo('World') ❷
Hello, World
```

❶ __call__ 魔法方法是用來實現可呼叫物件的關鍵方法
❷ 呼叫類別實例時，可以像呼叫普通函式一樣提供額外參數

基於類別的這些特點，我們完全可以用它來實現裝飾器。

如果按裝飾器用於替換原函式的物件型別來分類，類別實現的裝飾器可分為兩種，一種是「函式替換」，另一種是「實例替換」。下面我們先來看一下前者。

函式替換裝飾器雖然是基於類別實現的，但用來替換原函式的物件仍然是個普通的包裝函式。這種方式最適合用來實現接收參數的裝飾器。

程式清單 8-6 用類別的方式重新實現了接收參數的 timer 裝飾器。

程式清單 8-6　用類別實現的 timer 裝飾器

```
class timer:
    """ 裝飾器：輸出函式花費時間
```

```
    :param print_args: 是否輸出方法名和參數，預設為 False
    """

    def __init__(self, print_args):
        self.print_args = print_args

    def __call__(self, func):
        @wraps(func)
        def decorated(*args, **kwargs):
            st = time.perf_counter()
            ret = func(*args, **kwargs)
            if self.print_args:
                print(f'"{func.__name__}", args: {args}, kwargs: {kwargs}')
            print('time cost: {} seconds'.format(time.perf_counter() - st))
            return ret

        return decorated
```

還記得之前說過，有參數裝飾器一共需要提供兩次函式呼叫嗎？透過類別實現的裝飾器，其實就是把原本的兩次函式呼叫替換成了類別和類別實例的呼叫。

（1）第一次呼叫：`_deco = timer(print_args=True)` 實際上是在初始化一個 timer 實例。

（2）第二次呼叫：`func = _deco(func)` 是在呼叫 timer 實例，觸發 `__call__` 方法。

相比三層巢狀的閉包函式裝飾器，上面這種寫法在實現有參數裝飾器時，程式會更清晰一些，裡面的巢狀也少了一層。不過，雖然裝飾器是用類別實現的，但最終用來替換原函式的物件，仍然是一個處在 `__call__` 方法裡的閉包函式 decorated。

雖然「函式替換」裝飾器的程式更簡單，但它和普通裝飾器並沒有實質區別。下面我會介紹另一種更強大的裝飾器 —— 用實例來替換原函式的「實例替換」裝飾器。

8.1.5 用類別來實現裝飾器（實例替換）

和「函式替換」裝飾器不一樣，「實例替換」裝飾器最終會用一個類別實例來替換原函式。透過組合不同的工具，它既能實現無參數裝飾器，也能實現有參數裝飾器。

1. 實現無參數裝飾器

用類別來實現裝飾器時，被裝飾的函式 `func` 會作為唯一的初始化參數傳遞到類別的產生實體方法 `__init__` 中。同時，類別的產生實體結果 —— **類別實例**（class instance），會作為包裝物件替換原始函式。

程式清單 8-7 實現了一個延遲函式執行的裝飾器。

程式清單 8-6　實例替換的無參數裝飾器 DelayedStart

```python
class DelayedStart:
    """ 在執行被裝飾函式前，等待 1 秒鐘

    def __init__(self, func):
        update_wrapper(self, func) ❶
        self.func = func

    def __call__(self, *args, **kwargs): ❷
        print(f'Wait for 1 second before starting...')
        time.sleep(1)
        return self.func(*args, **kwargs)

    def eager_call(self, *args, **kwargs): ❸
        """ 跳過等待，立刻執行被裝飾函式 """
        print('Call without delay')
        return self.func(*args, **kwargs)
```

❶ update_wrapper 與前面的 wraps 一樣，都是把被包裝函式的元資料更新到包裝者（在這裡是 DelayedStart 實例）上

❷ 透過實現 `__call__` 方法，讓 DelayedStart 的實例變得可呼叫，以此模擬函式的呼叫行為

❸ 為裝飾器類別定義額外方法，提供更多樣化的介面

執行結果如下：

```python
>>> @DelayedStart
... def hello():
...     print("Hello, World.")

>>> hello
<__main__.DelayedStart object at 0x100b71130>
>>> type(hello)
<class '__main__.DelayedStart'>
>>> hello.__name__ ❶
'hello'
```

```
>>> hello() ❷
Wait for 1 second before starting...
Hello, World.
>>> hello.eager_call() ❸
Call without delay
Hello, World.
```

❶ 被裝飾的 hello 函式已經變成了裝飾器類別 DelayedStart 的實例，但是因為 update_wrapper 的作用，這個實例仍然保留了被裝飾函式的元資料

❷ 此時觸發的其實是裝飾器類別實例的 __call__ 方法

❸ 使用額外的 eager_call 介面呼叫函式

2. 實現有參數裝飾器

與普通裝飾器一樣，「實例替換」裝飾器也可以支援參數。為此我們需要先修改類別的產生實體方法，增加額外的參數，再定義一個新函式，由它來負責基於類別建立新的可呼叫物件，這個新函式同時也是會被實際使用的裝飾器。

在程式清單 8-8 中，我為 DelayedStart 增加了控制呼叫延時的 duration 參數，並定義了 delayed_start() 函式。

程式清單 8-8　實例替換的有參數裝飾器 DelayedStart

```
class DelayedStart:
    """ 在執行被裝飾函式前，等待一段時間

    :param func: 被裝飾的函式
    :param duration: 需要等待的秒數
    """

    def __init__(self, func, *, duration=1): ❶
        update_wrapper(self, func)
        self.func = func
        self.duration = duration

    def __call__(self, *args, **kwargs):
        print(f'Wait for {self.duration} second before starting...')
        time.sleep(self.duration)
        return self.func(*args, **kwargs)

    def eager_call(self, *args, **kwargs): ...

def delayed_start(**kwargs):
    """ 裝飾器：延後某個函式的執行 """
    return functools.partial(DelayedStart, **kwargs) ❷
```

❶ 把 `func` 參數以外的其他參數都定義為「僅限關鍵字參數」，從而更好地區分原始函式與裝飾器的其他參數

❷ 透過 `partial` 構建一個新的可呼叫物件，這個物件接收的唯一參數是待裝飾函式 `func`，因此可以用作裝飾器

使用範例如下：

```
@delayed_start(duration=2)
def hello():
    print("Hello, World.")
```

相比傳統做法，用類別來實現裝飾器（實例替換）的主要優勢在於，你可以更方便地管理裝飾器的內部狀態，同時也可以更自然地為被裝飾物件增加額外的方法和屬性。

8.1.6　使用 **wrapt** 模組幫助裝飾器編寫

在編寫通用裝飾器時，我常常會遇到一些狀況。

如程式清單 8-9 所示，我實現了一個自動帶入函式參數的裝飾器 `provide_number`，它在裝飾函式後，會在後者被呼叫時自動生成一個亂數，並將其帶入為函式的第一個位置參數。

程式清單 8-9 帶入數字的裝飾器 `provide_number`

```
import random

def provide_number(min_num, max_num):
    """
    """ 裝飾器：隨機生成一個在 [min_num, max_num] 範圍內的整數，
    並將其新增為函式的第一個位置參數 """
    """

    def wrapper(func):
        def decorated(*args, **kwargs):
            num = random.randint(min_num, max_num)
            # 將 num 新增為第一個參數，然後呼叫函式
            return func(num, *args, **kwargs)

        return decorated

    return wrapper
```

使用結果如下：

```
>>> @provide_number(1, 100)
... def print_random_number(num):
...     print(num)
...
>>> print_random_number()
57
```

@provide_number 裝飾器的功能看上去很美好，但當我用它來修飾類別方法時，就會碰上「狀況」：

```
>>> class Foo:
...     @provide_number(1, 100)
...     def print_random_number(self, num):
...         print(num)
...
>>> Foo().print_random_number()
<__main__.Foo object at 0x100f70460>
```

如你所見，類別實例中的 print_random_number() 方法並沒有輸出我期望中的亂數數字 num，而是輸出了類別實例 self 物件。

這是因為類別**方法**（method）和**函式**（function）在工作機制上有稍微的不同。當類別實例方法被呼叫時，第一個位置參數通常是使用目前的類別實例 self 物件。因此，當裝飾器向 *args 前新增亂數時，其實已經把 *args 裡的 self 擠到了 num 參數所在的位置，因而導致了上面的問題。

為了解決這個問題，provide_number 裝飾器在新增位置參數時，必須聰明地判斷當前被修飾的物件是普通函式還是類別方法。如果被修飾的物件是類別方法，那就需要略過藏在 *args 裡的類別執行個體變數，才能正確將 num 作為第一個參數帶入。

假設要手動實現這個判斷式，裝飾器內部必須增加一些讓它相容的繁瑣程式馬，耗工費時。幸運的是，wrapt 模組可以幫我們輕鬆處理好這種問題。

wrapt 是一個第三方裝飾器工具庫，利用它，我們可以非常方便地改造 provide_number 裝飾器，完美地解決這個問題。

使用 wrapt 改造過的裝飾器如程式清單 8-10 所示。

程式清單 8-10　基於 wrapt 模組實現的 provide_number 裝飾器

```
import wrapt


def provide_number(min_num, max_num):
    @wrapt.decorator
    def wrapper(wrapped, instance, args, kwargs):
        # 參數含義：
        #
        # - wrapped：被裝飾的函式或類別方法
        # - instance：
        # - 如果被裝飾者為普通類別方法，則該值為類別實例
        # - 如果被裝飾者為 classmethod 類別方法，則該值為類別
        # - 如果被裝飾者為類別 / 函式 / 靜態方法，則該值為 None
        #
        # - args：呼叫時的位置參數（注意沒有 * 符號）
        # - kwargs：呼叫時的關鍵字參數（注意沒有 ** 符號）
        #
        num = random.randint(min_num, max_num)
                # 不必在意 wrapped 是類別方法還是普通函式，直接在開頭部分追加參數
        args = (num,) + args
        return wrapped(*args, **kwargs)

    return wrapper
```

新裝飾器可以完美相容普通函式與類別方法兩種情況：

```
>>> print_random_number()
22
>>> Foo().print_random_number()
93
```

使用 wrapt 模組寫的裝飾器，除了解決了類別方法相容問題以外，程式巢狀層級也比普通裝飾器少，變得更扁平、更易讀。如果你有興趣，可以參閱 wrapt 模組的官方文件瞭解更多資訊。

8.2　程式設計建議

8.2.1　瞭解裝飾器的本質優勢

當我們向其他人介紹裝飾器時，常常會說：「裝飾器為我們提供了一種**動態修改函式**的能力。」這麼說有一定道理，但是並不準確。「動態修改函式」的能力，

其實並不是由裝飾器提供的。如果沒有裝飾器，我們也能在定義完函式後，手動呼叫裝飾函式來修改它。

裝飾器帶來的改變，主要在於把修改函式的呼叫提前到了函式定義處，而這位置上的小變化，重塑了讀者理解程式的整個過程。

例如，當人們讀到下面的函式定義語句時，馬上就能知道：「哦，原來這個視圖函式需要登錄才能存取。」

```
@login_requried
def view_function(request):
    ...
```

所以，裝飾器的優勢並不在於它提供了動態修改函式的能力，而在於它把影響函式的裝飾行為移到了函式開頭部分，降低了程式的閱讀與理解成本。

為了充分發揮這個優勢，裝飾器特別適合用來實現以下功能。

（1）**執行時驗證**：在執行階段進行特定驗證，當驗證通不過時終止執行。

- □ 適合原因：裝飾器可以方便地在函式執行前介入，並且可以讀取所有參數輔助驗證。
- □ 代表例子：Django 框架中的使用者登入狀態驗證裝飾器 @login_required。

（2）**帶入額外參數**：在函式被呼叫時自動帶入額外的呼叫參數。

- □ 適合原因：裝飾器的位置在函式開頭部分，非常靠近參數被定義的位置，關聯性強。
- □ 代表例子：unittest.mock 模組的裝飾器 @patch。

（3）**快取執行結果**：透過呼叫參數等輸入資訊，直接快取函式執行結果。

- □ 適合原因：增加快取不需要修改函式內部流程，並且功能非常獨立和通用。
- □ 代表例子：functools 模組的快取裝飾器 @lru_cache。

（4）**註冊函式**：將被裝飾函式註冊為某個外部流程的一部分。

- □ 適合原因：在定義函式時可以直接完成註冊，關聯性強。
- □ 代表例子：Flask 框架的路由註冊裝飾器 @app.route。

（5）**替代為複雜物件**：將原函式（方法）替代為更複雜的物件，例如類別實例或特殊的描述符物件（見 12.1.3 節）。

❏ 適合原因：在執行替代操作時，裝飾器語法天然比 foo = staticmethod(foo) 的寫法要直觀得多。

❏ 代表例子：靜態類別方法裝飾器 @staticmethod。

在設計新的裝飾器時，你可以先參考上面的常見裝飾器功能串列，琢磨琢磨自己的設計是否能很好地發 裝飾器的人優勢。切勿濫用裝飾器技術，設計出一些天馬行空但歡以理解的 API。吸取前人經驗，同時在設計上保持克制，才能寫出更好用的裝飾器。

8.2.2　使用類別裝飾器替代元類別

Python 中的**元類別**（metaclass）是一種特殊的類別。就像類別可以控制實例的建立過程一樣，元類別可以控制類別的建立過程。透過元類別，我們能實現各種強大的功能。例如下面的程式就利用元類別統一註冊所有 Validator 類別：

```python
_validators = {}

class ValidatorMeta(type):
    """ 元類別：統一註冊所有驗證器類別，方便後續使用 """

    def __new__(cls, name, bases, attrs):
        ret = super().__new__(cls, name, bases, attrs)
        _validators[attrs['name']] = ret
        return ret


class StringValidator(metaclass=ValidatorMeta):
    name = 'string'

class IntegerValidator(metaclass=ValidatorMeta):
    name = 'int'
```

查看註冊結果：

```python
>>> _validators
{'string': <class '__main__.StringValidator'>, 'int': <class '__main__.IntegerValidator'>}
```

雖然元類別的功能很強大，但它的學習與理解成本非常高。其實，對於實現上面這種常見需求，並不是非使用元類別不可，使用類別裝飾器也能非常方便地完成同樣的工作。

類別裝飾器的工作原理與普通裝飾器類似。下面的程式就用類別裝飾器實現了 ValidatorMeta 元類別的功能：

```python
def register(cls):
    """ 裝飾器：統一註冊所有驗證器類別，方便後續使用 """
    _validators[cls.name] = cls
    return cls


@register
class StringValidator:
    name = 'string'


@register
class IntegerValidator:
    name = 'int'
```

相較元類別，使用類別裝飾器的程式要容易理解得多。

除了上面的註冊功能以外，你還可以用類別裝飾器完成許多實用的事情，例如實現單例設計模式、自動為類別追加方法，等等。

雖然類別裝飾器並不能覆蓋元類別的所有功能，但在許多情況下，類別裝飾器可能比元類別更合適，因為它不光寫起來容易，理解起來也更簡單。像廣為人知的標準庫模組 dataclasses 裡的 @dataclass 就選擇了類別裝飾器，而不是元類別。

8.2.3　別弄混裝飾器和裝飾器模式

1994 年出版的經典軟體發展著作《設計模式：可複用物件導向軟體的基礎》中，一共介紹了 23 種經典的物件導向設計模式。這些設計模式為寫好程式提供了許多指導，影響了一代又一代的程式設計師。

在這 23 種設計模式中，有一種「裝飾器模式」。也許是因為裝飾器模式和 Python 裡的裝飾器使用了同一個名字：**裝飾器**（decorator），導致經常有人把他們認為是相同的，認為使用 Python 裡的裝飾器就是在實踐裝飾器模式。

但事實上，《設計模式》一書中的「裝飾器模式」與 Python 裡的「裝飾器」截然不同。

裝飾器模式屬於物件導向領域。實現裝飾器模式，需要具備以下關鍵要素：

❑ 設計一個統一的介面。

❏ 寫多個符合該介面的裝飾器類別，每個類別只實現一個簡單的功能。

❏ 透過組合的方式巢狀使用這些裝飾器類別。

❏ 透過類別和類別之間的層層包裝來實現複雜的功能。

程式清單 8-11 是我用 Python 實現的一個簡單的裝飾器模式。

程式清單 8-11　裝飾器模式範例

```python
class Numbers:
    """ 一個包含多個數字的簡單類別 """

    def __init__(self, numbers):
        self.numbers = numbers

    def get(self):
        return self.numbers


class EvenOnlyDecorator:
    """ 裝飾器類別：過濾所有偶數 """

    def __init__(self, decorated):
        self.decorated = decorated

    def get(self):
        return [num for num in self.decorated.get() if num % 2 == 0]


class GreaterThanDecorator:
    """ 裝飾器類別：過濾大於某個數的數 """

    def __init__(self, decorated, min_value):
        self.decorated = decorated
        self.min_value = min_value

    def get(self):
        return [num for num in self.decorated.get() if num > self.min_value]


obj = Numbers([42, 12, 13, 17, 18, 41, 32])
even_obj = EvenOnlyDecorator(obj)
gt_obj = GreaterThanDecorator(even_obj, min_value=30)
print(gt_obj.get())
```

執行結果如下：

```
[42, 32]
```

從上面的程式中你能發現，裝飾器模式和 Python 裡的裝飾器毫不相干。如果真要找一些聯繫的話，它們可能都和「包裝」有關 —— 一個包裝函式，另一個包裝類別。

所以，請不要混淆裝飾器和裝飾器模式，它們只是名字裡剛好都有「裝飾器」而已。

8.2.4 淺裝飾器，深實現

在寫裝飾器時，人們很容易產生這樣的想法：「我的裝飾器要實現某個功能，所以我要把所有邏輯都放在裝飾器裡實現出來。」抱著這樣的想法去寫程式，很容易寫出特別複雜的裝飾器程式。

在寫了許多裝飾器後，我發現了一種更好的程式組織思路，那就是：**淺裝飾器，深實現**。

舉個例子，流行的第三方命令列工具包 Click 裡大量使用了裝飾器。但如果你查看 Click 中的原始程式碼，就會發現 Click 的所有裝飾器都在一個不到 400 行程式的 decorators.py 檔案中，裡面的大部分裝飾器的程式不超過 10 行，如程式清單 8-12 所示。

程式清單 8-12　@click.command 裝飾器原始程式碼

```
def command(name=None, cls=None, **attrs):
    if cls is None:
        cls = Command

    def decorator(f):
        cmd = _make_command(f, name, attrs, cls)
        cmd.__doc__ = f.__doc__
        return cmd

    return decorator
```

即便是 Click 的核心裝飾器 @command，也只有短短 8 行程式碼。它所做的，只是簡單地將被裝飾函式替換為 Command 實例，而所有核心邏輯都在 Command 實例中。

這樣的裝飾器很淺，只做一些微小的工作，但這樣的程式擴展性其實更強。

因為歸根結底，裝飾器其實只是一類特殊的 API，一種提供服務的方式。比起把所有核心邏輯都放在裝飾器內，不如讓裝飾器裡只有一層淺淺的包裝層，而把更多的實現細節放在其他函式或類別中。

這樣做之後，假設你未來需要為模組增加裝飾器以外的其他 API，例如上下文管理器，就會發現自己之前寫的大部分核心程式仍然可以複用，因為它們並沒有和裝飾器耦合。

8.3　總結

在本章中，我分享了一些與裝飾器有關的知識。

裝飾器是 Python 為我們提供的一顆語法糖，它和「裝飾器模式」沒有任何關係。任何可呼叫物件都可以當作裝飾器來使用，因此，除了最常見的用巢狀函式來實現裝飾器外，我們也可以用類別來實現裝飾器。

在裝飾器包裝原始函式的過程中，會產生「元資料丟失」副作用，你可以透過 functools.wraps() 來解決這個問題。

用類別實現的裝飾器分為兩種：「函式替換」與「實例替換」。後者可以有效地實現狀態管理、追加行為功能。在實現有參數「實例替換」裝飾器時，你需要定義一個額外的函式來配合裝飾器類別。

在寫裝飾器時，第三方工具包 wrapt 非常有用，借助它能寫出更扁平的裝飾器，也更容易相容裝飾函式與類別方法兩種情況。

裝飾器是一個有趣且非常獨特的語言特性。雖然它不提供什麼無法替代的功能，但在 API 設計領域給了我們非常大的想像空間。發揮想像力，同時保持克制，也許這就是設計出人人喜愛的裝飾器的秘訣。

以下是本章要點知識總結。

（1）基礎與技巧

  ❑ 裝飾器最常見的實現方式，是利用閉包原理透過多層巢狀函式實現。

  ❑ 在實現裝飾器時，請記得使用 wraps() 更新包裝函式的元資料。

  ❑ wraps() 不光可以保留元資料，還能保留包裝函式的額外屬性。

  ❑ 利用僅限關鍵字參數，可以很方便地實現可選參數的裝飾器。

（2）使用類別來實現裝飾器

    ❑ 只要是可呼叫的物件，都可以用作裝飾器。

    ❑ 實現了 __call__ 方法的類實例可呼叫。

    ❑ 基於類別的裝飾器分為兩種：「函式替換」與「實例替換」。

    ❑ 「函式替換」裝飾器與普通裝飾器沒什麼區別，只是巢狀層級更少。

    ❑ 透過類 來實現「實例替換」裝飾器，在管理狀態和追加行為上有天然的優勢。

    ❑ 混合使用類別和函式來實現裝飾器，可以靈活滿足各種情況。

（3）使用 wrapt 模組

    ❑ 使用 wrapt 模組可以方便地讓裝飾器同時相容函式和類別方法。

    ❑ 使用 wrapt 模組可以幫你寫出結構更扁平的裝飾器程式。

（4）裝飾器設計技巧

    ❑ 裝飾器將包裝呼叫提前到了函式被定義的位置，它的大部分優點也源於此。

    ❑ 在寫裝飾器時，請考慮你的設計是否能很好發揮裝飾器的優勢。

    ❑ 在某些情況下，類別裝飾器可以替代元類別，並且程式更簡單。

    ❑ 裝飾器和裝飾器模式截然不同，不要弄混它們。

    ❑ 裝飾器裡應該只有一層淺淺的包裝程式，要把核心邏輯放在其他函式與類別中。

9

物件導向程式設計

Python 是一門支援多種程式設計風格的語言。面對同樣的需求，不同的程式設計師會寫出風格迥異的 Python 程式。一個習慣「程式設計」的人，可能會用一大堆環環相扣的函式來解決問題。而一個擅長「物件導向程式設計」的人，可能會搞出數不清的類別來完成任務。

雖然不同的程式設計風格各有優缺點，無法直接比較，但如今物件導向程式設計的流行度與接受度遠超其他程式設計風格。

幾乎所有現代程式設計語言都支援物件導向功能，但由於設計理念不同，不同程式設計語言所支援的物件導向有許多差異。例如**介面**（interface）是 Java 物件導向體系中非常重要的組成部分，而在 Python 裡，你根本就找不到介面物件。

Python 語言在整體設計上深受物件導向思維的影響。你常常可以聽到「在 Python 裡，萬物皆物件」這句話。這並不誇張，在 Python 中，最基礎的浮點數也是一個物件：

```
>>> i = 1.3
>>> i.is_integer() ❶
False
```

❶ 呼叫浮點數物件的 is_integer() 方法

要建立自訂物件，你需要用 class 關鍵字來定義一個類別：

```
class Duck:
    def __init__(self, name):
        self.name = name

    def quack(self):
        print(f"Quack! I'm {self.name}!")
```

產生實體一個 Duck 物件，並呼叫它的 .quack() 方法：

```
>>> donald = Duck('donald')
>>> donald.quack()
Quack! I'm donald!
```

為了區分，我們常把類別裡定義的函式稱作**方法**。除了普通方法外，你還可以使用 @classmethod、@staticmethod 等裝飾器來定義特殊方法。在 9.1.2 節，我會介紹這部分內容。

Python 支援類別之間的繼承，你可以用繼承來建立一個子類別，並重寫父類別的一些方法：

```
class WordyDuck(Duck): ❶
    def quack(self):
        print(f"Quack!Quack!Quack! I'm {self.name}!")
```

❶ 繼承 Duck 類別

在建立繼承關係時，你不止可以繼承一個父類別，還能同時繼承多個父類別。在 9.1.5 節中，我會介紹多重繼承的相關知識。

在平常寫程式時，繼承作為一個強大的程式複用機制，常被過度使用。本章的案例故事與繼承有關，我會介紹何時該用繼承，何時該用組合替代繼承。

在本章中，你還會看到一些如圖 9-1 所示的圖。

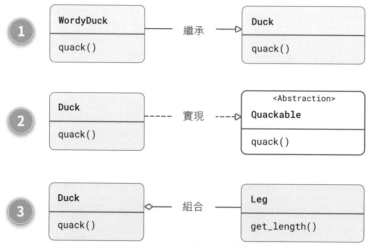

① 繼承關係：多話的鴨子類別（WordyDuck）繼承了鴨子類別（Duck）
② 實現關係：鴨子類別（Duck）實現了「呱呱叫」抽象（Quackable）
③ 組合關係：鴨子類別（Duck）有腿（Leg）

▲ 圖 9-1　類別之間的關係示意圖

9.1 基礎知識

9.1.1 類別常用知識

在 Python 中，**類別**（class）是我們實踐物件導向程式設計時最重要的工具之一。透過類別，我們可以把頭腦中的抽象概念進行建模，進而實現複雜的功能。同函式一樣，類別的語法本身也很簡單，但藏著許多值得注意的細節。

下面我會分享一些與類別相關的常用知識點。

1. 私有屬性是「君子協定」

封裝（encapsulation）是物件導向程式設計裡的一個重要概念，為了更好地體現類別的封裝性，許多程式設計語言支援將屬性設定為公開或私有，只是方式略有不同。例如在 Java 裡，我們可以用 public 和 private 關鍵字來表達是否私有；而在 Go 語言中，公有 / 私有則是用首字母大小寫來區分的。

在 Python 裡，所有的類別屬性和方法預設都是公開的，不過你可以透過增加雙底線首碼 `__` 的方式把它們標示為私有。舉個例子：

```python
class Foo:
    def __init__(self):
        self.__bar = 'baz'
```

上面程式中 Foo 類別的 `__bar` 就是一個私有屬性，如果你嘗試從外部存取它，程式就會拋出異常：

```python
>>> foo = Foo()
>>> foo.__bar
AttributeError: 'Foo' object has no attribute '__bar'
```

雖然上面是設定私有屬性的標準做法，但 Python 裡的私有只是一個「君子協議」。「君子協定」是指，雖然用屬性的本名存取不了私有屬性，但只要稍微調整一下名字，就可以繼續操作 `__bar` 了：

```python
>>> foo._Foo__bar
'baz'
```

這是因為當你使用 `__{var}` 的方式定義一個私有屬性時，Python 解譯器只是重新給了它一個包含當前類別名的別名 `_{class}__{var}`，因此你仍然可以在外部用這個別名來存取和修改它。

因為私有屬性依靠這套別名機制工作,所以私有屬性的最大用途,其實是在父類別中定義一個不容易被子類別重寫的受保護屬性。

而在日常程式設計中,我們極少使用雙底線來標示一個私有屬性。如果你認為某個屬性是私有的,直接給它加上單底線 _ 首碼就夠了。而「標準」的雙底線首碼,反而可能會在子類別想要重寫父類別私有屬性時帶來不必要的麻煩。

> 在 Python 圈,有一句常被提到的老話:「大家都是成年人了。」(We are all consenting adults here)這句話代表了 Python 的一部分設計哲學,那就是期望工程師做正確的事,而不是在語言上增加太多條條框框。Python 沒有嚴格意義上的私有屬性,應該就是遵循了這條哲學的結果。

2. 實例內容都在字典裡

在第 3 章的開篇,我提到 Python 語言內部大量使用了字典型態,例如一個類別實例的所有成員,其實都儲存在了一個名為 `__dict__` 的字典屬性中。

而且,不光實例有這個字典,類別其實也有這個字典:

```python
class Person:
    def __init__(self, name, age):
        self.name = name
        self.age = age

    def say(self):
        print(f"Hi, My name is {self.name}, I'm {self.age}")
```

查看 `__dict__`:

```
>>> p = Person('raymond', 30)
>>> p.__dict__ ❶
{'name': 'raymond', 'age': 30}
>>> Person.__dict__ ❷
mappingproxy({'__module__': '__main__', '__init__': <function Person.__init__ at
0x109611ca0>, 'say': <function Person.say at 0x109611d30>, '__dict__': <attribute '__
dict__' of 'Person' objects>, '__weakref__': <attribute '__weakref__' of 'Person'
objects>, '__doc__': None})
```

❶ 實例的 `__dict__` 裡,儲存著目前實例的所有資料
❷ 類別的 `__dict__` 裡,儲存著類別的文件、方法等所有資料

在絕大多數情況下，__dict__ 字典對於我們來說是內部實現細節，並不需要手動操作它。但在有些情況下，使用 __dict__ 可以幫我們巧妙地完成一些特定任務。

例如，你有一份包含 Person 類別資料的字典 {'name': ..., 'age': ...}。現在你想把這份字典裡的資料直接賦值到某個 Person 實例上。最簡單的做法是透過搜尋字典來設定屬性：

```
>>> d = {'name': 'andrew', 'age': 20}
>>> for key, value in d.items():
...     setattr(p, key, value)
```

但除此之外，其實也可以直接修改實例的 __dict__ 屬性來快速達到目的：p.__dict__.update(d)。

不過需要注意的是，修改實例的 __dict__ 與迴圈呼叫 setattr() 方法這兩個操作並不完全等價，因為類別的屬性設定行為可以透過定義 __setattr__ 魔法方法修改。

舉個例子：

```
class Person:
    ...

    def __setattr__(self, name, value):
        # 不允許設定年齡小於 0
        if name == 'age' and value < 0:
            raise ValueError(f'Invalid age value: {value}')
        super().__setattr__(name, value)
```

在上面的程式裡，Person 類別增加了 __setattr__ 方法，實現了對 age 值的驗證邏輯。執行結果如下：

```
>>> p = Person('raymond', 30)
>>> p.age = -3
ValueError: Invalid age value: -3
```

雖然普通的屬性賦值會被 __setattr__ 限制，但如果你直接操作實例的 __dict__ 字典，就可以無視這個限制：

```
>>> p.__dict__['age'] = -3
>>> p.say()
Hi, My name is raymond, I'm -3
```

在某些特殊情況下，合理利用 `__dict__` 屬性的這個特性，可以幫你完成常規做法難以做到的一些事情。

9.1.2 內建類別方法裝飾器

在寫類別時，除了普通方法以外，我們還常常會用到一些特殊物件，例如類別方法、靜態方法等。要定義這些物件，得用到特殊的裝飾器。下面簡單介紹這些裝飾器。

1. 類別方法

當你用 def 在類別裡定義一個函式時，這個函式通常稱作方法。呼叫方法需要先建立一個類別實例。

舉個例子，下面的 Duck 是一個簡單的鴨子類別：

```python
class Duck:
    def __init__(self, color):
        self.color = color

    def quack(self):
        print(f"Hi, I'm a {self.color} duck!")
```

建立一隻鴨子，並呼叫它的 quack() 方法：

```python
>>> d = Duck('yellow')
>>> d.quack()
Hi, I'm a yellow duck!
```

如果你不使用實例，而是直接用類別來呼叫 quack()，程式就會因為找不到類別實例而報錯：

```python
>>> Duck.quack()
TypeError: quack() missing 1 required positional argument: 'self'
```

不過，雖然普通方法無法透過類別來呼叫，但你可以用 @classmethod 裝飾器定義一種特殊的方法：**類別方法**（class method），它屬於類別但是不需要須產生實體也可呼叫。

下面給 Duck 類別加上一個 create_random() 類別方法：

```
class Duck:
    ...

    @classmethod
    def create_random(cls):  ❶
        """ 建立一隻隨機顏色的鴨子 """
        color = random.choice(['yellow', 'white', 'gray'])
        return cls(color=color)
```

❶ 普通方法接收類別實例（self）作為參數，但類別方法的第一個參數是類別本身，通常使用名字 cls

呼叫結果如下：

```
>>> d = Duck.create_random()
>>> d.quack()
Hi, I'm a white duck!
>>> d.create_random()  ❶
<__main__.Duck object at 0x10f8f2f40>
```

❶ 雖然類別方法通常是用類別來呼叫，但你也可以透過實例來呼叫類別方法，結果一樣

作為一種特殊方法，類別方法最常見的使用場景，就是像上面一樣定義工廠方法來生成新實例。類別方法的主角是型態本身，當你發現某個行為不屬於實例，而是屬於整個型態時，可以考慮使用類別方法。

2. 靜態方法

如果你發現某個方法不需要使用當前實例裡的任何內容，那可以使用 @staticmethod 來定義一個靜態方法。

下面的 Cat 類別定義了 get_sound() 靜態方法：

```
class Cat:
    def __init__(self, name):
        self.name = name

    def say(self):
        sound = self.get_sound()
        print(f'{self.name}: {sound}...')

    @staticmethod
    def get_sound():  ❶
        repeats = random.randrange(1, 10)
        return ' '.join(['Meow'] * repeats)
```

❶ 靜態方法不接收當前實例作為第一個位置參數

程式執行結果如下：

```
>>> c = Cat('Jack')
>>> c.say()
Jack: Meow Meow Meow...
```

除了實例外，你也可以用類別來呼叫靜態方法：

```
>>> Cat.get_sound()
'Meow Meow Meow Meow Meow Meow'
```

和普通方法相比，靜態方法不需要存取實例的任何狀態，是一種與狀態無關的方法，因此靜態方法其實可以改寫成脫離於類別的外部普通函式。

選擇靜態方法還是普通函式，可以從以下幾點來考慮：

❑ 如果靜態方法特別通用，與類別關係不大，那麼把它改成普通函式可能會更好。

❑ 如果靜態方法與類別關係密切，那麼用靜態方法更好。

❑ 相比函式，靜態方法有一些先天優勢，例如能被子類別繼承和重寫等。

3. 屬性裝飾器

在一個類別裡，屬性和方法有著不同的職責：屬性代表狀態，方法代表行為。二者對外的存取介面也不一樣，屬性可以透過 inst.attr 的方式直接存取，而方法需要透過 inst.method() 來呼叫。

不過，@property 裝飾器模糊了屬性和方法間的界限，使用它，你可以把方法透過屬性的方式暴露出來。舉個例子，下面的 FilePath 類別定義了 get_basename() 方法：

```
import os

class FilePath:
    def __init__(self, path):
        self.path = path

    def get_basename(self):
        """ 取得檔案名稱 """
        return self.path.split(os.sep)[-1]
```

使用 @property 裝飾器，你可以把上面的 get_basename() 方法變成一個虛擬
屬性，然後像使用普通屬性一樣使用它：

```python
class FilePath:
    ...

    @property
    def basename(self):
        """ 取得檔案名稱 """
        return self.path.rsplit(os.sep, 1)[-1]
```

呼叫結果如下：

```python
>>> p = FilePath('/tmp/foo.py')
>>> p.basename
'foo.py'
```

@property 除了可以定義屬性的讀取邏輯外，還支援自訂寫入和刪除邏輯：

```python
class FilePath:
    ...

    @property
    def basename(self):
        """ 取得檔案名稱 """
        return self.path.rsplit(os.sep, 1)[-1]

    @basename.setter ❶
    def basename(self, name): ❷
        """ 修改當前路徑裡的檔案名稱部分 """
        new_path = self.path.rsplit(os.sep, 1)[:-1] + [name]
        self.path = os.sep.join(new_path)

    @basename.deleter
    def basename(self): ❸
        raise RuntimeError('Can not delete basename!')
```

❶ 經過 @property 的裝飾以後，basename 已經從一個普通方法變成了 property
  物件，因此這裡可以使用 basename.setter

❷ 定義 setter 方法，該方法會在對屬性賦值時被呼叫

❸ 定義 deleter 方法，該方法會在刪除屬性時被呼叫

呼叫結果如下：

```python
>>> p = FilePath('/tmp/foo.py')
>>> p.basename = 'bar.txt' ❶
```

```
>>> p.path
'/tmp/bar.txt'

>>> del p.basename ❷
RuntimeError: Can not delete basename!
```

❶ 觸發 setter 方法
❷ 觸發 deleter 方法

@property 是個非常有用的裝飾器,它讓我們可以基於方法定義類別屬性,精確地控制屬性的讀取、賦值和刪除行為,靈活地實現動態屬性等功能。

 除了 @property 以外,描述符也能做到同樣的事情,並且功能更多、更強大。在 12.1.3 節中,我會介紹如何用描述符來實現複雜屬性。

當你決定把某個方法改成屬性後,它的使用介面就會發生很大的變化。你需要學會判斷,方法和屬性分別適合什麼樣的情況。

舉個例子,假設你的類別有個方法叫 get_latest_items(),呼叫它會請求外部服務的數十個介面,耗費 5 ～ 10 秒鐘。那麼這時,盲目地把這個方法改成 .latest_items 屬性就不太恰當。

人們在讀取屬性時,總是期望能迅速拿到結果,呼叫方法則不一樣 —— 快些或慢些都無所謂。讓自己設計的介面符合他人的使用預期,也是寫程式時很重要的一環。

9.1.3 鴨子型別及其局限性

每當我們談論 Python 的型態系統時,總有一句話被大家反復提起:「Python 是一門鴨子型態的程式設計語言。」

雖然這個定義被廣泛接受,但是和「靜態型態」「動態型態」這些名詞不一樣,「鴨子型態」(duck-typing)不是什麼真正的型態系統,而只是一種特殊的**程式設計風格**。

在鴨子型態程式設計風格下,如果想操作某個物件,你不會去判斷它是否屬於某種型態,而會直接判斷它是不是有你需要的方法(或屬性)。或者更激進一些,你甚至會直接嘗試呼叫需要的方法,假設失敗了,那就讓它報錯好了(參考 5.1.1 節)。

> 當看到一隻鳥走起來像鴨子、游泳起來像鴨子、叫起來也像鴨子，那麼這只鳥就可以稱為鴨子。
>
> —— 來自「鴨子型態」的維基百科詞條

也就是說，雖然 Python 提供了檢查型態的函式：isinstance()，但是鴨子型態並不推薦你使用它。你想呼叫 items 物件的 append() 方法？別用 isinstance(items, list) 判斷 items 究竟是不是串列，想呼叫就直接呼叫吧！

舉個更具體的例子，假設某人要編寫一個函式，來統計某個檔案物件裡有多少個母音字母，那麼遵循鴨子型態的指示，應該直接把程式寫成程式清單 9-1。

程式清單 9-1　統計檔案中母音數量

```python
def count_vowels(fp):
    """ 統計某個檔案中母音字母（aeiou）的數量 """
    VOWELS_LETTERS = {'a', 'e', 'i', 'o', 'u'}
    count = 0
    for line in fp:  ❶
        for char in line:
            if char.lower() in VOWELS_LETTERS:
                count += 1
    return count


# 合法的呼叫方式：傳入一個可讀的檔案物件
with open('small_file.txt') as fp:
    print(count_vowels_v2(fp))
```

❶ 不做任何型態判斷，直接開始搜尋 fp 物件

在超過 90% 的情況下，你能找到的合理的 Python 程式就如上所示：沒有任何型態檢查，想做什麼就直接做。你一定會想問，假設呼叫方提供的 fp 參數不是檔案物件怎麼辦？答案是：不怎麼辦，直接報錯就好。範例如下。

```python
>>> count_vowels(100)
Traceback (most recent call last):
  File "<stdin>", line 1, in <module>
  File "duck_typing.py", line 8, in count_vowels
    for line in fp:
TypeError: 'int' object is not iterable
```

如果程式設計師覺得：「這實在是太隨便了，我一定要將它加上型態驗證才行。」那麼他也可以選擇補充一些符合鴨子型態的驗證語句，例如透過判斷 fp 物件有沒有 read 方法來決定是否繼續執行，如程式清單 9-2 所示。

程式清單 9-2　統計檔中母音數量（增加驗證）

```python
def count_vowels(fp):
    """ 統計某個檔案中母音字母（aeiou）的數量 """
    if not hasattr(fp, 'read'):    ❶
        raise TypeError('must provide a valid file object')

    VOWELS_LETTERS = {'a', 'e', 'i', 'o', 'u'}
    count = 0
    for line in fp:
        for char in line:
            if char.lower() in VOWELS_LETTERS:
                count += 1
    return count
```

❶ 新增的驗證語句

但不管怎樣，在純粹的鴨子型態程式設計風格下，不應該出現任何的 isinstance 型態判斷語句。

假設你用其他靜態型態的程式設計語言寫過程式，肯定會覺得，這麼做真是太亂來了，這樣的程式看上去就很靠不住。但實話實說，鴨子型態程式設計風格確實有許多的優點。

首先，鴨子型態不推薦做型態檢查，因此程式設計師可以省去大量與之相關的繁瑣工作。其次，鴨子型態只關注物件是否能完成某件事，而不對型態做強制要求，這大大提高了程式的靈活性。

舉個例子，假設你把一個 StringIO 物件 —— 一種實現了 read 操作的類檔案（file-like）物件 —— 傳入上面的 count_vowels() 函式，會發現該函式仍然可以正常工作：

```python
>>> from io import StringIO
>>> count_vowels(StringIO('Hello, world!'))
3
```

你甚至可以從零開始自己實現一個新型態：

```python
class StringList:
    """ 用於儲存多個字串的資料類別，實現了 read() 和可迭代介面 """

    def __init__(self, strings):
        self.strings = strings

    def read(self):
```

```
        return ''.join(self.strings)

    def __iter__(self):
        for s in self.strings:
            yield s
```

雖然上面的 StringList 類別和檔案型態八竿子打不著，但是因為 count_
vowels() 函式遵循了鴨子型態程式設計風格，而 StringList 恰好實現了它所
需要的介面，因此 StringList 物件也可以完美適用於 count_vowels 函式：

```
>>> sl = StringList(['Hello', 'World'])
>>> count_vowels(sl)
3
```

不過，即便鴨子型態有以上種種好處，我們還是無法對它的缺點視而不見。

鴨子型態的局限性

鴨子型態的第一個缺點是：**缺乏標準**。在寫鴨子型態程式時，雖然我們不需要
做嚴格的型態驗證，但是仍然需要頻繁判斷物件是否支援某個行為，而這方面
並沒有統一的標準。

拿前面的檔案型態驗證來說，你可以選擇呼叫 hasattr(fp, "read")，也可
以選擇呼叫 hasattr(fp, "readlines")，還可以直接寫 try ... except 的
EAFP 風格程式來直接進行操作。

看上去怎麼做都可以，但究竟哪種最好呢？

鴨子型態的另一個問題是：**過於隱蔽**。在鴨子型態程式設計風格下，物件的真
實型態變得不再重要，取而代之的是物件所提供的介面（或者叫協定）變得非
常重要。但問題是，鴨子型態裡的所有介面和協定都是隱蔽的，它們全藏在程
式和函式的註解中。

舉個例子，透過閱讀 count_vowels() 函式的程式，你可以知道：fp 檔案物件
需要提供 read 方法，也需要可迭代。但這些規則都是隱式的、片面的。這意味
著你雖然透過讀程式瞭解了大概，但是仍然無法回答這個問題：「究竟是哪些介
面定義了檔案物件？」。

在鴨子型態裡，所有的介面和協定零碎地分佈在程式的各個角落，最終虛擬地
活在工程師的大腦中。

綜合考慮了鴨子型態的種種特點後，你會發現，雖然這非常有效和實用，但有時也會讓人覺得過於靈活、缺少規範。尤其是在規模較大的 Python 專案中，如果程式大量使用了鴨子型態，工程師就需要理解很多隱含的介面與規則，很容易不堪重負。

幸運的是，除了鴨子型態以外，Python 還為型態系統提供了許多有效的補充，例如型態注解與靜態檢查（mypy）、**抽象類別**（abstract class）等。

在下一節，我們會看看抽象型態為鴨子型態帶來了什麼改變。

9.1.4 抽象類別

我在前一節提到，在鴨子型態程式設計風格中，程式設計師不應該關心物件的型態，只應該關心物件是否支援某些操作。這意味著，用於判斷物件型態的 isinstance() 函式在鴨子世界裡完全沒有用武之地。

但是，自從**抽象類別**出現後，isinstance() 函式的地位發生一些微妙的變化。在解釋這個變化前，我們先看看 isinstance() 的典型工作模式是什麼樣的。

1. isinstance() 函式

假設有以下兩個類別：

```python
class Validator:
    """ 驗證器基底類別，驗證不同種類的資料是否符合要求 """

    def validate(self, value):
        raise NotImplementedError

class NumberValidator(Validator):
    """ 驗證輸入值是否是合法數字 """

    def validate(self, value):
        ...
```

Validator 是驗證器基底類別，NumberValidator 是繼承了 Valdiator 的驗證器子類別，如圖 9-2 所示。

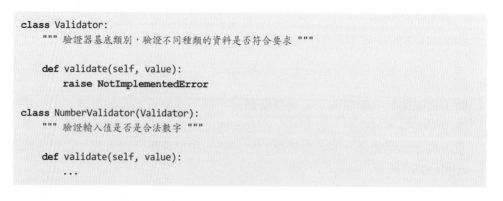

▲ 圖 9-2　繼承示意圖

利用 isinstance() 函式,我們可以判斷物件是否屬於特定型態:

```
>>> isinstance(NumberValidator(), NumberValidator)
True
>>> isinstance('foo', Validator)
False
```

isinstance() 函式能理解類別之間的繼承關係,因此子類別的實例同樣可以透過基底類別的驗證:

```
>>> isinstance(NumberValidator(), Validator)
True
```

使用 isinstance() 函式,我們可以嚴格驗證物件是否屬於某個型態。但問題是:鴨子型態只關心行為,不關心型態,所以 isinstance() 函式天生和鴨子型態的理念相背。不過,在 Python 2.6 版本推出了抽象類別以後,事情出現了一些轉折。

2. 驗證物件是否是 **Iterable** 型態

在解釋抽象類別對型態機制的影響前,我們先看看下面這個類別:

```python
class ThreeFactory:
    """ 在被迭代時不斷回傳 3

    :param repeat: 重複次數
    """

    def __init__(self, repeat):
        self.repeat = repeat

    def __iter__(self):
        for _ in range(self.repeat):
            yield 3
```

ThreeFactory 是個非常簡單的類別,它所做的,就是迭代時不斷回傳數字 3:

```
>>> obj = ThreeFactory(2) ❶
>>> for i in obj:
...     print(i)
...
3
3
```

❶ 初始化一個會回傳兩次 3 的新物件

在 collections.abc 模組中,有許多和容器相關的抽象類別,例如代表集合的 Set、代表序列的 Sequence 等,其中有一個最簡單的抽象類別:Iterable,它表示的是可迭代型別。假設你用 isinstance() 函式對上面的 ThreeFactory 實例做型態檢查,會得到一個有趣的結果:

```
>>> from collections.abc import Iterable
>>> isinstance(ThreeFactory(2), Iterable)
True
```

雖然 ThreeFactory 沒有繼承 Iterable 類別,但當我們用 isinstance() 檢查它是否屬於 Iterable 型態時,結果卻是 True,這正是受了抽象類別的特殊子類別化機制的影響。

3. 抽象類別的子類別化機制

在 Python 中,最常見的子類別化方式是透過繼承基底類別來建立子類別,例如前面的 NumberValidator 就繼承了 Validator 類別。但抽象類別作為一種特殊的基底類別,為我們提供了另一種更靈活的子類別化機制。

為了演示這個機制,我把前面的 Validator 改造成了一個抽象類別:

```
from abc import ABC

class Validator(ABC): ❶
    """ 驗證器抽象類別 """

    @classmethod
    def __subclasshook__(cls, C):
        """ 任何提供了 validate 方法的類別,都被當作 Validator 的子類別 """
        if any("validate" in B.__dict__ for B in C.__mro__): ❷
            return True
        return NotImplemented

    def validate(self, value):
        raise NotImplementedError
```

❶ 要定義一個抽象類別,你需要繼承 ABC 類別或使用 abc.ABCMeta 元類別

❷ C.__mro__ 代表 C 的類別派生路線上的所有類別(見 9.1.5 節)

上面程式的重點是 __subclasshook__ 類別方法。__subclasshook__ 是抽象類別的一個特殊方法,當你使用 isinstance 檢查物件是否屬於某個抽象類別時,如果後者定義了這個方法,那麼該方法就會被觸發,然後:

- ❑ 實例所屬型態會作為參數傳入該方法（上面程式中的 C 參數）。
- ❑ 如果方法回傳了布林值，該值表示實例型態是否屬於抽象類別的子類別。
- ❑ 如果方法回傳 NotImplemented，本次呼叫會被忽略，繼續進行正常的子類別判斷邏輯。

在我編寫的 Validator 類別中，__subclasshook__ 方法的邏輯是：所有實現了 validate 方法的類別都是我的子類別。

這意味著，下面這個和 Validator 沒有繼承關係的類別，也被視作 Validator 的子類別：

```python
class StringValidator:
    def validate(self, value):
        ...


print(isinstance(StringValidator(), Validator))
# 輸出：True
```

圖 9-3 展示了兩者的關係。

▲ 圖 9-3　StringValidator 實現了抽象類別 Validator

透過 __subclasshook__ 類別方法，我們可以定制抽象類別的子類別判斷邏輯。這種子類別化形式只關心結構，不關心真實繼承關係，所以常被稱為「結構化子類別」。

這也是之前的 ThreeFactory 類別能透過 Iterable 型態驗證的原因，因為 Iterable 抽象類別對子類別只有一個要求：實現了 __iter__ 方法即可。

除了透過 __subclasshook__ 類別方法來定義動態的子類別檢查邏輯外，你還可以為抽象類別手動註冊新的子類別。

例如，下面的 Foo 是一個沒有實現任何方法的空類別，但假設透過呼叫抽象類別 Validator 的 register 方法，我們可以馬上將它變成 Validator 的「子類別」：

```
>>> class Foo:
...     pass
...
>>> isinstance(Foo, Validator) ❶
False

>>> Validator.register(Foo) ❷
False

>>> isinstance(Foo(), Validator) ❸
True
>>> issubclass(Foo, Validator)
True
```

❶ 預設情況下，Foo 類別和 Validator 類別沒有任何關係

❷ 呼叫 .register() 把 Foo 註冊為 Validator 的子類別

❸ 完成註冊後，Foo 類別的實例就能透過 Validator 的型態驗證了

總結一下，抽象類別透過 __subclasshook__ 掛鉤和 .register() 方法，實現了一種比繼承更靈活、更鬆散的子類別化機制，並以此改變了 isinstance() 的行為。

有了抽象類別以後，我們便可以使用 isinstance(obj, type) 來進行鴨子型態程式設計風格的型態驗證了。只要待匹配型態 type 是抽象類別，型態檢查就符合鴨子型態程式設計風格 —— **只驗證行為，不驗證型態**。

4. 抽象類別的其他功能

除了更靈活的子類別化機制外，抽象類別還提供了一些其他功能。例如，利用 abc 模組的 @abstractmethod 裝飾器，你可以把某個方法標記為抽象方法。假設抽象類別的子類別在繼承時，沒有重寫所有抽象方法，那麼它就無法被正常產生實體。

舉個例子：

```
class Validator(ABC):
    """ 驗證器抽象類別 """

    ...

    @abstractmethod ❶
    def validate(self, value):
        raise NotImplementedError
```

```
class InvalidValidator(Validator): ❷
    ...
```

❶ 把 validate 定義為抽象方法

❷ InvalidValidator 雖然繼承了 Validator 抽象類別，但沒有重寫 validate 方法

如果你嘗試產生實體 InvalidValidator，就會遇到下面的錯誤：

```
>>> obj = InvalidValidator()
Traceback (most recent call last):
  File "<stdin>", line 1, in <module>
TypeError: Can't instantiate abstract class InvalidValidator with abstract
methods validate
```

這個機制可以幫我們更好地控制子類別的繼承行為，強制要求其重寫某些方法。

此外，雖然抽象類別名為抽象，但它也可以像任何普通類別一樣提供已實現好的非抽象方法。例如 collections.abc 模組裡的許多抽象類別（如 Set、Mapping 等）像普通基底類別一樣實現了一些公用方法，降低了子類別的實現成本。

最後，我們總結一下鴨子型態和抽象類別：

❑ 鴨子型態是一種程式設計風格，在這種風格下，程式只關心對象的行為，不關心對象的型態。

❑ 鴨子型態降低了型別驗證的成本，讓程式變得更靈活。

❑ 傳統的鴨子型態裡，各種物件介面和協定都是隱含的，沒有統一明確的標準。

❑ 普通的 isintance() 型態檢查和鴨子型態的理念是相違背的。

❑ 抽象類別是一種特殊的類別，它可以透過掛鈎方法來定制動態的子類別檢查行為。

❑ 因為抽象類別的定制子類別化特性，isintance() 也變得更靈活、更契合鴨子型態了。

❑ 使用 @abstractmethod 裝飾器，抽象類別可以強制要求子類別在繼承時重寫特定方法。

❑ 除了抽象方法外，抽象類別也可以實現普通的基礎方法，供子類別繼承使用。

❑ 在 collections.abc 模組中，有許多與容器相關的抽象類別。

在第 10 章與第 11 章，你會看到更多有關鴨子型態和抽象類別的程式範例。

9.1.5 多重繼承與 MRO

許多程式設計語言在處理繼承關係時，只允許子類別繼承一個父類別，而 Python 裡的一個類別可以同時繼承多個父類別。這讓我們的模型設計變得更靈活，但同時也帶來一個新問題：「在複雜的繼承關係下，如何確認子類別的某個方法會用到哪個父類別？」

以下面的程式為例：

```
class A:
    def say(self):
        print("I'm A")

class B(A):
    pass

class C(A):
    def say(self):
        print("I'm C")

class D(B, C):
    pass
```

D 同時繼承 B 和 C 兩個父類別，而 B 和 C 都是 A 的子類別。此時，如果你呼叫 D 實例的 say() 方法，究竟會輸出 A 還是 C 的結果呢？答案是：

```
>>> D().say()
I'm C
```

在解決多重繼承的方法優先順序問題時，Python 使用了一種名為 MRO（method resolution order）的演算法。該演算法會搜尋類別的所有基底類別，並將它們按優先順序從高到低排好序。

呼叫類別的 mro() 方法，你可以看到依 MRO 演算法排好序的基底類別串列：

```
>>> D.mro()
[<class '__main__.D'>, <class '__main__.B'>, <class '__main__.C'>,
<class '__main__.A'>, <class 'object'>] ❶
```

❶ 這裡面的 `<class 'object'>` 是每個 Python 類別的預設基底類別

圖 9-4 展示了類別的關係。

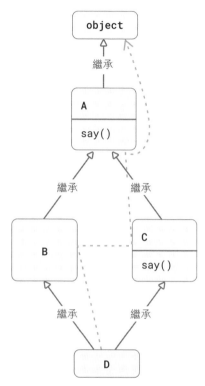

▲ 圖 9-4　類別關係示意圖，帶箭頭的虛線代表 MRO 的解析順序

當你呼叫子類別的某個方法時，Python 會按照上面的 MRO 串列從前往後尋找這個方法，假設某個類別實現了這個方法，就直接回傳。這就是前面的 D().say() 定位到了 C 類別的原因，因為在 D 的 MRO 串列中，C 排在 A 的前面。

MRO 與 super()

基於 MRO 演算法的基底類別優先順序串列，不僅定義了類別方法的找尋順序，還影響了另一個常見的內建函式：super()。

在許多人的印象中，super() 是一個用來呼叫父類別方法的工具函式。但這麼說並不準確，super() 使用的其實不是當前類別的父類別，而是它在 MRO 鏈條裡的上一個類別。

舉個例子：

```python
class A:
    def __init__(self):
        print("I'm A")
        super().__init__()


class B(A):
    def __init__(self):
        print("I'm B")
        super().__init__()

class D1(B):
    pass
```

在上面的單一繼承關係下，產生實體 D1 類別的輸出結果很直觀：

```
>>> D1()
I'm B
I'm A
```

此時，super() 看上去就像是在呼叫父類別的方法。但是，如果稍微調整一下繼承關係，把 C 類別加入繼承關係鏈裡：

```
...
class C(A):
    def __init__(self):
        print("I'm C")
        super().__init__()

class D2(B, C): ❶
    pass
```

❶ 讓 D2 同時繼承兩個類別

產生實體 D2 類別就會輸出下面的結果：

```
>>> D2()
I'm B
I'm C ❶
I'm A
```

❶ C 類別的 __init__ 方法呼叫插在了 B 和 A 之間

當我在繼承關係裡加入 C 類別後，B.__init__() 裡的 super() 不會再直接找到 B 的父類別 A，而是會定位到當前 MRO 鏈條裡的下一個類別，一個看上去和 B 毫不相關的類別：C。

正如例子所示，當你在方法中呼叫 super() 時，其實無法確定它會定位到哪一個類別。這是因為你永遠不知道使用類別的人，會把它加入什麼樣的 MRO 繼承鏈條裡。

總而言之，Python 裡的多重繼承是一個相當複雜的特性，尤其在配合 super() 時。

在實際專案裡，你應該非常謹慎地對待多重繼承，因為它很容易衍生出一些複雜的繼承關係，進而導致程式難以維護。假設發現自己在實現某個功能時，必須使用多重繼承，而且必須用 MRO 演算法來精心設計方法間的覆蓋關係，此時你應該停下來，喝口水，深吸一口氣，重新思考一遍自己想要解決的問題。

以我的經驗來看，許多所謂「精心設計」的多重繼承程式，也許在寫出來的當天程式設計師會覺得：自己用相當厲害的手段解決了一個十分困難的問題。但在一個月後，當其他人需要修改這段程式時，很容易被複雜的繼承關係繞暈。

大多數情況下，你需要的並不是多重繼承，而也許只是一個更準確的抽象模型，在該模型下，最普通的繼承關係就能完美解決問題。

9.1.6　其他知識

物件導向程式設計所涉及的內容相當多，這意味著，一章很難涵蓋所有知識點。

在本節中，我挑選了兩個平常較少用到的知識點進行簡單介紹。如果你對其中的某個知識點感興趣，可自行搜尋更多資料。

1. Mixin 模式

顧名思義，Mixin 是一種把額外功能「混入」某個類別的技術。有些程式設計語言（例如 Ruby）為 Mixin 模式提供了原生支援，而在 Python 中，我們可以用多重繼承來實現 Mixin 模式。

要實現 Mixin 模式，你需要先定義一個 Mixin 類別：

```
class InfoDumperMixin:  ❶
    """Mixin：輸出當前實例資訊 """
```

```
def dump_info(self):
    d = self.__dict__
    print("Number of members: {}".format(len(d)))
    print("Details:")
    for key, value in d.items():
        print(f'  - {key}: {value}')
```

❶ Mixin 類別名常以「Mixin」結尾,這算是一種不成文的約定

相較於普通類別,Mixin 類別有一些鮮明的特徵。

Mixin 類別通常很簡單,只實現一兩個功能,所以很多時候為了實現某個複雜功能,一個類別常常會同時混入多個 Mixin 類別。另外,大多數 Mixin 類別不能單獨使用,它們只有在被混入其他類別時才能發揮最大作用。

下面是一個使用 InfoDumperMixin 的例子:

```
class Person(InfoDumperMixin):
    def __init__(self, name, age):
        self.name = name
        self.age = age
```

呼叫結果如下:

```
>>> p = Person('jack', 20)
>>> p.dump_info()
Number of members: 2
Details:
  - name: jack
  - age: 20
```

雖然 Python 中的 Mixin 模式基於多重繼承實現,但令 Mixin 不同於普通多重繼承的最大原因在於:Mixin 是一種有約束的多重繼承。在 Mixin 模式下,雖然某個類別會同時繼承多個基底類別,但裡面最多只會有一個基底類別表示真實的繼承關係,剩下的都是用於混入功能的 Mixin 類別。這條約束大大降低了多重繼承的潛在危害性。

許多流行的 Web 開發框架使用了 Mixin 模式,例如 jango、DRF[1] 等。

1　DRF 的全稱為 Django REST Framework,是一個流行的 REST API 服務開發框架。

不過，雖然 Mixin 是一種行之有效的程式設計模式，但不假思索地使用它仍然可能會帶來麻煩。有時，人們使用 Mixin 模式的初衷，只是想對糟糕的模型設計做一些廉價的彌補，而這只會把原本糟糕的設計變得更糟。

假設你想使用 Mixin 模式，需要精心設計 Mixin 類別的職責，讓它們和普通類別有所區分，這樣才能讓 Mixin 模式發揮最大的潛力。

2. 元類別

元類別是 Python 中的一種特殊物件。元類別控制著類別的建立行為，就像普通類別控制著實例的建立行為一樣。

type 是 Python 中最基本的元類別，利用 type，你根本不需要手動寫 class ... ：程式來建立一個類別 —— 直接呼叫 type() 就可以：

```
>>> Foo = type('Foo', (), {'bar': 3}) ❶
>>> Foo
<class '__main__.Foo'>
>>> Foo().bar
3
```

❶ 參數分別為 type(name, bases, attrs)

在呼叫 type() 建立類別時，需要提供三個參數，它們的含義如下。

（1）name：str，需要建立的類別名稱。

（2）bases：Tuple[Type]，包含其他類別的元組，代表類別的所有基底類別。

（3）attrs：Dict[str, Any]，包含所有類別成員（屬性、方法）的字典。

雖然 type 是最基本的元類別，但在實際程式設計中使用它的情況其實比較少。更多情況下，我們會建立一個繼承 type 的新元類別，然後在裡面定制一些與建立類別有關的行為。

為了展示元類別能做什麼，程式清單 9-3 實現了一個簡單的元類別，它的主要功能是將類別方法自動轉換成屬性物件。另外，該元類別還會在建立實例時，為其增加一個代表建立時間的 created_at 屬性。

程式清單 9-3 範例元類別 **AutoPropertyMeta**

```
import time
import types

class AutoPropertyMeta(type): ❶
```

```
""" 元類別：

"- 把所有類別方法變成動態屬性
"- 為所有實例增加建立時間屬性
"""

    def __new__(cls, name, bases, attrs): ❷
        for key, value in attrs.items():
            if isinstance(value, types.FunctionType) and not key.startswith('_'):
                attrs[key] = property(value) ❸
        return super().__new__(cls, name, bases, attrs) ❹

    def __call__(cls, *args, **kwargs): ❺
        inst = super().__call__(*args, **kwargs)
        inst.created_at = time.time()
        return inst
```

❶ 元類別通常會繼承基礎元類別 type 物件

❷ 元類別的 __new__ 方法會在建立類別時被呼叫

❸ 將非私有方法轉換為屬性物件

❹ 呼叫 type() 完成真正的類別建立

❺ 元類別的 __call__ 方法，負責建立與初始化類別實例

下面的 Cat 類別使用了 AutoPropertyMeta 元類別：

```
import random

class Cat(metaclass=AutoPropertyMeta):
    def __init__(self, name):
        self.name = name

    def sound(self):
        repeats = random.randrange(1, 10)
        return ' '.join(['Meow'] * repeats)
```

結果如下：

```
>>> milo = Cat('milo')
>>> milo.sound ❶
'Meow Meow Meow Meow Meow Meow Meow'
>>> milo.created_at ❷
1615000104.0704262
```

❶ sound 原本是方法，但是被元類別自動轉換成了屬性物件

❷ 讀取由元類別定義的建立時間

透過上面這個例子，你會發現元類別的功能相當強大，它不光可以修改類別，還能修改類別的實例。同時它也相當複雜，例如在例子中，我只簡單演示了元類別的 `__new__` 和 `__call__` 方法，除此之外，元類別其實還有用來準備類別命名空間的 `__prepare__` 方法。

和 Python 裡的其他功能相比，元類別是個相當高級的語言特性。通常來說，除非要開發一些框架類工具，否則你在日常工作中根本不需要用到元類別。

元類別是一種深奧的「魔法」，99% 的使用者不必為之操心。如果你在琢磨是否需要元類別，那你肯定不需要（那些真正要使用元類別的人確信自己的需求，而無須解釋緣由）。

Metaclasses are deeper magic than 99% of users should ever worry about. If you wonder whether you need them, you don't (the people who actually need them know with certainty that they need them, and don't need an explanation about why).

—— *Tim Peters*

但鮮有使用情況，不代表學習元類別就沒有意義。我認為瞭解元類別的工作原理，對理解 Python 的物件導向模型大有裨益。

元類別很少被使用的原因，除了應用情況少以外，還在於它其實有許多「替代品」，它們是：

（1）類別裝飾器（見 8.2.2 節）。

（2）`__init_subclass__` 掛鉤方法（見 9.3.1 節）。

（3）描述符（見 12.1.3 節）。

這些工具的功能雖然不如元類別那麼強大，但它們都比元類別簡單，更容易理解。在寫程式時，它們可以覆蓋元類別的大部分使用情況。

9.2 案例故事

我第一次接觸物件導向概念，是在十幾年前的大學 Java 課上。雖然現在我已經完全忘記了那堂課的內容，但我清楚記得當時用的教科書第一頁裡的一句話：「物件導向有三大基本特徵：**封裝**（encapsulation）、**繼承**（inheritance）與**多型**（polymorphism）。」

雖然我在課堂上學到的「繼承」，作為一個「基本特徵」，似乎顯得「人畜無害」、很好掌握，不過在之後的十幾年程式設計生涯裡，在寫過和看過太多糟糕的程式後，我發現「繼承」雖然是一個基本概念，但它同時也是物件導向設計中最容易做錯的事情之一。有時候，繼承帶來的問題甚至遠比好處多。

為什麼這麼說呢？假設你用 Google 搜尋「inheritance is bad」（繼承不佳），會發現有多達 6400 萬條搜尋結果。許多新程式設計語言甚至完全取締了繼承。例如 2009 年發佈的 Go 語言，雖然有一些物件導向語言的特徵，但完全不支援繼承。

作為曾經的三大物件導向基本特徵，繼承是怎麼慢慢走到今天這一步的呢？我認為這和人們大量誤用繼承脫不了關係。

眾所周知，繼承為我們提供了一種強大的程式複用手段 —— 只要繼承某個父類別，你就能使用它的所有屬性和方法，獲得它的所有能力。但強大同樣也容易招致混亂，錯誤的繼承關係很容易催生出一堆爛程式。

下面我們來看一個關於繼承的故事。

繼承是把雙刃劍

小 R 是一名 Python 後端工程師，三個月前加入了一家移動互聯網創業公司。公司的主要產品是一款手機遊戲新聞 App —— GameNews。在這款 App 裡，使用者可以瀏覽最新的遊戲資訊，也可以透過留言和其他使用者交流。

一個普通的工作日上午，小 R 在座位前坐下，拿出筆記型電腦，準備開始修復昨天沒修完的 bug。這時，公司的營運組同事小 Y 走到他的桌前。

「R 哥，有件事你能不能幫一下忙？」小 Y 問道。

「什麼事？」

「是這樣的，GameNews 上線都好幾個星期了，雖然能查到下載量還不錯，但不知道有多少人在用。你能不能在後台加個功能，讓我們能查到 GameNews 每天的活躍使用者個數啊？」

聽完小 Y 的描述，小 R 心想，統計 UV[2] 數本身不是什麼難事，但公司現在剛起步，各種資料統計基本架構都沒有，而且新功能需求又排得那麼緊，怎麼做這個統計最好呢？

看到小 R 眉頭微皺，半天不說話，小 Y 小心翼翼地開口了。

「這個統計是不是特別麻煩？要是麻煩就 ── 」

沒等小 Y 說完，小 R 突然就想到了辦法。GameNews 幾周前剛上線時，小 R 將所有的 API 呼叫都記錄了日誌，全部按日期儲存在了伺服器上。透過解析這些日誌，他可以很輕鬆地計算出每天的 UV 數。

「不麻煩，包在我身上，明天上線！」小 R 打斷了小 Y。

小 Y 走後，小 R 開始寫起了程式。要基於日誌來統計每天的 UV 數，程式至少需要做到這幾件事：取得日誌內容、解析日誌、完成統計。

幸好這幾件事都不算太難，沒過多久，小 R 就寫好了下面這個類別，如程式清單 9-4 所示。

程式清單 9-4　統計某日 UV 數的類別 `UniqueVisitorAnalyzer`

```python
class UniqueVisitorAnalyzer:
    """ 統計某日 UV 數

    :param date: 需要統計的日期
    """

    def __init__(self, date):
        self.date = date

    def analyze(self):
        """ 透過解析與分析 API 存取日誌，回傳 UV 數

        :return: UV 數
        """
        for entry in self.get_log_entries():
            ... # 省略：根據 entry.user_id 統計 UV 數並回傳結果

    def get_log_entries(self):
        """ 取得當天所有日誌記錄 """
        for line in self.read_log_lines():
```

2　Unique Visitor 的首字母縮寫，表示存取網站的獨立訪客。對於如何統計獨立訪客，常見的演算法是把每個註冊使用者算作一個獨立訪客，或者把每個 IP 位址算作一個獨立訪客。

```
        yield self.parse_log(line)

    def read_log_lines(self):
        """ 逐行取得存取日誌 """
        ... # 省略：根據日誌 self.date 讀取日誌檔並回傳結果

    def parse_log(self, line):
        """ 將純文字格式的日誌解析為結構化物件

        :param line: 純文字格式日誌
        :return: 結構化的日誌條目 LogEntry 物件
        """
        ... # 省略：複雜的日誌解析過程
        return LogEntry(
            time=...,
            ip=...,
            path=...,
            user_agent=...,
            user_id=...,
        )
```

在程式中，UniqueVisitorAnalyzer 類別接收日期作為唯一的產生實體參數，然後透過 analyze() 方法完成統計。為了統計 UV 數，analyze() 方法需要先讀取日誌檔，然後解析日誌文本，最終基於日誌物件 LogEntry 裡的 user_id 來計算結果。

經過簡單的測試後，小 R 的程式在第二天準時上線，贏得了營運同事的好評。

1. 新需求：統計最熱門的 10 條留言

時間過去了一個月，期間 GameNews 的註冊使用者數增長了不少。

一天上午，小 Y 又來到小 R 的桌前，說道：「R 哥，最近使用者發表的留言越來越多，你能不能做個統計功能，把每天點讚數最多的 10 條留言找出來？這樣可以方便我們規劃營運活動。」

小 R 接下這個需求後，心想：一個月前不是剛寫了那個 UV 統計嗎？新需求好像剛好能複用那些程式。於是他打開 IDE，找到自己一個月前寫的 UniqueVisitorAnalyzer 類別，只花了半分鐘就確定了程式思路。

在 GameNews 提供的所有 API 中，留言點讚的 API 路徑是有規律的：/comments/<COMMENT_ID>/up_votes/。要統計熱門留言，小 R 只需要從每天的 API 存取日誌裡，把所有的留言和點讚請求找出來，然後透過統計路徑裡的 COMMENT_ID 就能達到目的。

所以，小 R 決定透過繼承來複用 UniqueVisitorAnalyzer 類別裡的日誌讀取和解析邏輯，這樣他只要寫很少的程式就能完成需求。

只花了不到 10 分鐘，小 R 就寫出了下面的程式：

```python
class Top10CommentsAnalyzer(UniqueVisitorAnalyzer):
    """ 取得某日點讚量最高的 10 條留言

    :param date: 需要統計的日期
    """

    limit = 10

    def analyze(self):
        """ 透過解析與統計 API 存取日誌，回傳點讚量最高的留言

        :return: 留言 ID 串列
        """
        for entry in self.get_log_entries():  ❶
            comment_id = self.extract_comment_id(entry.path)
            ...  # 省略：統計過程與回傳結果

    def extract_comment_id(self, path):
        """
        根據日誌存取路徑，取得留言 ID。
        有效的留言點讚 API 路徑格式：/comments/<ID>/up_votes/

        :return: 僅當路徑是留言點讚 API 時，回傳 ID，否則回傳 None
        """
        matched_obj = re.match('/comments/(.*)/up_votes/', path)
        return matched_obj and matched_obj.group(1)
```

❶ 此處的 get_log_entries() 是由父類別提供的方法

基於繼承提供的強大複用能力，Top10CommentsAnalyzer 自然而然地獲得了父類別的日誌讀取與解析能力，如圖 9-5 所示。小 R 只寫了不到 20 行程式，就實現了需求，自我感覺相當良好。

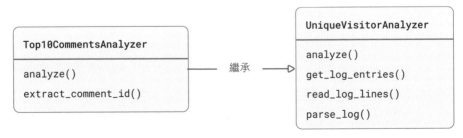

▲ 圖 9-5 Top10CommentsAnalyzer 繼承了 UniqueVisitorAnalyzer

上面的程式看似簡單，一個月後卻給小 R 帶來了不小的麻煩。

2. 修改 UV 邏輯

又過了一個月，小 R 的公司發展得越來越好，有許多新同事入職。一天，營運同事小 Y 又來找小 R。

「R 哥，還記得你兩個月前寫的那個 UV 統計嗎？我們最近覺得，把所有用過 GameNewApp 的人都當作活躍使用者，其實不太準確。」小 Y 手裡端著一杯咖啡，慢慢說道：「你能不能改一下邏輯，只統計那些真正點開過新聞的使用者？」

接到新需求後，小 R 心想：這個需求蠻簡單的，不如讓兩周前入職的同事小 V 負責。於是小 R 走到小 V 旁邊，和他描述了一遍需求，並詳細講了一遍 UV 統計的程式。

小 V 是一名有經驗的開發人員，他很快便明白了應該怎麼下手。因為所有存取新聞的 API 路徑都是同一種格式：/news/<ID>/，所以他只要調整一下程式，過濾一遍日誌，就能挑選出所有真正看過新聞的使用者。

於是，小 V 在 UniqueVisitorAnalyzer 類別上做了一點調整：

```python
import re

class UniqueVisitorAnalyzer:

    ...

    def get_log_entries(self):
        """ 取得當天所有日誌記錄 """
        for line in self.read_log_lines():
            entry = self.parse_log(line)
            if not self.match_news_pattern(entry.path):  ❶
                continue
            yield entry

    def match_news_pattern(self, path):
        """ 判斷 API 路徑是不是在存取新聞

        :param path: API 存取路徑
        :return: bool
        """
        return re.match(r'^/news/[^/]*?/$', path)
```

❶ 新增日誌過濾語句

小 V 在 UniqueVisitorAnalyzer 類別上增加了一個方法：match_news_pattern，它負責判斷 API 路徑是不是存取新聞的路徑格式。同時，小 V 在 get_log_entries 裡也增加了條件判斷 —— 如果目前日誌不是存取新聞，就跳過它。

透過上面的修改，小 V 很快實現了只統計「新聞閱讀者」的需求。

把程式提交上去以後，小 V 邀請小 R 檢查這段改動。小 R 檢查後沒發現什麼問題，於是新程式很快就部署到了線上。

但是，很快就發生了一件所有人都意想不到的事情。

3. 意料之外的 bug

第二天一上班，營運同事小 Y 一路小跑到小 R 身邊，一邊喘氣一邊說道：「R 哥，為什麼今天 Top10 留言資料是空的啊？一條留言都沒有，趕快看看是怎麼回事吧！」

小 R 一聽覺得奇怪，說：「最近沒人調整過那部分程式啊，怎麼會出問題呢？」

「會不會和我們昨天上線的 UV 統計調整有關？」坐在旁邊聽到倆人對話的小 V 突然插了一句。

聽到這句話，小 R 愣了幾秒鐘，然後一拍大腿。

「對對對，熱門留言統計繼承了 UV 統計的類別，一定是昨天的改動影響到了。我檢查程式時完全忘記了這回事！」小 R 連忙說道。

於是小 R 打開統計熱門留言的程式，很快就找到了問題的原因：

```python
class Top10CommentsAnalyzer(UniqueVisitorAnalyzer):

    def analyze(self):
        # 當小 V 修改了父類別 UniqueVisitorAnalyzer 的
        # get_log_entries() 方法後，子類別的 get_log_entries()
        # 方法呼叫從此只能拿到路徑屬於 " 查看新聞 " 的日誌條目
        for entry in self.get_log_entries():
            comment_id = self.extract_comment_id(entry.path)
            ...

    def extract_comment_id(self, path):
        # 因為輸入來源發生了變化，所以 extract_comment_id() 永遠匹配不到
```

```
# 任何點讚留言的路徑了
matched_obj = re.match('/comments/(.*)/up_votes/', path)
return matched_obj and matched_obj.group(1)
```

問題產生的整個過程如圖 9-6 所示。

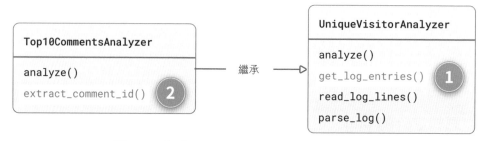

▲ 圖 9-6　① 修改父類別函式，② 子類別受到影響

從表面上看，這個 bug 似乎是由於兩人的粗心大意造成的。小 V 在寫程式時，沒有理清繼承關係就隨意修改了父類別邏輯。而小 R 在檢查程式時，也沒有仔細推演修改基底類別可能帶來的後果。

但粗心大意只是表面原因。在開發軟體時，我們不能指望工程師能夠事事考慮得十全十美，永遠記得自己寫過的每一段程式邏輯，這根本就不現實。錯誤地使用了繼承，才是導致這個 bug 的根本原因。

4. 回顧繼承，使用組合

我們回溯到一個月前小 R 接到「統計熱門留言」需求的時候。當他發現新需求可以複用 UniqueVisitorAnalyzer 類別裡的部分方法時，幾乎是馬上就決定建立一個子類別來實現新需求。

但繼承是一種類別與類別之間緊密的耦合關係。讓子類別繼承父類別，雖然看上去毫無成本地取得了父類別的全部能力，但同時也意味著，從此以後父類別的所有改動都可能影響子類別。繼承關係越複雜，這種影響就越容易超出人們的控制範圍。

正是因為繼承的這種不可控性，才有了後面小 V 調整 UV 統計邏輯卻影響了熱門留言統計的事情。

小 R 使用繼承的初衷，是為了複用父類別中的方法。但如果只是為了複用程式，其實沒有必要使用繼承。當小 R 發現新需求要用到 UniqueVisitorAnalyzer 類

別的「讀取日誌」「解析日誌」行為時，他完全可以用**組合**（composition）的
方式來解決複用問題。

要用組合來複用 UniqueVisitorAnalyzer 類別，我們需要先分析這個類別的
職責與行為。在我看來，UniqueVisitorAnalyzer 類別主要負責以下幾件事。

❑ 讀取日誌：根據日期找到並讀取日誌檔案。

❑ 解析日誌：把文本日誌資訊解析並轉換成 LogEntry。

❑ 統計日誌：統計日誌，計算 UV 數。

基於這些事情，我們可以對 UniqueVisitorAnalyzer 類別進行拆解，把其中
需要複用的兩個行為建立為新的類別：

```python
class LogReader:
    """ 根據日期讀取特定日誌檔案 """

    def __init__(self, date):
        self.date = date

    def read_lines(self):
        """ 逐行取得存取日誌 """
        ...  # 省略：根據日誌 self.date 讀取日誌檔並回傳結果


class LogParser:
    """ 將文本日誌解析為結構化物件 """

    def parse(self, line):
        """ 將純文字格式的日誌解析為結構化物件

        :param line: 純文字格式的日誌
        :return: 結構化的日誌條目 LogEntry 物件
        """
        ...  # 省略：複雜的日誌解析過程
        return LogEntry(
            time=...,
            ip=...,
            path=...,
            user_agent=...,
            user_id=...,
        )
```

LogReader 和 LogParser 兩個新類別，分別對應 UniqueVisitorAnalyzer 類
別裡的「讀取日誌」和「解析日誌」行為。

相比之前把所有行為都放在 UniqueVisitorAnalyzer 類別裡的做法，新的程式其實體現了另一種物件導向建模方式 —— **針對事物的行為建模，而不是對事物本身建模**。

針對事物本身建模，代表你傾向于用類別來重現真實世界裡的模型，例如 UniqueVisitorAnalyzer 類別就代表「UV 統計」這個需求，如果它要完成「讀取日誌」「解析日誌」這些事情，那就把這些事情作為類別方法來實現。而針對事物的行為建模，代表你傾向于用類別來重現真實事物的行為與特徵，例如用 LogReader 來代表日誌讀取行為，用 LogParser 來代表日誌解析行為。

在多數情況下，基於事物的行為來建模，可以孵化出更好、更靈活的模型設計。

基於新的類別和模型，UniqueVisitorAnalyzer 類別可以修改為下面這樣：

```python
class UniqueVisitorAnalyzer:
    """ 統計某日的 UV 數 """

    def __init__(self, date):
        self.date = date
        self.log_reader = LogReader(self.date)
        self.log_parser = LogParser()

    def analyze(self):
        """ 透過解析與分析 API 存取日誌，回傳 UV 數

        :return: UV 數
        """
        for entry in self.get_log_entries():
            ... # 省略：根據 entry.user_id 統計 UV 數並回傳結果

    def get_log_entries(self):
        """ 取得當天所有日誌記錄 """
        for line in self.log_reader.read_lines():
            entry = self.log_parser.parse(line)
            if not self.match_news_pattern(entry.path):
                continue
            yield entry

    ...
```

雖然這份程式看上去和舊程式相差不大，但如果小 R 拿著這份程式，接到統計熱門留言的需求後，他會發現，根本不需要繼承 UniqueVisitorAnalyzer 類別來實現新需求，只需要利用組合實現下面這樣的類別就行：

```python
class Top10CommentsAnalyzer:
    """ 取得某日點讚量最高的 10 條留言 """

    limit = 10

    def __init__(self, date):
        self.log_reader = LogReader(self.date)
        self.log_parser = LogParser()

    ...

    def get_log_entries(self):
        for line in self.log_reader.read_lines():
            entry = self.log_parser.parse(line)
            yield entry
```

使用組合之後的類別關係如圖 9-7 所示。

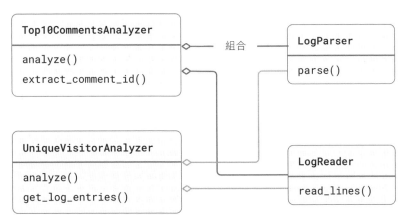

▲ 圖 9-7　使用組合後的類別關係圖

新類別同樣複用了舊程式，但繼承關係不見了。沒有了繼承，後續的 bug 也就根本不會出現。

5. 總結

故事的最後，小 R 與小 V 在一番討論後，最終選擇用上面的結構重構「UV 統計」與「熱門留言統計」兩個類別，用組合代替了繼承，解除了它們之間的繼承關係。

那麼，這個故事告訴了我們什麼道理呢？

在寫物件導向程式時，許多人常常把繼承當成一種廉價的程式複用手段，當他們看到新需求可以複用某個類別的方法時，就會直接建立一個繼承該類別的子類別，快速達到複用目的。但這種簡單粗暴的做法忽視了繼承的複雜性，容易在未來惹上麻煩。繼承是一種極為緊密的耦合關係。為了避免繼承惹來麻煩，每當你想建立新的繼承關係時，應該試著問自己幾個問題。

❑ 我要讓 B 類別繼承 A 類別，但 B 和 A 真的代表同一種東西嗎？如果它們不是同類別，為什麼要繼承？

❑ 即使 B 和 A 是同類別，那它們真的需要用繼承來表明型態關係嗎？要知道，Python 是鴨子型態的，你不用繼承也能實現多型。

❑ 如果繼承只是為了讓 B 類別複用 A 類別的幾個方法，那麼用組合來替代繼承會不會更好？

假設小 R 在寫程式時，問了自己上面這些問題，那麼他就會發現「UV 統計」和「熱門留言統計」根本就不是同類別，因為它們連產出的結果型態都不一樣，一個回傳使用者數（int），一個回傳留言串列（List[int]）。它們只是碰巧需要共用幾個行為而已。

同樣是複用程式，組合產生的耦合關係比繼承鬆散得多。如果組合可以達到複用目的，並且能夠很好表達事物間的聯繫，那麼常常是更好的選擇。這也是人們常說「多用組合，少用繼承」的原因。

但這並不代表我們應該完全棄用繼承。繼承所提供的強大複用能力，仍然是組合所無法替代的。許多設計模式（例如模板方法模式 —— template method pattern）都是依託繼承來實現的。

對待繼承，我們應當十分謹慎。每當你想使用繼承時，請一定多多對比其他方案、權衡各方利弊，只有當繼承能精準契合你的需求時，它才不容易在未來帶來麻煩。

從另一種角度看這個故事

在小 R 的這個故事裡，我主要以「繼承可能導致 bug」作為論據，分析了繼承的優缺點。

在下一章裡，會了解到一些重要的物件導向設計原則，當理解了「單一職責」「里式替換」原則後，可以重新讀一遍這個故事，也許會有不一樣的體會。

9.3 程式設計建議

9.3.1 使用 __init_subclass__ 替代元類別

在前面介紹元類別時，我提到強大的元類別有許多替代工具，它們比元類別更簡單，可以涵蓋元類別的部分使用情況。__init_subclass__ 方法就是其中之一。

__init_subclass__ 是類別的一個特殊掛鉤方法，它的主要功能是在類別派生出子類別時，觸發額外的操作。假設某個類別實現了這個掛鉤方法，那麼當其他類別繼承該類別時，掛鉤方法就會被觸發。

我用 8.2.2 節中的例子來演示如何使用 __init_subclass__。在那個例子中，我透過類別裝飾器實現了自動註冊 Validator 子類別的功能。其實，這個需求完全可以用 __init_subclass__ 掛鉤方法來實現。

在下面的程式裡，我定義了一個有子類別化掛鉤方法的 Validator 類別：

```python
class Validator:
    """ 驗證器基底類別：統一註冊所有驗證器類別，方便後續使用 """

    _validators = {}

    def __init_subclass__(cls, **kwargs):
        print('{} registered, extra kwargs: {}'.format(cls.__name__, kwargs))
        Validator._validators[cls.__name__] = cls
```

接下來，再定義一些繼承了 Validator 的子類別：

```python
class StringValidator(Validator, foo='bar'):  ❶
    name = 'string'


class IntegerValidator(Validator):
    name = 'int'


print(Validator._validators)
```

❶ 子類別化時可以提供額外的參數

執行結果如下：

```
StringValidator registered, extra kwargs: {'foo': 'bar'}  ❶
IntegerValidator registered, extra kwargs: {}
```

```
{'StringValidator': <class '__main__.StringValidator'>, 'IntegerValidator': <class
'__main__.IntegerValidator'>} ❷
```

❶ 父類別的掛鉤方法被觸發，完成子類別註冊並輸出參數
❷ 完成註冊

透過上面的例子，你會發現 __init_subclass__ 非常適合在這種需要觸達所有
子類別的場景中使用。而且與元類別相比，掛鉤方法只要求使用者瞭解繼承，
不用掌握更高深的元類別相關知識，門檻低了不少。它和類別裝飾器一樣，都
可以有效替代元類別。

9.3.2 在分支中尋找多型的應用時機

多型（polymorphism）是物件導向程式設計的基本概念之一。它表示同一個
方法呼叫，在執行時會因為物件型態的不同，產生不同結果。例如 animal.
bark() 這段程式，在 animal 是 Cat 型態時會發出「喵喵」叫，在 animal 是
Dog 型態時則發出「汪汪」叫。

多型很好理解，當我們看到設計合理的多型程式時，很輕鬆就能明白程式的意
圖。但物件導向程式設計的新手有時會處在一種狀態：理解多型，卻不知道何
時該建立多型。

舉個例子，下面的 FancyLogger 是一個記錄日誌的類別：

```python
class FancyLogger:
    """ 日誌類別：支援向檔案、Redis、ES 等服務輸出日誌 """

    _redis_max_length = 1024

    def __init__(self, output_type=OutputType.FILE):
        self.output_type = output_type
        ...

    def log(self, message):
        """ 輸出日誌 """
        if self.output_type == OutputType.FILE:
            ...
        elif self.output_type == OutputType.REDIS:
            ...
        elif self.output_type == OutputType.ES:
            ...
        else:
            raise TypeError('output type invalid')
```

```
    def pre_process(self, message):
        """ 預處理日誌 """
        # Redis 對日誌最大長度有限制，需要進行裁剪
        if self.output_type == OutputType.REDIS:
            return message[: self._redis_max_length]
```

FancyLogger 類別接收一個產生實體參數：output_type，代表當前的日誌輸出型態。當輸出型態不同時，log() 和 pre_process() 方法會做不同的事情。

上面這段程式就是一個典型的應該使用多型的例子。

FancyLogger 類別在日誌輸出型態不同時，需要有不同的行為。因此，我們完全可以為「輸出日誌」行為建模一個新的型別：LogWriter，然後把每個型態的不同邏輯封裝到各自的 Writer 類別中。

對於現有的三種型態，我們可以建立下面的 Writer 類別：

```
class FileWriter:
    def write(self, message):
        ...


class RedisWriter:
    max_length = 1024

    def write(self, message):
        message = self._pre_process(message)
        ...

    def _pre_process(self, message):
        # Redis 對日誌最大長度有限制，需要進行裁剪
        return message[: self.max_length]


class EsWriter:  ❶
    def write(self, message):
        ...
```

❶ 注意：這些 Writer 類別都沒有繼承任何基底類別，這是因為在 Python 中多型並不需要使用繼承。如果你覺得這樣不好，也可以選擇建立一個 LogWriter 抽象基底類別

基於這些不同的 Writer 類別，FancyLogger 可以簡化成下面這樣：

```
class FancyLogger:
    """ 日誌類：支援向檔案、Redis、ES 等服務輸出日誌
```

```
def __init__(self, output_writer=None):
    self._writer = output_writer or FileWriter()
    ...

def log(self, message):
    self._writer.write(message)
```

新程式利用多型特性，完全消除了原來的條件判斷語句。另外你會發現，新程式的擴展性也遠比舊程式好。

假設你想增加一種新的輸出型態。在舊程式中，你需要分別修改 FancyLogger 類別的 log()、pre_process() 等多個方法，在裡面增加新的形態判斷邏輯。而在新程式中，你只要增加一個新的 Writer 類別即可，多型會幫你搞定剩下的事情。

當你深入思考多型時，會發現它是一種思維的槓桿，是一種「以少勝多」的過程。

比起把所有的分支和可能性，一鼓作氣地塞進程式設計師的腦子裡，多型驅使我們更積極地尋找有效的抽象，以此隔離各個模組，讓它們之間透過規範的介面來通信。模組因此變得更容易擴展，程式也變得更好理解了。

找到使用多型的時機

當你發現自己的程式出現以下特徵時：

❏ 有許多 if/else 判斷，並且這些判斷語句的條件都非常類似。
❏ 有許多針對型別的 isinstance() 判斷邏輯。

你應該問自己一個問題：程式是不是缺少了某種抽象？如果增加這個抽象，這些分佈在各處的條件分支，是不是可以用多型來表現？如果答案是肯定的，那就去找到那個抽象吧！

9.3.3 有序組織你的類別方法

在寫類別時，有一個常被忽略的細節：類別方法的組織順序。這個細節很小，並不影響程式的正確性，和程式的執行效率也沒有任何關係。但如果你在寫程式時忽視了它，就會讓整個類別變得十分難懂。

舉個例子，下面這個類別的方法組織順序就很糟糕：

```python
class UserServiceClient:
    """ 請求使用者服務的 Client 套件 """

    def __init__(self, service_host, user_token): ...

    def __str__(self):
        return f'UserServiceClient: {self.service_host}'

    def get_user_profile(self, user_id):
        """ 取得使用者資料 """

    def request(self, params, headers, response_type):
        """ 發送請求 """

    @staticmethod
    def _parse_username(username):
        """ 解析使用者名稱 """

    def _filter_posts(self, posts):
        """ 過濾無效的使用者文章 """

    def get_user_posts(self, user_id):
        """ 取得使用者所有文章 """

    @classmethod
    def initialize_from_request(self, request):
        """ 從當前請求初始化一個 UserServiceClient 物件 """
```

當從上而下閱讀 UserServiceClient 類別時，你的思維會不斷地來回跳躍，很難弄明白它所提供的主要介面究竟是什麼。

在組織類別方法時，我們應該關注使用者的訴求，把他們最想知道的內容放在前面，把他們不那麼關心的內容放在後面。下面是一些關於組織方法順序的建議。

作為慣例，__init__ 產生實體方法應該總是放在類別的最前面，__new__ 方法同理。

公有方法應該放在類別的前面，因為它們是其他模組呼叫類別的入口，是類別的門面，也是所有人最關心的內容。以 _ 開頭的私有方法，大部分是類別自身的實現細節，應該放在靠後的位置。

至於類別方法、靜態方法和屬性物件，你不必將它們區分對待，直接參考公有/私有的思路即可。例如，大部分類別方法是公有的，所有它們通常會比較靠前。而靜態方法常常是內部使用的私有方法，所以常放在靠後的位置。

以 __ 開頭的魔法方法比較特殊，我通常會按照方法的重要程度來決定它們的位置。例如一個迭代器類別的 __iter__ 方法應該放在非常靠前的位置，因為它是構成類別介面的重要方法。

最後一點，當你從上往下閱讀類別時，所有方法的抽象級別應該是不斷降低的，就好像閱讀一篇新聞一樣，第一段是新聞的概要，之後才會描述細節。

基於上面這些原則，我重新組織了 UserServiceClient 類別：

```python
class UserServiceClient:
    """ 請求使用者服務的 Client 套件 """

    def __init__(self, service_host, user_token): ...

    @classmethod
    def initialize_from_request(self, request):  ❶
        """ 從目前請求初始化一個 UserServiceClient 物件 """

    def get_user_profile(self, user_id):
        """ 取得使用者資料 """

    def get_user_posts(self, user_id):
        """ 取得使用者所有文章 """

    def request(self, params, headers, response_type):  ❷
        """ 發送請求 """

    def _filter_posts(self, posts):  ❸
        """ 過濾無效的使用者文章 """

    @staticmethod
    def _parse_username(username):
        """ 解析使用者名 """

    def __str__(self):  ❹
        return f'UserServiceClient: {self.service_host}'
```

❶ initialize_from_request 是類別對外提供的 API，所以放在靠前的位置
❷ request 方法比其他兩個公開方法的抽象級別要低，所以放在它們後面
❸ 私有方法靠後放置
❹ __str__ 魔法方法對於當前類別來說不是很重要，可以放在靠後的位置

如何組織類別方法，其實是件很主觀的事情，你完全可以不理會我說的這套原則，而使用自己的方式。但是，無論你選擇哪種原則來組織類別方法，請一定保證該原則應用到了所有類別上，不然程式看上去會很不統一，非常奇怪。

9.3.4 搭配函式，輕鬆又好用

和那些嚴格的物件導向語言不同，在 Python 中，「物件導向」不必特別純粹，你不必嚴格套用經典的 23 種設計模式，開口「抽象工廠」，閉口「命令模式」，只透過類別來實現所有功能。

在寫程式時，如果你在原有的物件導向程式上，撒上一點函式作為調味品，就會發生奇妙的化學反應。

例如在 8.1.5 節中，我們就試過用函式搭配裝飾器類別，來實現有參數裝飾器。

除此之外，用函式搭配物件導向程式還能實現許多其他功能。

1. 用函式降低 API 使用成本

在 Python 社區中，有一個非常著名的第三方 HTTP 工具包：requests，它簡單易用、功能強大，是開發者最愛的工具之一。requests 成功的原因有很多，但我認為其中最重要的一個，就是它提供了一套非常簡潔易用的 API。

使用 requests 請求某個網址，只要寫兩行程式即可：

```python
import requests

r = requests.get('https://example.com', auth=('user', 'pass'))
```

顯而易見，這套讓 requests 引以為傲的簡潔 API 是基於函式來實現的。在 requests 原始碼的 __init__ 模組中，定義了許多常用的 API 函式，例如 get()、post()、request() 等。

但重點在於，雖然這些 API 都是普通函式，但 requests 內部完全是基於物件導向思維編寫的。以 requests.request() 函式來說，它的內部實現其實是這樣的：

```python
# 來自 requests.api 套件
from request import sessions

def request(method, url, **kwargs):
    with sessions.Session() as session:  ❶
        return session.request(method=method, url=url, **kwargs)
```

❶ 產生實體一個 Session 上下文物件，完成請求

假設 requests 原始碼的作者刪掉這個函式，讓使用者直接使用 sessions.
Session() 物件，可不可以？當然可以。但在使用者看來，顯然呼叫函式比產
生實體 Session() 物件要討喜得多。

在 Python 中，像上面這種用函式搭配物件導向的程式非常多見，它有點像設計
模式中的**面板模式**（facade pattern）。在該模式中，函式作為一種簡化 API 的工
具，封裝了複雜的物件導向功能，大大降低了使用成本。

2. 實現「預綁定方法模式」

假設你在開發一個程式，它的所有配置項目都儲存在一個特定檔案中。在專案
啟動時，程式需要從設定檔中讀取所有配置項目，然後將其載入進記憶體供其
他套件使用。

由於程式執行時只需要一個全域的配置物件，因此你覺得這個場景非常適合使
用經典設計模式：**單例模式**（singleton pattern）。

下面的程式就應用了單例模式的配置類別 AppConfig：

```python
class AppConfig:
    """ 程式配置類別，使用單例模式 """

    _instance = None

    def __new__(cls):
        if cls._instance is None:
            inst = super().__new__(cls)
            # 省略：從外部設定檔讀取配置
            ...
            cls._instance = inst
        return cls._instance

    def get_database(self):
        """ 讀取資料庫配置 """
        ...

    def reload(self):
        """ 重新讀取設定檔，刷新配置 """
        ...
```

在 Python 中，實現單例模式的方式有很多，而上面這種最為常見，它透過重
寫類別的 __new__ 方法來接管實例建立行為。當 __new__ 方法被重寫後，

類別的每次產生實體回傳的不再是新實例，而是同一個已經初始化的舊實例 `cls._instance`：

```
>>> c1 = AppConfig()
>>> c2 = AppConfig()
>>> c1 is c2 ❶
True
```

❶ 測試單例模式，呼叫 `AppConfig()` 總是會產生同一個物件

基於上面的設計，如果其他人想讀取資料庫配置，程式需要這樣寫：

```
from project.config import AppConfig

db_conf = AppConfig().get_database()
# 重新載入配置
AppConfig().reload()
```

雖然在處理這種全域配置物件時，單例模式是一種行之有效的解決方案，但在 Python 中，其實有一種更簡單的做法 —— 預綁定方法模式。

預綁定方法模式（prebound method pattern）是一種將物件方法綁定為函式的模式。要實現該模式，第一步就是完全刪掉 AppConfig 裡的單例設計模式。因為在 Python 裡，實現單例根本不用這麼麻煩，我們有一個隨手可得的單例物件 —— **模組**（module）。

當你在 Python 中執行 import 語句導入模組時，無論 import 執行了多少次，每個被導入的模組在記憶體中只會存在一份（儲存在 `sys.modules` 中）。因此，要實現單例模式，只需在模組裡建立一個全域物件即可：

```
class AppConfig:
    """ 程式配置類別，使用單例模式 """

    def __init__(self): ❶
        # 省略：從外部設定檔讀取配置
        ...

_config = AppConfig() ❷
```

❶ 完全刪掉單例模式的相關程式，只實現 `__init__` 方法

❷ `_config` 就是我們的「單例 AppConfig 物件」，它以底線開頭命名，表明自己是一個私有全域變數，以免其他人直接操作

下一步，為了給其他模組提供好用的 API，我們需要將單例物件 _config 的公有方法綁定到 config 模組上：

```
# file: project/config.py
_config = Config()

get_database_conf = _config.get_database
reload_config = _config.reload
```

之後，其他模組就可以像呼叫普通函式一樣操作應用配置物件了：

```
from project.config import get_databse_conf

db_conf = get_databse_conf()
reload_config()
```

透過「預綁定方法模式」，我們既避免了複雜的單例設計模式，又有了更易使用的函式 API，可謂一舉兩得。

9.4　總結

在本章中，我們學習了許多與物件導向程式設計有關的知識。

Python 是一門物件導向的程式設計語言，它為物件導向程式設計提供了非常全面的支援。但和其他程式設計語言相比，Python 中的物件導向有許多細微區別。例如，Python 並沒有嚴格的私有成員，大多數時候，我們只要給變數加上底線 _ 首碼，意思意思就夠了。

和許多靜態型態語言不同，在 Python 中，我們遵循「鴨子型態」程式設計風格，極少對變數進行嚴格的型態檢查。「鴨子型態」是一種非常實用的程式設計風格，但也有缺乏標準、過於隱蔽的缺點。為了部分彌補這些缺點，我們可以用抽象類別來實現更靈活的子類別化檢查。

在建立類別時，你除了可以定義普通方法外，還可以透過 @classmethod、@property 等裝飾器定義許多特殊物件，這些物件在各自的適宜場景下可以發揮重要作用。

在 Python 中，一個類別可以同時繼承多個基底類別，Mixin 模式正是相依這種技術實現的。但多重繼承非常複雜、容易搞砸，使用時請務必當心。

本章講述了一個和繼承有關的案例故事。雖然繼承是物件導向的基本特徵之一，但它也很容易被誤用。你應該學會判斷何時該使用繼承，何時該用組合代替繼承。

在下一章裡，我們會透過一些實際案例，繼續深入探索一些經典的物件導向設計原則。

以下是本章要點知識總結。

（1）語言基礎知識

❑ 類別與實例的資料，都儲存在一個名為 __dict__ 的字典屬性中。

❑ 靈活利用 __dict__ 屬性，能幫你做到常規做法難以完成的一些事情。

❑ 使用 @classmethod 可以定義類別方法，類方法常用作工廠方法。

❑ 使用 @staticmethod 可以定義靜態方法，靜態方法不相依實例狀態，是一種無狀態方法。

❑ 使用 @property 可以定義動態屬性物件，該屬性物件的取得、設定和刪除行為都支援自訂。

（2）物件導向高級特性

❑ Python 使用 MRO 演算法來確定多重繼承時的方法優先順序。

❑ super() 函式取得的並不是當前類的父類別，而是當前 MRO 鏈條裡的下一個類別。

❑ Mixin 是一種基於多重繼承的有效程式設計模式，用好 Mixin 需要精心的設計。

❑ 元類別的功能相當強大，但同時也相當複雜，除非開發一些框架類工具，否則你極少需要使用元類別。

❑ 元類別有許多更簡單的替代品，例如類別裝飾器、子類別化掛鈎方法等。

❑ 透過定義 __init_subclass__ 掛鈎方法，你可以在某個類別被繼承時執行自訂邏輯。

（3）鴨子型態與抽象類別

❑ 「鴨子型態」是 Python 語言最為鮮明的特點之一，在該風格下，一般不做任何嚴格的型態檢查。

❑ 雖然「鴨子型態」非常實用，但是它有兩個明顯的缺點 —— 缺乏標準和過於隱蔽。

❑ 抽象類別提供了一種更靈活的子類別化機制，我們可以透過定義抽象類別來改變 isinstance() 的行為。

❑ 透過 @abstractmethod 裝飾器，你可以要求抽象類別的子類別必須實現某個方法。

（4）物件導向設計

❑ 繼承提供了相當強大的程式複用機制，但同時也帶來了非常緊密的耦合關係。

❑ 錯誤使用繼承容易導致程式失控。

❑ 對事物的行為而不是事物本身建模，更容易孵化出好的物件導向設計。

❑ 在建立繼承關係時應當謹慎。用組合來替代繼承有時是更好的做法。

（5）函式與物件導向的配合

❑ Python 裡的物件導向不必特別純粹，假設用函式打一起配合，你可以設計出更好的程式。

❑ 可以像 requests 模組一樣，用函式為自己的物件導向模組實現一些更易用的 API。

❑ 在 Python 中，我們極少會應用真正的「單例模式」，大多數情況下，一個簡單的模組層級全域物件就夠了。

❑ 使用「預綁定方法模式」，你可以快速為普通實例包裝出類似普通函式的 API。

（6）程式編寫細節

❑ Python 的成員私有協議並不嚴格，如果你想標示某個屬性為私有，使用單底線首碼就夠了。

❑ 寫類別時，類別方法排序應該遵循某種特殊規則，把讀者最關心的內容擺在最前面。

❑ 多型是物件導向程式設計裡的基本概念，同時也是最強大的思維工具之一。

❑ 多型可能的介入時機：許多類似的條件分支判斷、許多針對型態的 isinstance() 判斷。

10

物件導向設計原則（上）

物件導向作為一種流行的程式設計模式，功能強大，但同時也很難掌握。一位物件導向的初學者，從能寫一些簡單的類別，到能獨自完成優秀的物件導向設計，往往要花費數月乃至數年的時間。

為了讓物件導向程式設計變得更容易，許多前輩將自己的寶貴經驗整理成了圖書等資料。其中最有名的一本，當屬 1994 年出版的《設計模式：可複用物件導向軟體的基礎》。

在《設計模式》一書中，4 位作者從各自的經驗出發，總結了 23 種經典設計模式，涵蓋物件導向程式設計的各個環節，例如物件建立、行為包裝等，具有極高的參考價值和實用性。

但奇怪的是，雖然這 23 種設計模式非常經典，我們卻很少聽到 Python 開發者討論它們，也很少在專案程式裡見到它們的身影。為什麼會這樣呢？這和 Python 語言的動態特性有關。

《設計模式》中的大部分設計模式是作者用靜態程式設計語言，在一個有著諸多限制的物件導向環境裡創造出來的。而 Python 是一門動態到骨子裡的程式設計語言，它有著一等函式物件、「鴨子型態」、可自訂的資料模型等各種靈活特性。因此，我們極少會用 Python 來一比一還原經典設計模式，而幾乎總是會為每種設計模式找到更適合 Python 的表現形式。

例如，9.3.4 節就有一個與「單例模式」有關的例子。在範例程式裡，我先是用 __new__ 方法實現了經典的單例設計模式。但隨後，一個模組層級全域物件用更少的程式滿足了同樣的需求。

```
# 1：單例模式

class AppConfig:

    _instance = None
```

```
    def __new__(cls):
        if cls._instance is None:
            inst = super().__new__(cls)
            cls._instance = inst
        return cls._instance

# 2：全域物件

class AppConfig:
    ...

_config = AppConfig()
```

既然 Python 裡的設計模式無法像在其他程式設計語言裡一樣帶給我們太多實用價值，那我們還能如何學習物件導向設計？當我們寫物件導向程式時，怎樣判斷不同方案的優劣？怎樣做出更好的設計？

SOLID 設計原則可以回答上面的問題。

在物件導向領域，除了 23 種經典的設計模式外，還有許多經典的設計原則。同具體的設計模式相比，原則通常更抽象、適用性更廣，更適合融入 Python 程式設計中。而在所有的設計原則中，SOLID 最為有名。

SOLID 原則的雛形來自 Robert C. Martin（Bob 大叔）於 2000 年發表的一篇文章[1]，其中他創造與整理了多條物件導向設計原則。在隨後出版的《敏捷軟體發展：原則、模式與實踐》一書中，Bob 大叔提取了這些原則的首字母，組成了單詞 SOLID 來幫助記憶。

SOLID 單詞裡的 5 個字母，分別代表 5 條設計原則。

❑ S：single responsibility principle（單一職責原則，SRP）。

❑ O：open-closed principle（開放 – 關閉原則，OCP）。

❑ L：Liskov substitution principle（里式替換原則，LSP）。

❑ I：interface segregation principle（介面隔離原則，ISP）。

❑ D：dependency inversion principle（相依倒置原則，DIP）。

在寫物件導向程式時，遵循這些設計原則可以幫你避開常見的設計陷阱，以便寫出簡易擴展的好程式。反之，如果你的程式違反了其中某幾條原則，那麼你的設計可能有相當大的改進空間。

1　參見「Design Principles and Design Patterns」。

接下來，我們將學習這 5 條設計原則的具體內容，並透過一些真實案例將原則應用到 Python 程式中。

鑑於 SOLID 原則內容較多，我將其拆分成了兩章。在本章中，我們將學習這 5 條原則中的前兩條。

❑　SRP：單一職責原則。

❑　OCP：開放 – 關閉原則。

我們開始吧！

10.1　型態註解基礎

為了讓程式更具說明性，更好地描述這些原則的特點，本章及下一章的所有程式將會使用 Python 的型態註解特性。

在第 1 章中，我簡單介紹過 Python 的**型態提示**（type hint）功能。簡而言之，型態註解是一種給函式參數、回傳值以及任何變數增加型態描述的技術，規範的註解可以大大提升程式可讀性。

舉個例子，下面的程式沒有任何型態註解：

```python
class Duck:
    """ 鴨子類別

    :param color: 鴨子顏色
    """

    def __init__(self, color):
        self.color = color

    def quack(self):
        print(f"Hi, I'm a {self.color} duck!")


def create_random_ducks(number):
    """ 建立一批隨機顏色的鴨子

    :param number: 需要建立的鴨子數量
    """
    ducks = []
    for _ in number:
        color = random.choice(['yellow', 'white', 'gray'])
        ducks.append(Duck(color=color))
    return ducks
```

下面是添加了型態註解後的程式：

```
from typing import List


class Duck:
    def __init__(self, color: str):  ❶
        self.color = color

    def quack(self) -> None:  ❷
        print(f"Hi, I'm a {self.color} duck!")


def create_random_ducks(number: int) -> List[Duck]:  ❸
    ducks: List[Duck] = []  ❹
    for _ in number:
        color = random.choice(['yellow', 'white', 'gray'])  ❺
        ducks.append(Duck(color=color))
    return ducks
```

❶ 給函式參數加上型態註解

❷ 透過 -> 給回傳值加上型態註解

❸ 你可以用 typing 模組的特殊物件 List 來標註串列成員的具體型態，注意，這裡用的是 [] 符號，而不是 ()

❹ 宣告變數時，也可以為其加上型態註解

❺ 型態註解是可選的，非常自由，例如這裡的 color 變數就沒加型態註解

typing 是型態註解用到的主要模組，除了 List 以外，該模組內還有許多與型態有關的特殊物件，舉例如下。

❑ Dict：字典型態，例如 Dict[str, int] 代表鍵為字串，值為整數的字典。

❑ Callable：可呼叫物件，例如 Callable[[str, str], List[str]] 表示接收兩個字串作為參數，回傳字串清單的可呼叫物件。

❑ TextIO：使用文本協定的類別檔案型態，相對地，還有二進位型態 BinaryIO。

❑ Any：代表任何型態。

預設情況下，你可以把 Python 裡的型態註解當成一種用於提升程式可讀性的特殊註解，因為它就像註解一樣，只提升程式的說明性，不會對程式的執行過程產生任何實際影響。

但是，如果加入靜態型態檢查工具，型態註解就不再僅僅是註解了。它在提升可讀性之餘，還能對程式正確性產生正面的影響。在 13.1.5 節中，我會介紹如何用 mypy 來做到這一點。

對型態註解的簡介就到這裡，如果你想瞭解更多內容，可以查看 Python 官方文件的「型態註解」部分，裡面的內容相當詳細。

10.2 SRP：單一職責原則

本章將透過一個具體案例來說明 SOLID 原則的前兩條：SRP 和 OCP。

10.2.1 案例：一個簡單的 Hacker News 爬蟲

Hacker News 是一個知名的國外科技類資訊網站，在工程師圈子內很受歡迎。在 Hacker News 首頁，你可以閱讀目前熱門的文章，參與討論。同時，你也可以向首頁提交新的文章連結，系統會根據評分演算法對文章進行排序，最受關注的熱門文章會排在最前面。Hacker News 首頁如圖 10-1 所示。

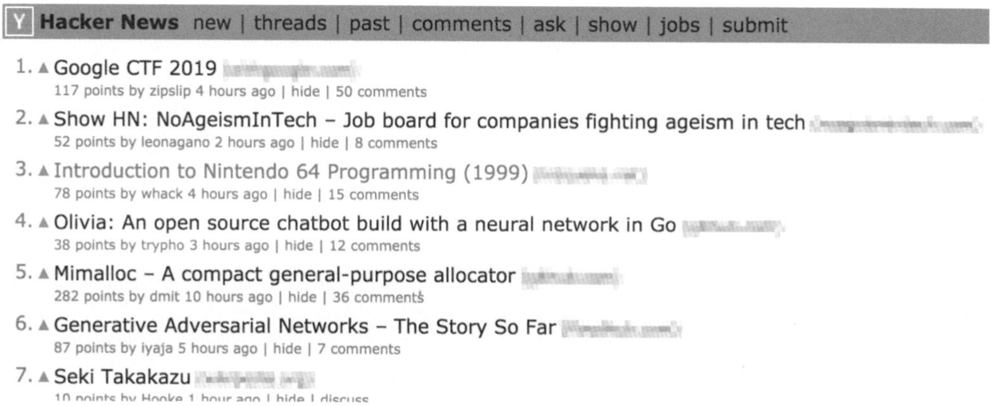

▲ 圖 10-1　Hacker News 首頁截圖

我平時就愛逛 Hacker News 的，常會去上面找一些熱門文章看。但每次都需要打開瀏覽器，在我的最愛找到網站書籤，步驟比較繁瑣 —— 工程師，都「懶」！

為了讓瀏覽 Hacker News 變得更方便，我想寫個程式，它能自動取得 Hacker News 首頁最熱門的條目標題和連結，把它們儲存到一般檔案裡。這樣我就能直接在命令列裡瀏覽熱門文章了，豈不美哉？

作為 Python 工程師，寫個小腳本自然不在話下。利用 requests、lxml 等模組提供的強大功能，不到半小時，我就把程式寫好了，如程式清單 10-1 所示。

程式清單 10-1 Hacker News 新聞抓取腳本 news_digester.py

```python
import io
import sys
from typing import Iterable, TextIO

import requests
from lxml import etree


class Post:
    """ Hacker News 上的條目

    :param title: 標題
    :param link: 連結
    :param points: 當前分數
    :param comments_cnt: 留言數
    """

    def __init__(self, title: str, link: str, points: str, comments_cnt: str):
        self.title = title
        self.link = link
        self.points = int(points)
        self.comments_cnt = int(comments_cnt)


class HNTopPostsSpider:
    """ 抓取 Hacker News Top 內容條目

    :param fp: 儲存抓取結果的目的檔案對象
    :param limit: 限制條目數，預設為 5
    """

    items_url = 'https://news.ycombinator.com/'
    file_title = 'Top news on HN'

    def __init__(self, fp: TextIO, limit: int = 5):
        self.fp = fp
        self.limit = limit

    def write_to_file(self):
        """ 以純文字格式將 Hacker News Top 內容寫入檔案 """
        self.fp.write(f'# {self.file_title}\n\n')
        for i, post in enumerate(self.fetch(), 1):  # ❶
            self.fp.write(f'> TOP {i}: {post.title}\n')
            self.fp.write(f'> 分數：{post.points} 留言數：{post.comments_cnt}\n')
            self.fp.write(f'> 連結：{post.link}\n')
            self.fp.write('------\n')
```

```python
    def fetch(self) -> Iterable[Post]:
        """ 從 Hacker News 抓取 Top 內容

        :return: 可迭代的 Post 對象
        """
        resp = requests.get(self.items_url)

        # 使用 XPath 可以方便地從頁面解析出需要的內容，以下均為頁面解析程式
        # 如果你對 XPath 不熟悉，可以忽略這些程式碼，直接跳到 yield Post() 部分
        html = etree.HTML(resp.text)
        items = html.xpath('//table[@class="itemlist"]/tr[@class="athing"]')
        for item in items[: self.limit]:
            node_title = item.xpath('./td[@class="title"]/a')[0]
            node_detail = item.getnext()
            points_text = node_detail.xpath('.//span[@class="score"]/text()')
            comments_text = node_detail.xpath('.//td/a[last()]/text()')[0]

            yield Post(
                title=node_title.text,
                link=node_title.get('href'),
                # 條目可能會沒有評分
                points=points_text[0].split()[0] if points_text else '0',
                comments_cnt=comments_text.split()[0],
            )


def main():
    # with open('/tmp/hn_top5.txt') as fp:
    #     crawler = HNTopPostsSpider(fp)
    #     crawler.write_to_file()

    # 因為 HNTopPostsSpider 接收任何 file-like 物件，所以我們可以把 sys.stdout 傳進去
    # 實現在控制台輸出的功能
    crawler = HNTopPostsSpider(sys.stdout)
    crawler.write_to_file()


if __name__ == '__main__':
    main()
```

❶ enumerate() 接收第二個參數，表示從這個數開始計數（預設為 0）

執行這個腳本，我就能在命令列裡看到 Hacker News 網站上的 Top 5 條目：

```
$ python news_digester.py
# Top news on HN
```

```
> TOP 1: The auction that set off the race for AI supremacy
> 分數：72 留言數：10
> 連結：https://www.wired.com/story/secret-auction-race-ai-supremacy-google-microsoft-baidu/
------
> TOP 2: Introducing the Wikimedia Enterprise API
> 分數：47 留言數：12
> 連結：https://diff.wikimedia.org/2021/03/16/introducing-the-wikimedia-enterprise-api/
------
...
```

顯然，上面的程式是物件導向風格。這是因為在程式裡定義了如下兩個類別。

（1）Post：代表一個 Hacker News 內容條目，包含標題、連結等欄位，是一個典型的「資料類別」，主要用來銜接程式的「資料抓取」與「檔案寫入」行為。

（2）HNTopPostsSpider：抓取 Hacker News 內容的爬蟲類別，包含抓取頁面、解析、寫入結果等行為，是完成主要工作的類別。

雖然這個腳本遵循物件導向風格（也就是定義了幾個類別而已），可以滿足我的需求，但從設計的角度看，它違反了 SOLID 原則中的第一條：SRP，我們來看看這是為什麼。

SRP 認為：一個類別應該只有一個被修改的理由。換句話說，每個類別都應該只承擔一種職責。

要知道 SRP，最重要的是理解原則裡所說的「修改的理由」代表什麼。顯而易見，程式本身是沒有生命的，修改的理由不會來自程式自己。你的程式不會突然跳起來說「我覺得我執行起來有點慢，需要優化一下」這種話。

所有修改程式的理由，都來自與程式相關的人，人是導致程式被修改的「罪魁禍首」。

舉個例子，在上面的爬蟲腳本裡，你可以輕易找到兩個需要修改 HNTopPostsSpider 類別的理由。

❏ 理由 1：Hacker News 網站的程式設計師突然更新了頁面樣式，舊 XPath 解析演算法無法正常解析新頁面，因此需要修改 fetch() 方法裡的解析邏輯。

❏ 理由 2：程式的使用者（也就是我）覺得純文字格式不好看，想要改成 Markdown 樣式，因此需要修改 write_to_file() 方法裡的輸出邏輯。

從這兩個理由看來，HNTopPostsSpider 明顯違反了 SRP，它同時承擔了「抓取文章串列」和「將文章串列寫入檔案」兩種職責。

10.2.2　違反 SRP 的壞處

假設某個類別違反了 SRP，我們就會常常出於某種原因去修改它，而這很可能會導致不同功能之間互相影響。例如，某天我為了配合 Hacker News 網站的新樣式，調整了頁面的解析邏輯，卻發現輸出的檔案內容全被破壞了。

另外，單個類別承擔的職責越多，就意味著這個類別越複雜，越難維護。在物件導向領域，有一種「臭名昭著」的類別：God Class，專指那些包含了太多職責、程式特別多、什麼事情都能做的類別。God Class 是所有程式設計師的惡夢，每個理智尚存的程式設計師在碰到 God Class 後，第一個想法總是逃跑，逃得越遠越好。

最後，違反 SRP 的類別也很難複用。假設我現在要寫另一個和 Hacker News 有關的腳本，需要複用到 HNTopPostsSpider 類別的抓取和解析邏輯，會發現這件事根本做不到，因為我必須提供一個莫名其妙的檔案物件給 HNTopPostsSpider 類別才行。

違反 SRP 的壞處說了一大堆，那麼，究竟怎麼修改腳本才能讓它符合 SRP 呢？方法有很多，其中最傳統的就是把大類別拆分為小類別。

10.2.3　大類別拆小類別

為了讓 HNTopPostsSpider 類別的職責變得更純粹，我把其中與「寫入檔案」相關的內容拆了出去，形成了一個新的類別 PostsWriter，如下所示：

```python
class PostsWriter:
    """ 負責將文章串列寫入文件中 """

    def __init__(self, fp: io.TextIOBase, title: str):
        self.fp = fp
        self.title = title

    def write(self, posts: List[Post]):
        self.fp.write(f'# {self.title}\n\n')
        for i, post in enumerate(posts, 1):
            self.fp.write(f'> TOP {i}: {post.title}\n')
            self.fp.write(f'> 分數：{post.points} 留言數：{post.comments_cnt}\n')
            self.fp.write(f'> 連結：{post.link}\n')
            self.fp.write('------\n')
```

然後，對於 HNTopPostsSpider 類別，我直接刪掉 write_to_file() 方法，讓它只保留 fetch() 方法：

```python
class HNTopPostsSpider:
    """ 抓取 Hacker News Top 內容條目 """

    def __init__(self, limit: int = 5):
        ...

    def fetch(self) -> Iterable[Post]:
        ...
```

這樣修改以後，HNTopPostsSpider 和 PostsWriter 類別都符合了 SRP。只有當解析邏輯變化時，我才會修改 HNTopPostsSpider 類別。同樣，修改 PostsWriter 類別的理由也只有調整輸出格式一種。

這兩個類別各自的修改可以單獨進行而不會相互影響。

最後，由於現在兩個類別各自只負責一件事，需要一個新角色把它們的工作串聯起來，因此我實現了一個新的函式 get_hn_top_posts()：

```python
def get_hn_top_posts(fp: Optional[TextIO] = None):
    """ 取得 Hacker News Top 內容，並將其寫入檔案中

    :param fp: 需要寫入的檔案，如未提供，將向標準輸出
    """
    dest_fp = fp or sys.stdout
    crawler = HNTopPostsSpider()
    writer = PostsWriter(dest_fp, title='Top news on HN')
    writer.write(list(crawler.fetch()))
```

新函式透過組合 HNTopPostsSpider 與 PostsWriter 類別，完成了主要工作。

函式同樣可以做到「單一職責」

單一職責是物件導向領域的設計原則，通常用來形容類別。而在 Python 中，單一職責的適用範圍不限於類別 —— 透過定義函式，我們同樣能讓上面的程式符合單一職責原則。

在下面的程式裡，「寫入檔案」的邏輯就被拆分成了一個函式，它專門負責將文章串列寫入檔案裡：

```python
def write_posts_to_file(posts: List[Post], fp: TextIO, title: str):
    """ 負責將文章串列寫入文件 """
    fp.write(f'# {title}\n\n')
    for i, post in enumerate(posts, 1):
```

```
            fp.write(f'> TOP {i}: {post.title}\n')
            fp.write(f'> 分數：{post.points} 留言數：{post.comments_cnt}\n')
            fp.write(f'> 連結：{post.link}\n')
            fp.write('------\n')
```

這個函式只做一件事，同樣符合 SRP。

將某個職責拆分為新函式是一個具有 Python 特色的解決方案。它雖然沒有那麼「物件導向」，卻非常實用，甚至在許多情況下比寫類別更簡單、更高效。

10.3　OCP：開放－關閉原則

SOLID 原則的第二條是 OCP（開放－關閉原則）。該原則認為：**類別應該對擴展開放，對修改封閉**。換句話說，你可以在不修改某個類別的前提下，擴展它的行為。

這是一個看上去自相矛盾、讓人一頭霧水的設計原則。不修改程式的話，怎麼改變行為呢？難道用超能力嗎？

其實 OCP 沒你想得那麼神秘，你身邊就有一個符合 OCP 的例子：內建排序函式 sorted()。這是一個對可迭代物件進行排序的內建函式，它的使用方法如下：

```
>>> l = [5, 3, 2, 4, 1]
>>> sorted(l)
[1, 2, 3, 4, 5]
```

預設情況下，sorted() 的排序方式是遞增的，小的在前，大的在後。

現在，假設我想改變 sorted() 的排序邏輯，例如，讓它使用所有元素對 3 取餘數後的結果排序。我是不是要去修改 sorted() 函式的原始碼呢？當然不用，我只要在呼叫函式時，傳入自訂的 key 參數就行了：

```
>>> l = [8, 1, 9]
>>> sorted(l, key=lambda i: i % 3) ❶
[9, 1, 8]
```

❶ 按照元素對 3 取餘數的結果排序，能被 3 整除的 9 排在了最前面，隨後是 1 和 8

透過上面的例子可以發現，sorted() 函式是一個符合 OCP 的絕佳例子，原因如下。

❑ 對擴展開放：可以透過傳入自訂 key 參數來擴展它的行為。

❑ 對修改關閉：無須修改 sort() 函式本身 [2]。

接下來，回到我的 Hacker News 爬蟲腳本，看看 OCP 會對它產生什麼影響。

10.3.1　接受 OCP 的考驗

距上次用「單一職責」改造完 Hacker News 爬蟲腳本已經過去了三天。期間我發現雖然腳本可以快速抓取內容，用起來很方便，但在多數情況下，抓取的內容不是我想看的。

當前版本的腳本會不分來源地把熱門條目都抓取回來，但其實我只對那些來自特定網站（例如 GitHub）的內容感興趣。

因此，我需要對腳本做一點更動 —— 修改 HNTopPostsSpider 類別的程式來對結果進行過濾。

很快，程式就修改完畢了：

```python
from urllib import parse


class HNTopPostsSpider:
    ...

    def fetch(self) -> Iterable[Post]:
        """ 從 Hacker News 抓取 Top 內容 """
        # ...
        counter = 0
        for item in items:
            if counter >= self.limit:
                break
            # ...
            link = node_title.get('href')

            # 只關注來自 GitHub 的內容
            parsed_link = parse.urlparse(link)  ❶
            if parsed_link.netloc == 'github.com':
                counter += 1
                yield Post(...)
```

2　即使你想修改也做不到，因為它是編譯在 Python 裡的內建函式。

❶ 呼叫 `urlparse()` 會回傳某個 URL 位址的解析結果 ── 一個 `ParsedResult` 物件，該結果物件包含多個屬性，其中 `netloc` 代表主機位址（功能變數名稱）

接下來，簡單測試一下修改後的結果：

```
$ python news_digester_O_before.py
# Top news on HN

> TOP 1: Mimalloc - A compact general-purpose allocator
> 分數：291 留言數：40
> 地址：https://github.com/microsoft/mimalloc
------
...
```

看起來，新寫的過濾程式起了作用，現在只有在內容條目來自 GitHub 網站時，才會寫入結果中。

不過，正如古希臘哲學家赫拉克利特所言：這世間唯一不變的，只有變化本身。沒過幾天，我的興趣就發生了變化，我突然覺得，除了 GitHub 以外，來自 Bloomberg[3] 的內容也很有意思。因此，我需要為腳本的篩選邏輯加一個新功能變數名稱：bloomberg.com。

這時我發現，為了增加 bloomberg.com，我必須修改現有的 `HNTopPostsSpider` 類別程式，調整那行 `if parsed_link.netloc == 'github.com'` 判斷語句，才能達到目的。

還記得 OCP 說的什麼嗎？「類別應該對擴展開放，對修改關閉」。按照這個定義，現在的程式明顯違反了 OCP，因為我必須修改類別程式，才能調整功能變數名稱過濾條件。

那麼，怎樣才能讓類別符合 OCP，達到不改程式就能調整行為的狀態呢？第一個辦法是使用繼承。

10.3.2　透過繼承改造程式碼

繼承是物件導向程式設計裡的一個重要概念，它提供了強大的程式複用能力。

繼承與 OCP 之間有著重要的聯繫。繼承允許我們用一種新增子類別而不是修改原有類別的方式來擴展程式的行為，這剛好符合 OCP。而要做到有效地擴展，

3　一個英文財經資訊網站。

關鍵點在於先找到父類別中不穩定、會變動的內容。只有將這部分變化封裝成方法（或屬性），子類別才能透過繼承重寫這部分行為。

話題回到我的爬蟲腳本。在目前的需求情況下，HNTopPostsSpider 類別裡會變動的不穩定邏輯，其實就是「使用者對條目是否感興趣」部分（誰叫我每天都有不同想法呢）。

因此，我可以將這部分邏輯抽出來，提煉成一個新方法：

```python
class HNTopPostsSpider:
    ...

    def fetch(self) -> Iterable[Post]:
        # ...
        for item in items:
            # ...
            post = Post(...)
            # 使用測試方法來判斷是否回傳該文章
            if self.interested_in_post(post):
                counter += 1
                yield post

    def interested_in_post(self, post: Post) -> bool:
        """ 判斷是否應該將文章加入結果中 """
        return True
```

有了這樣的結構後，假設我只關心來自 GitHub 網站的文章，那麼只要定義一個繼承 HNTopPostsSpider 的子類別，然後重寫父類別的 interested_in_post() 方法即可：

```python
class GithubOnlyHNTopPostsSpider(HNTopPostsSpider):
    """ 只關心來自 GitHub 的內容 """

    def interested_in_post(self, post: Post) -> bool:
        parsed_link = parse.urlparse(post.link)
        return parsed_link.netloc == 'github.com'


def get_hn_top_posts(fp: Optional[TextIO] = None):
    # crawler = HNTopPostsSpider()
    # 使用新的子類別
    crawler = GithubOnlyHNTopPostsSpider()
    ...
```

假設某天我的興趣發生了變化，也沒關係，不用修改舊程式，只要增加新子類別就行：

```python
class GithubNBloomBergHNTopPostsSpider(HNTopPostsSpider):
    """ 只關注來自 GitHub/Bloomberg 的內容 """

    def interested_in_post(self, post: Post) -> bool:
        parsed_link = parse.urlparse(post.link)
        return parsed_link.netloc in ('github.com', 'bloomberg.com')
```

在這個框架下，只要需求變化和「使用者對條目是否感興趣」有關，我都不需要修改原本的 HNTopPostsSpider 父類別，而只要不斷地在其基礎上建立新的子類別即可。透過繼承，我最終實現了 OCP 所說的「對擴展開放，對改變關閉」，如圖 10-2 所示。

▲ 圖 10-2　透過繼承實現 OCP

10.3.3　使用組合與相依帶入

雖然繼承功能強大，但它並非通往 OCP 的唯一途徑。除了繼承外，我們還可以採用另一種思路：**組合**（composition）。更具體地說，使用基於組合的相依注入（dependency injection）技術。

與繼承不同，相依注入允許我們在建立物件時，將商務邏輯中易變的部分（常被稱為「演算法」）透過初始化參數注入物件裡，最終利用多型特性達到「不改程式來擴展類別」的結果。

如之前所分析的，在這個腳本裡，「條目過濾演算法」是商務邏輯裡的易變部分。要實現相依注入，我們需要先對過濾演算法建模。

首先定義一個名為 `PostFilter` 的抽象類別：

```python
from abc import ABC, abstractmethod

class PostFilter(ABC):
    """ 抽象類別：定義如何過濾文章結果 """

    @abstractmethod
    def validate(self, post: Post) -> bool:
        """ 判斷文章是否應該保留 """
```

隨後，為了實現腳本的原始邏輯：不過濾任何條目，我們建立一個繼承該抽象類別的預設演算法類別 `DefaultPostFilter`，它的過濾邏輯是保留所有結果。

要實現相依注入，`HNTopPostsSpider` 類別也需要做一些調整，它必須在初始化時接收一個名為 `post_filter` 的結果過濾器物件：

```python
class DefaultPostFilter(PostFilter):
    """ 保留所有文章 """

    def validate(self, post: Post) -> bool:
        return True


class HNTopPostsSpider:
    """ 抓取 Hacker News Top 內容條目

    :param limit: 限制條目數，預設為 5
    :param post_filter: 過濾結果條目的演算法，預設保留所有
    """

    items_url = 'https://news.ycombinator.com/'

    def __init__(self, limit: int = 5, post_filter: Optional[PostFilter] = None):
        self.limit = limit
        self.post_filter = post_filter or DefaultPostFilter()  ❶

    def fetch(self) -> Iterable[Post]:
        # ...
        counter = 0
        for item in items:
            # ...
            post = Post(...)
            # 使用測試方法來判斷是否回傳該文章
            if self.post_filter.validate(post):
                counter += 1
                yield post
```

❶ 因為 HNTopPostsSpider 類別所相依的過濾器是透過初始化參數注入的，所以
這個技術被稱為「相依注入」

如程式所示，當我不提供 post_filter 參數時，HNTopPostsSpider.fetch()
會保留所有結果，不進行任何過濾。假設需求發生了變化，需要修改當前的過
濾邏輯，那麼我只要建立一個新的 PostFilter 類別即可。

下面就是分別過濾 GitHub 與 Bloomberg 的兩個 PostFilter 類別：

```python
class GithubPostFilter(PostFilter):
    def validate(self, post: Post) -> bool:
        parsed_link = parse.urlparse(post.link)
        return parsed_link.netloc == 'github.com'


class GithubNBloomPostFilter(PostFilter):
    def validate(self, post: Post) -> bool:
        parsed_link = parse.urlparse(post.link)
        return parsed_link.netloc in ('github.com', 'bloomberg.com')
```

在建立 HNTopPostsSpider 物件時，我可以選擇傳入不同的過濾器物件，以滿
足不同的過濾需求：

```python
crawler = HNTopPostsSpider() ❶
crawler = HNTopPostsSpider(post_filter=GithubPostFilter()) ❷
crawler = HNTopPostsSpider(post_filter=GithubNBloomPostFilter()) ❸
```

❶ 不過濾任何內容
❷ 僅過濾 GitHub 網站
❸ 過濾 GitHub 與 Bloomberg 網站

類別之間的關係如圖 10-3 所示。

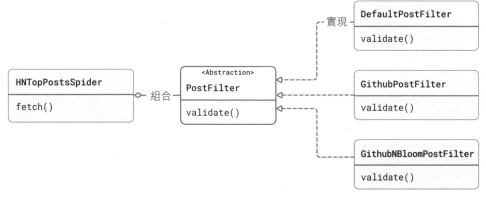

▲ 圖 10-3　透過相依注入實現 OCP

透過抽象與提煉過濾器演算法，並結合多型與相依注入技術，我同樣讓程式符合了 OCP。

抽象類別不是必需的

你應該發現了，我寫的過濾器演算法類別其實沒有共用抽象類別裡的任何程式，也沒有任何透過繼承來複用程式的需求。因此，我其實可以完全不定義 PostFilter 抽象類別，而直接寫後面的過濾器類別。

這樣做對於程式的執行結果不會有任何影響，因為 Python 是一門「鴨子型態」的程式設計語言，它在呼叫不同演算法類別的 .validate()（也就是「多型」）前，不會做任何型態檢查工作。

但是，如果少了 PostFilter 抽象類別，當寫 HNTopPostsSpider 類別的 __init__ 方式時，我就無法給 post_filter 增加型態註解了 —— post_filter: Optional[這裡寫什麼？]，因為我根本找不到一個具體的型態。

所以我必須寫一個抽象類別，以此滿足型態註解的需求。

這件事情告訴我們：型態註解會讓 Python 更接近靜態語言。啟用型態註解，你就必須去尋找那些能作為註解的實體型態。型態註解會強制我們把大腦裡的隱含「介面」和「協定」明確地表達出來。

10.3.4　使用資料驅動

在實現 OCP 的眾多手法中，除了繼承與相依注入外，還有另一種常用方式：資料驅動。它的核心思維是：將常常變動的部分以資料的方式抽離出來，當需求變化時，只改動資料，程式邏輯可以保持不動。

聽上去資料驅動和相依注入有點像，它們都是把變化的東西抽離到類別外部。二者的不同點在於：相依注入抽離的通常是類別，而資料驅動抽離的是純粹的資料。

下面我們在腳本中嘗試一下資料驅動方案。

改造成資料驅動的第一步是定義資料的格式。在這個需求中，變動的部分是「我感興趣的網站位址」，因此我可以簡單地用一個字串串列 filter_by_hosts: [List[str]] 來代指這個位址。

下面是修改過的 HNTopPostsSpider 類別程式：

```python
class HNTopPostsSpider:
    """ 抓取 Hacker News Top 內容條目

    :param limit: 限制條目數，預設為 5
    :param filter_by_hosts: 過濾結果的網站串列，預設為 None，代表不過濾
    """

    def __init__(self, limit: int = 5, filter_by_hosts: Optional[List[str]] = None):
        self.limit = limit
        self.filter_by_hosts = filter_by_hosts

    def fetch(self) -> Iterable[Post]:
        counter = 0
        for item in items:
            # ...
            post = Post(...)
            # 判斷連結是否符合過濾條件
            if self._check_link_from_hosts(post.link):
                counter += 1
                yield post

    def _check_link_from_hosts(self, link: str) -> True:
        """ 檢查某連結是否屬於所定義的網站 """
        if self.filter_by_hosts is None:
            return True
        parsed_link = parse.urlparse(link)
        return parsed_link.netloc in self.filter_by_hosts
```

修改完 HNTopPostsSpider 類別後，它的呼叫方也要進行調整。在建立 HNTopPostsSpider 實例時，需要傳入想要過濾的網站串列：

```python
hosts = None ❶
hosts = ['github.com', 'bloomberg.com'] ❷
crawler = HNTopPostsSpider(filter_by_hosts=hosts)
```

❶ 不過濾任何內容
❷ 過濾來自 GitHub 和 Bloomberg 的內容

之後，每當我要調整過濾網站時，只要修改 hosts 串列即可，無須調整 HNTopPostsSpider 類別的任何一行程式。這種資料驅動的方式，同樣滿足了 OCP 的要求。

與前面的繼承與相依注入相比，使用資料驅動的程式明顯更簡潔，因為它不需要定義任何額外的類別。

但資料驅動也有一個缺點：它的可定制性不如其他兩種方式。舉個例子，假設我想以「連結是否以某個字串結尾」來進行過濾，現在的資料驅動程式就做不到。

影響每種方案可定制性的根本原因在於，各方案所處的抽象級別不一樣。例如，在相依注入方案下，我選擇抽象的內容是「條目過濾**行為**」；而在資料驅動方案下，抽象內容則是「條目過濾行為的**有效網站位址**」。很明顯，後者的抽象級別更低，關注的內容更具體，所以靈活性不如前者。

在日常工作中，如果你想寫出符合 OCP 的程式，除了使用這裡示範的繼承、相依注入和資料驅動外，還有許多處理方式。每種方式各有優劣，你需要深入分析具體的需求情況，才能判斷出哪種最為適合。這個過程無法一蹴而就，需要大量練習才能掌握。

10.4 　總結

在本章中，我透過一個具體的案例介紹了 SOLID 設計原則中的前兩條：SRP 與 OCP。

這兩條原則看似簡單，背後其實蘊藏了許多從好程式中提煉而來的智慧，它們的適用範圍也不局限於物件導向程式設計。一旦你深入理解這兩條原則後，就會在許多設計模式與框架中發現它們的影子。

在下一章中，我將介紹 SOLID 原則的後三條。在此之前，我們先回顧一下前兩條原則的要點。

（1）SRP

  ❑ 一個類別只應該有一種被修改的原因。

  ❑ 寫更小的類別通常更不容易違反 SRP。

  ❑ SRP 同樣適用於函式，你可以讓函式和類別一起工作。

（2）OCP

  ❑ 類別應該對修改關閉，對擴展開放。

  ❑ 透過分析需求，找到程式中易變的部分，是讓類別符合 OCP 的關鍵。

  ❑ 使用子類別繼承的方式可以讓類別符合 OCP。

  ❑ 透過演算法類別與相依注入，也可以讓類別符合 OCP。

  ❑ 將資料與邏輯分離，使用資料驅動的方式也是實踐 OCP 的好辦法。

11

物件導向設計原則（下）

在上一章中，我透過一個具體的爬蟲案例介紹了 SOLID 設計原則的前兩條 SRP 與 OCP。相信你可以感受到，它們都比較抽象，代表物件導向設計的某種理想狀態，而不與具體的技術名詞直接掛鉤。這意味著，「開放－關閉」「單一職責」這些名詞，既可以形容類別，也可以形容函式。

而餘下的三條原則稍微不同，它們都和具體的物件導向技術有關。

SOLID 原則剩下的 LID 如下。

❑ L:Liskov substitution principle(里式替換原則，LSP)。

❑ I:interface segregation principle(介面隔離原則，ISP)。

❑ D:dependency inversion principle(相依倒置原則，DIP)。

LSP 是一條用來約束繼承的設計原則。我在第 9 章中說過，繼承是一種既強大又危險的技術，要設計出合理的繼承關係絕非易事。在這方面，LSP 為我們提供了很好的指導。遵循該原則，有助於我們設計出合理的繼承關係。

ISP 與 DIP 都與物件導向體系裡的介面物件有關，前者可以驅動我們設計出更好的介面，後者則會指導我們如何利用介面讓程式變得更易擴展。

但如前所述，Python 語言不像 Java，並沒有內建任何介面物件。因此，我的詮釋可能會與這兩條原則的原始定義略有出入。

關於 LID 先介紹到這裡，接下來我會透過具體的程式案例逐條詮釋它們的詳細含義。

11.1 LSP：里氏替換原則

在 SOLID 所代表的 5 條設計原則裡，LSP 的名稱最為特別。不像其他 4 條原則，名稱就概括了具體內容，LSP 是以它的發明者 —— 電腦科學家 Barbara Liskov —— 來命名的。

LSP 的原文會有些晦澀，看起來像複雜的數學公式：

Let q(x) be a property provable about objects of x of type T. Then q(y) should be provable for objects y of type S where S is a subtype of T.

給定一個屬於型態 T 的物件 x，假設 q(x) 成立，那麼對於 T 的子型態 S 來說，S 型態的任意物件 y 也都能讓 q(y) 成立。

這裡用一種更通俗的方式來描述 LSP：LSP 認為，所有子類別（派生類別）物件應該可以任意替代父類別（基底類別）物件使用，且不會破壞程式原本的功能。

單看這些文字描述，LSP 顯得比較抽象難懂。下面我們透過具體的 Python 程式，來看看一些常見的違反 LSP 的例子。

11.1.1 子類別不要輕易拋出例外

假設我正在開發一個簡單的網站，網站支持使用者註冊與登錄功能，因此我在專案中定義了一個使用者類別 User：

```python
class User(Model):
    """ 使用者類別，包含普通使用者的相關操作 """

    ...

    def deactivate(self):
        """ 停用當前使用者 """
        self.is_active = False
        self.save()
```

User 類別支援許多操作，其中包括停用當前使用者的方法：deactivate()。

網站上線一周後，我發現有幾個惡意使用者批量註冊了許多違反運營規定的帳號，我需要把這些帳號全部停用。為了方便處理，我寫了一個批量停用使用者的函式：

```python
def deactivate_users(users: Iterable[User]):
    """ 批量停用多個使用者

    :param users: 可迭代的使用者物件 User
    """
    for user in users:
        user.deactivate()
```

停用這些違規帳號後，網站風平浪靜地執行了一段時間。

1. 增加管理員使用者

隨著網站的功能變得越來越豐富，我需要給系統增加一種新的使用者型態：網站管理員。這是一類特殊的使用者，比普通使用者多了一些額外的管理類別屬性。

下面是網站管理員類別 Admin 的程式：

```python
class Admin(User):
    """ 管理員使用者類別 """

    ...

    def deactivate(self):
        # 管理員使用者不允許被停用
        raise RuntimeError('admin can not be deactivated!')
```

因為普通使用者的絕大多數操作在管理員上適用，所以我讓 Admin 類別直接繼承了 User 類別，避免了許多重複程式。

但是，管理員和普通使用者其實有一些差別。例如，出於安全考慮，管理員不允許被直接停用。因此我重寫了 Admin 的 deactivate() 方法，讓它直接拋出 RuntimeError 例外。

子類別重寫父類別的少量行為，看上去正是繼承的典型用法。但可能會讓你有些意外的是，上面的程式明顯違反了 LSP。

2. 違反 LSP

還記得網站剛上線時，我寫的那個批量停用使用者的函式 deactivate_users() 嗎？它的程式如下所示：

```python
def deactivate_users(users: Iterable[User]):
    for user in users:
        user.deactivate()
```

當系統裡只有一種普通使用者類別 User 時，上面的函式完全可以正常工作，但當我增加了管理員類別 Admin 後，一個新問題就會浮出水面。

在 LSP 看來，新增的管理員類別 Admin 是 User 的子類別，因此 Admin 物件理應可以隨意替代 User 物件。

但是，假設我真的把 [User("foo"), Admin("bar_admin")] 這樣的使用者
串列傳到 deactivate_users() 函式裡，程式馬上就會拋出 RuntimeError 例
外。因為在寫 Admin 時，我重寫了父類別的 deactivate() 函式 —— 管理員根
本就不支援停用操作。

所以，現在的程式並不滿足 LSP，因為在 deactivate_users 函式看來，子類
別 Admin 物件根本無法替代父類別 User 對象。

3. 一個常見但錯誤的解決辦法

要修復上面的問題，最直接的做法是在函式內增加型態判斷：

```python
def deactivate_users(users: Iterable[User]):
    """ 批量停用多個使用者 """
    for user in users:
        # 管理員使用者不支援 deactivate 方法，跳過
        if isinstance(user, Admin):
            logger.info(f'skip deactivating admin user {user.username}')
            continue

        user.deactivate()
```

當 deactivate_users() 函式搜尋使用者時，如果發現使用者物件剛好屬於
Admin 類別，就跳過該使用者，不執行停用。這樣函式就能正確處理那些包含
管理員的使用者串列了。

但這種做法有個顯而易見的問題。雖然到目前為止，只有 Admin 型態不支持停
用操作，但是誰能保證未來不會出現更多這種使用者型態呢？

假設以後網站有了更多繼承 User 類別的新使用者型態（例如 VIP 使用者、員
工使用者等），而它們也都不支援停用操作，那在現在的程式結構下，我就得不
斷調整 deactivate_users() 函式，來適配這些新的使用者型態：

```python
# 在型態判斷語句中不斷追加新使用者型態
# if isinstance(user, Admin):
# if isinstance(user, (Admin, VIPUser)):
if isinstance(user, (Admin, VIPUser, Staff)):
```

看到這些，你想起上一章的 OCP 了嗎？該原則認為：好設計應該對擴展開放，
對修改關閉。而上面的程式在每次新增使用者型態時，都要被同步修改，與
OCP 的要求相去甚遠。

此外，LSP 說：「子類別物件可以替換父類別。」這裡的「子類別」指的並不是某個具體的子類別（例如 Admin），而是未來可能出現的任意一個子類別。因此，透過增加一些針對性的型態判斷，試圖讓程式符合 LSP 的做法完全行不通。

既然增加型態判斷不可行，我們來試試別的辦法。

 你可以發現，SOLID 的每條原則其實有互有關聯。例如在這個例子裡，違反 LSP 的程式同樣無法滿足 OCP 的要求。

4. 按 LSP 協議要求改造程式

在平時寫程式時，子類別重寫父類別方法，讓其拋出例外的做法其實並不少見。但之前程式的主要問題在於，Admin 類別的 deactivate() 方法所拋出的例外過於隨意，並不屬於父類別 User 協議的一部分。

要讓子類別符合 LSP，我們必須讓使用者類別 User 的「不支持停用」特性變得更明確，最好將其設計到父類別協議裡去，而不是讓子類別隨心所欲地拋出例外。

雖然在 Python 裡，根本沒有「父類別的例外協議」這種東西，但我們至少可以做兩件事。

第一件事是建立自訂例外類別。我們可以為「使用者不支援停用」這件事建立一個專用的例外類別：

```python
class DeactivationNotSupported(Exception):
    """ 當使用者不支援停用時拋出 """
```

第二件事是在父類別 User/C> 和子類別 Admin 的方法文件裡，增加與拋出例外相關的說明：

```python
class User(Model):
    ...

    def deactivate(self):
        """ 停用當前使用者

        :raises: 當使用者不支援停用時，拋出 DeactivationNotSupported 例外 ❶
        """
        ...
```

```
class Admin(User):
    ...

    def deactivate(self):
        raise DeactivationNotSupported('admin can not be deactivated')
```

❶ 雖然 User 類別的 deactivate 方法暫時不會真正拋出
DeactivationNotSupported 例外，但我仍然需要把它寫入文件中，作為父類
別規範予以聲明

這樣調整後，DeactivationNotSupported 例外便明確成為了 User 類別的
deactivate() 方法協議的一部分。當其他人要寫任何使用 User 的程式時，都
可以針對這個例外進行恰當的處理。

例 如， 我 可 以 調 整 deactivate_users() 方 法， 讓 它 在 每 次 呼 叫
deactivate() 時都明確地捕捉例外：

```
def deactivate_users(users: Iterable[User]):
    """ 批量停用多個使用者 """
    for user in users:
        try:
            user.deactivate()
        except DeactivationNotSupported:
            logger.info(
                f'user {user.username} does not allow deactivating, skip.'
            )
```

只要遵循父類別的例外規範，當前的子類別 Admin 物件以及未來可能出現的其
他子類別物件，都可以替代 User 物件。透過對例外做了一些微調，我們最終讓
程式滿足了 LSP 的要求。

11.1.2　子類別隨意調整方法參數與回傳值

透過上一節內容我們瞭解到，當子類別方法隨意拋出父類別不認識的例外時，
程式就會違反 LSP。除此之外，還有兩種常見的違反 LSP 的情況，分別和子類
別方法的回傳值與參數有關。

1. 方法回傳值違反 LSP

同樣是前面的 User 類別與 Admin 類別，這次我在類別上添加了一個新的操作：

```python
class User(Model):
    """ 普通使用者類別 """

    ...

    def list_related_posts(self) -> List[int]:
        """ 查詢所有與之相關的文章 ID """
        return [
            post.id
            for post in session.query(Post).filter(username=self.username)
        ]


class Admin(User):
    """ 管理員使用者類別 """

    ...

    def list_related_posts(self) -> Iterable[int]:
        # 管理員與所有文章都有關，為了節約記憶體，使用生成器回傳結果
        for post in session.query(Post).all():
            yield post.id
```

在上面的程式裡，我給兩個使用者類別增加了一個新方法：list_related_posts()，該方法會回傳所有與當前使用者有關的文章 ID。對普通使用者來說，「有關的文章」指自己發佈過的所有文章；而對於管理員來說，「有關的文章」指網站上的所有文章。

作為 User 的子類別，Admin 的 list_related_posts() 方法回傳值和父類別並不完全一樣。前者回傳的是可迭代物件 Iterable[int]（透過生成器函式實現），而後者的方法回傳值是串列物件：List[int]。

那這種型態不一致究竟會不會違反 LSP 呢？我們來試試看。

我寫了一個函式，專門用來查詢與使用者相關的所有文章標題：

```python
def list_user_post_titles(user: User) -> Iterable[str]:
    """ 取得與使用者有關的所有文章標題 """
    for post_id in user.list_related_posts():
        yield session.query(Post).get(post_id).title
```

對於這個函式來說，不論傳入的 user 是 User 還是 Admin 物件，它都能正常工作。這是因為，雖然 User 和 Admin 的方法回傳數值型別不同，但它們都是可迭代的，都可以滿足函式裡迴圈的需求。

既然如此，那上面的程式符合 LSP 嗎？答案是否定的。因為雖然子類別 Admin 物件可以替代父類別 User，但這只是特殊情況下的一個巧合，並沒有通用性。

接下來看看第二個情況。

有一位元新同事加入了專案，他需要實現一個函式，來統計與使用者有關的所有文章數量。當他讀到 User 類別的程式時，發現 list_related_posts() 方法會回傳一個包含所有文章 ID 的串列，於是他就借助此方法寫了統計文章數量的函式：

```python
def get_user_posts_count(user: User) -> int:
    """ 取得與使用者相關的文章數量 """
    return len(user.list_related_posts())
```

在絕大多數情況下，上面的函式可以正常工作。

但有一天，我偶然用一個管理員（Admin）呼叫了上面的函式，程式馬上就拋出了例外：TypeError: object of type 'generator' has no len()。

雖然 Admin 是 User 的子類別，但 Admin 類別的 list_related_posts() 方法回傳的並不是串列，而是一個不支持 len() 操作的生成器物件，因此程式一定會報錯。

因此我們可以認定，現在 User 類別的設計並不符合 LSP。

2. 調整回傳值以符合 LSP

在我的程式裡，User 類別和 Admin 類別的 list_related_posts() 回傳了不同的結果。

❏ User 類別：回傳串列對象 List[int]。
❏ Admin 類別：回傳可迭代對象 Iterable[int]。

很明顯，二者之間存在共通點：它們都是可迭代的 int 物件，這也是為什麼在第一個取得標題的情況裡，子類別物件可以替代父類別。

但要符合 LSP，子類別方法與父類別方法所回傳的結果不能只是碰巧有一些共性。LSP 要求子類別方法的回傳數值型別與父類別完全一致，或者回傳父類別結果型態的子類別對象。

聽上去有點複雜，我來舉個例子。

假設我把之前兩個類別的方法回傳值調換一下，讓父類別 User 的 list_related_posts() 方法回傳 Iterable[int] 物件，讓子類別 Admin 的方法回傳 List[int] 物件，這樣的設計就完全符合 LSP，因為 List 是 Iterable 型態的子類別：

```
>>> from collections.abc import Iterable
>>> issubclass(list, Iterable) ❶
True
```

❶ 串列（以及所有容器型態）都是 Iterable（可迭代型態抽象類別）的子類別

在這種情況下，當我用 Admin 物件替換 User 物件時，雖然方法回傳數值型別變了，但新的回傳值支持舊回傳值的所有操作（List 支持 Iterable 型態的所有操作 —— 可迭代）。因此，所有相依舊回傳值（Iterable）的程式，都能拿著新的子類別回傳值（List）繼續正常執行。

3. 方法參數違反 LSP

前面提到，要讓程式符合 LSP，子類別方法的回傳數值型別必須滿足特定要求。除此以外，LSP 對子類別方法的參數設計同樣有一些要求。

簡單來說，要讓子類別符合 LSP，子類別方法的參數必須與父類別完全保持一致，或者，子類別方法所接收的參數應該比父類別更為抽象，要求更為寬鬆。

第一條很好理解。大多數情況下，我們的子類別方法不應該隨意改動父類別方法簽名，否則就會違背 LSP。

以下是一個錯誤範例：

```
class User(Model):
    def list_related_posts(self, type: int) -> List[int]: ...


class Admin(User):
    def list_related_posts(self, include_hidden: bool) -> List[int]: ... ❶
```

❶ 子類別同名方法完全修改了方法參數，違反了 LSP

不過，當子類別方法參數與父類別不一致時，有些特殊情況其實仍然可以滿足 LSP。

第一種情況是，子類別方法可以接收比父類別更多的參數，只要保證這些新增參數是可選的即可，例如：

```python
class User(Model):
    def list_related_posts(self) -> List[int]: ...


class Admin(User):
    def list_related_posts(self, include_hidden: bool = False) -> List[int]: ... ❶
```

❶ 子類別新增了可選參數 include_hidden，保證了與父類別相容。當其他人把 Admin 物件當作 User 使用時，不會破壞程式原本的功能

第二種情況是，子類別與父類別參數一致，但子類別的參數型態比父類別的更抽象：

```python
class User(Model):
    def list_related_posts(self, titles=List[str]) -> List[int]: ...


class Admin(User):
    def list_related_posts(self, titles=Iterable[str]) -> List[int]: ... ❶
```

❶ 子類別的同名參數 titles 比父類別更抽象。當呼叫方把 Admin 物件當作 User 使用時，按 User 的要求，傳入的串列型態的 titles 參數仍然滿足子類別對 titles 參數的要求（是 Iterable 就可以）

簡單總結一下，前面我展示了違反 LSP 的幾種常見方式：

❑ 子類別拋出了父類別所不認識的例外型態。

❑ 子類別的方法回傳數值型別與父類別不同，並且該型態不是父類別回傳數值型別的子類別。

❑ 子類別的方法參數與父類別不同，並且參數要求沒有變得更寬鬆（可選參數）、同名參數沒有更抽象。

總體來說，這些違反 LSP 的做法都比較明確，比較容易發現。下面我們來看一類別更隱蔽的違反 LSP 的做法。

11.1.3 基於隱含契約違反 LSP

在設計一個類別時，有許多因素會影響 LSP。除了那些擺在明面上的、可見的方法參數和方法回傳數值型別以外，還有一些藏在類別設計裡的、不可見的東西。

舉個例子，在下面這段程式裡，我實現了一個表示長方形的類別：

```python
class Rectangle:
    def __init__(self, width: int, height: int):
```

```
        self._width = width
        self._height = height

    @property
    def width(self):
        return self._width

    @width.setter
    def width(self, value: int):
        self._width = value

    @property
    def height(self):
        return self._height

    @height.setter
    def height(self, value: int):
        self._height = value

    def get_area(self) -> int:
        """ 回傳當前長方形的面積 """
        return self.width * self.height
```

類別的使用結果如下：

```
>>> r = Rectangle(width=3, height=5)
>>> r.get_area()
15
>>> r.width = 4 ❶
>>> r.get_area()
20
```

❶ 修改長方形的寬度，並重新計算面積

某天，我接到一個新需求 —— 增加一個新形狀：正方形。我心想：正方形不就是一種特殊的長方形嗎？於是我寫了一個繼承 Rectangle 的新類別 Square：

```
class Square(Rectangle):
    """ 正方形

    :param length: 邊長
    """

    def __init__(self, length: int): ❶
        self._width = length
        self._height = length

    @property
```

```
    def width(self):
        return super().width

    @width.setter
    def width(self, value: int): ❷
        self._width = value
        self._height = value

    @property
    def height(self):
        return super().height

    @height.setter
    def height(self, value: int):
        self._width = value
        self._height = value
```

❶ 初始化正方形時，只需要一個邊長參數

❷ 為了保證正方形形狀，子類別重寫了 width 和 height 屬性的 setter 方法，保持物件的寬與高永遠一致

接下來，我試用一下 Square 類別：

```
>>> s = Square(3)
>>> s.get_area()
9
>>> s.height = 4
>>> s.get_area()
16
```

❶ 修改正方形的高後，正方形的寬也會隨之變化

看上去還不錯，對吧？透過繼承 Rectangle，我實現了新的正方形類別。不過，雖然程式表面看上去沒什麼問題，但其實違反了 LSP。

下面是一段針對長方形 Rectangle 寫的測試程式：

```
def test_rectangle_get_area(r: Rectangle):
    r.width = 3
    r.height = 5
    assert r.get_area() == 15
```

假設你傳入一個正方形物件 Square，會發現它根本無法透過這個測試，因為 r.height = 5 會同時修改正方形的 width，讓最後面積變成 25，而不是 15。

在 Rectangle 類別的設計中，有一個隱含的合約：長方形的寬和高應該總是可以單獨修改，不會互相影響。上面的測試程式正是這個合約的一種表現形式。

在這個情況下，子類別 Square 物件並不能替換 Rectangle 使用，因此程式違反了 LSP。在實際專案中，這種因數類別打破隱含合約違反 LSP 的情況，相比其他原因來說更難察覺，尤其需要當心。

11.1.4　LSP 小結

前面我描述了 SOLID 原則的第三條：LSP。

在物件導向領域，當我們針對某個型態寫程式時，其實並不知道這個型態未來會派生出多少千奇百怪的子型態。我們只能根據當前看到的基底類別，嘗試寫適用于未來子類別的程式。

假設這些子類別不符合 LSP，那麼物件導向所提供給我們的最大好處之一 ——多型，就不再可靠，變成了一句空談。LSP 能促使我們設計出更合理的繼承關係，將多型的潛能更好地激發出來。

在寫程式時，假設你發現自己的設計違反了 LSP，就需要竭盡所能解決這個問題。有時你需要在父類別中引入新的例外型態，有時你得嘗試用組合替代繼承，有時你需要調整子類別的方法參數。總之，只要深入思考類別與類別之間的關係，總會找到正確的解法。

接下來，我將介紹 SOLID 原則的最後兩條：

❏ ISP（介面隔離原則）
❏ DIP（相依倒置原則）

考慮到解釋 DIP 的過程中，可以自然地引入 ISP 裡的「介面」概念，因此先介紹 DIP，後介紹 ISP。

11.2　DIP：相依反轉原則

不論多複雜的程式，都是由一個個模組組合而成的。當你告訴別人：「我正在寫一個很複雜的程式」時，你其實並不是直接在寫那個程式，而是在逐個完成它的模組，最後用這些模組組成程式。

在用模組組成程式的過程中，模組間自然產生了相依關係。舉個例子，你的個人博客網站可能相依 Flask 模組，而 Flask 相依 Werkzeug，Werkzeug 又由多個低層模組組成。

在正常的軟體架構中，模組間的相依關係應該是單向的，一個高層模組往往會相依多個低層模組。整個相依圖就像一條蜿蜒而下、不斷分叉的河流。

DIP 是一條與相依關係相關的原則。它認為：**高層模組不應該相依低層模組，二者都應該相依抽象。**

乍看之下，這個原則有些違反我們的常識 —— 高層模組不就是應該相依低層模組嗎？還記得第一堂程式設計課上，在我學會寫 Hello World 程式時，高層模組（main() 函式）分明相依了低層模組（printf()）。

高層相依低層明明是常識，為何 DIP 卻說不要這樣做呢？ DIP 裡的「倒置」具體又是什麼意思？

我們先把這些問題放在一旁，進入下面的案例研究。假設一切順利，也許我們能在這個案例裡找到這些問題的答案。

11.2.1　案例：按來源統計 Hacker News 條目數量

還記得在第 10 章中，我們寫了一個抓取 Hacker News 熱門內容的程式嗎？這次，我想繼續針對 Hacker News 做一些統計工作。

在 Hacker News 上，每個由使用者提交的條目後面都跟著它的來源功能變數名稱。為了統計哪些網站在 Hacker News 上最受歡迎，我想寫一個腳本，用它來分組統計每個來源網站的條目數量，如圖 11-1 所示。

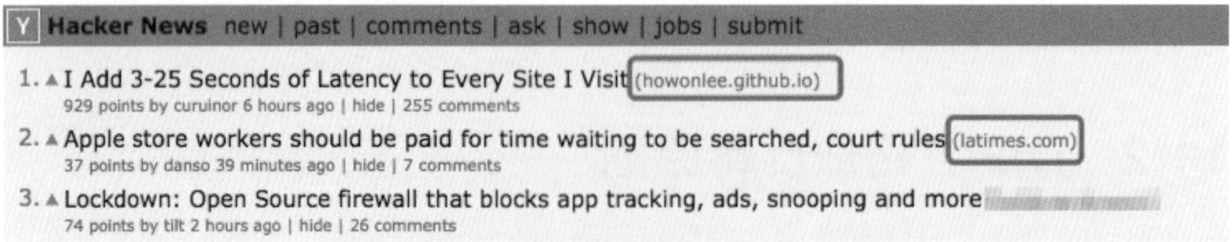

▲ 圖 11-1 Hacker News 條目來源截圖

這個需求並不複雜。利用 requests 和 collections 模組，我很輕鬆地就完成了任務，如程式清單 11-1 所示。

程式清單 11-1 統計 Hacker News 新聞來源分組腳本 hn_site_grouper.py

```python
class SiteSourceGrouper:
    """ 對 Hacker News 新聞來源網站進行分組統計

    :param url: Hacker News 首頁地址
    """

    def __init__(self, url: str):
        self.url = url

    def get_groups(self) -> Dict[str, int]:
        """ 取得 ( 功能變數名稱 , 個數 ) 分組 """
        resp = requests.get(self.url)
        html = etree.HTML(resp.text)
        # 透過 XPath 語法篩選新聞功能變數名稱標籤
        elems = html.xpath(
            '//table[@class="itemlist"]//span[@class="sitestr"]'
        )

        groups = Counter()
        for elem in elems:
            groups.update([elem.text])
        return groups


def main():
    groups = SiteSourceGrouper("https://news.ycombinator.com/").get_groups()
    # 輸出最常見的 3 個功能變數名稱
    for key, value in groups.most_common(3):
        print(f'Site: {key} | Count: {value}')
```

腳本執行結果如下：

```
$ python hn_site_grouper.py
Site: github.com | Count: 2
Site: howonlee.github.io | Count: 1
Site: latimes.com | Count: 1
```

腳本很短，核心程式加起來不到 20 行，但裡面仍然藏著一條相依關係鏈。

SiteSourceGrouper 是我們的核心類別。為了完成統計任務，它需要先用 requests 模組抓取網頁，再用 lxml 模組解析網頁。從層級上來說，SiteSourceGrouper 是高層模組，requests 和 lxml 是低層模組，相依關係是正向的，如圖 11-2 所示。

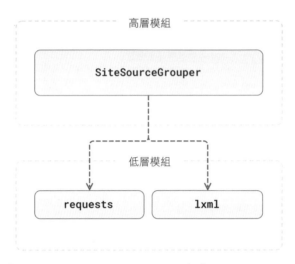

▲ 圖 11-2　`SiteSourceGrouper` 相依 `requests`、`lxml`

看到圖 11-2，也許你會覺得特別合理 —— 這不就是正常的相依關係嗎？別著急，接下來我們給腳本寫一些單元測試。

11.2.2　為腳本寫單元測試

為了測試程式的正確性，我為腳本寫了一些單元測試：

```
from hn_site_grouper import SiteSourceGrouper
from collections import Counter

def test_grouper_returning_valid_type(): ❶
    """ 測試 get_groups 是否回傳了正確型態 """
    grouper = SiteSourceGrouper('https://news.ycombinator.com/')
    result = grouper.get_groups()
    assert isinstance(result, Counter), "groups should be Counter instance"
```

❶ 這個單元測試基於 pytest 風格寫，執行它需要使用 pytest 測試工具

上面的測試邏輯非常簡單，我首先呼叫了 get_groups() 方法，然後判斷它的回傳數值型別是否正確。

在本機端開發時，這個測試程式可以正常執行，沒有任何問題。但當我提交了測試程式，想在 CI[1] 伺服器上自動執行測試時，卻發現根本無法完成測試。

1　CI 是 continuous integration（持續集成）的首字母縮寫，是一種軟體發展實踐。

報錯資訊如下：

```
requests.exceptions.ConnectionError: HTTPSConnectionPool(host='news.ycombinator.
com', port=443):  ... ... [Errno 8] nodename nor servname provided, or not known'))
```

這時我才想起來，我的 CI 環境根本就不能存取外網！

你可以發現，上面的單元測試暴露 SiteSourceGrouper 類別的一個問題：它的執行鏈路相依 requests 模組和網路條件，這嚴格限制單元測試的執行環境。

既然如此，怎麼才能解決這個問題呢？假設你去請教有經驗的 Python 開發者，他很可能會直接甩給你一句話：用 mock 啊！

使用 mock 模組

mock 是測試領域的一個專有名詞，代表一類別特殊的測試假物件。

假設你的程式相依了其他模組，但你在執行單元測試時不想真正呼叫這些相依的模組，那麼你可以選擇用一些特殊物件替換真實模組，這些用於替換的特殊物件常被統稱為 mock。

在 Python 裡，單元測試模組 unittest 為我們提供了一個強大的 mock 子模組，裡面有許多和 mock 技術有關的工具，如下所示。

❑ Mock：mock 主型態，Mock() 物件被呼叫後不執行任何邏輯，但是會記錄被呼叫的情況 —— 包括次數、參數等。

❑ MagicMock：在 Mock 類別的基礎上追加了對魔法方法的支持，是 patch() 函式所使用的預設型態。

❑ patch()：修補函式，使用時需要指定待替換的物件，預設使用一個 MagicMock() 替換原始物件，可當作上下文管理器或裝飾器使用。

對於我的腳本來說，假設用 unittest.mock 模組來寫單元測試，我需要做以下幾件事：

（1）把一份正確的 Hacker News 頁面內容儲存為本地檔 static_hn.html。

（2）用 mock 物件替換真實的網路請求行為。

（3）讓 mock 物件回傳檔 static_hn.html 的內容。

使用 mock 的測試程式如下所示：

```
from unittest import mock


@mock.patch('hn_site_grouper.requests.get')  ❶
def test_grouper_returning_valid_type(mocked_get):  ❷
    """ 測試 get_groups 是否回傳了正確型態 """
    with open('static_hn.html', 'r') as fp:
        mocked_get.return_value.text = fp.read()  ❸

    grouper = SiteSourceGrouperO('https://news.ycombinator.com/')
    result = grouper.get_groups()
    assert isinstance(result, Counter), "groups should be Counter instance"
```

❶ 透過 patch 裝飾器將 requests.get 函式替換為一個 MagicMock 物件

❷ 該 MagicMock 物件將會作為函式參數被注入

❸ 將 get() 函式的回傳結果（自動生成的另一個 MagicMock 物件）的 text 屬性
替換為來自本機檔案的內容

透過 mock 技術，我們最終讓單元測試不再相依網路環境，可以成功地在 CI 環
境中執行。

平心而論，當你瞭解了 mock 模組的基本用法後，就不會覺得上面的程式有多麼
複雜。但問題是，即便程式不複雜，上面的處理方式仍非常糟糕，我們一起來
看看這是為什麼。

當我們寫單元測試時，有一條非常重要的指導原則：**測試程式的行為，而不是
測試具體實現**。它的意思是，好的單元測試應該只關心被測試物件功能是否正
常，是否能做好它所宣稱的事情，而不應該關心被測試對象內部的具體實現是
什麼樣的。

為什麼單元測試不能關心內部實現？這是有原因的。

在寫程式時，我們常會修改類別的具體實現，但很少會調整類別的行為。如果
測試程式過分關心類別的內部實現，就會變得很脆弱。舉個例子，假設有一
天我發現了一個速度更快的網路請求模組：fast_requests，我想用它替換程
式裡的 requests 模組。但當我完成替換後，即便 SiteSourceGrouper 的功
能和替換前完全一致，我仍然需要修改上面的測試程式，替換裡面的 @mock.
patch('hn_site_grouper.requests.get') 部分，平添了許多工作量。

正因為如此，mock 應該總是被當作一種應急的技術，而不是一種低成本、讓
單元測試能快速開展的手段。大多數情況下，假設你的單元測試程式裡有太多
mock，往往代表你的程式設計得不夠合理，需要改進。

既然 mock 方案不夠理想，下面我們試試從「相依關係」入手，看看 DIP 能給我們提供什麼幫助。

11.2.3　實現 DIP

首先，我們回顧一下 DIP 的內容：高層模組不應該相依於低層模組，二者都應該相依於抽象。但在上面的程式裡，高層模組 SiteSourceGrouper 就直接相依了低層模組 requests。

為了讓程式符合 DIP，我們的首要任務是創造一個「抽象」。但話又說回來，DIP 裡的「抽象」到底指什麼？

在 7.3.2 節中，我簡單介紹過「抽象」的含義。當時我說：抽象是一種選擇特徵、簡化認知的手段，而這是對抽象的一種廣義解釋。DIP 裡的「抽象」是一種更具體的東西。

DIP 裡的「抽象」專指程式設計語言裡的一種特殊物件，這種物件只宣告一些公開的 API，並不提供任何具體實現。例如在 Java 中，介面就是一種抽象。下面是一個提供「畫」動作的介面：

```
interface Drawable {
    public void draw();
}
```

而 Python 裡並沒有上面這種介面物件，但有一個和介面非常類似的東西 —— 抽象類別：

```
from abc import ABC, abstractmethod

class Drawable(ABC):
    @abstractmethod
    def draw(self):
        ...
```

搞清楚「抽象」是什麼後，接著就是 DIP 裡最重要的一步：設計抽象，其主要任務是確定這個抽象的職責與邊界。

在上面的腳本裡，高層模組主要相依 requests 模組做了兩件事：

（1）透過 requests.get() 取得響應 response 物件。

（2）利用 response.text 取得回應文本。

可以看出，這個相依關係的主要目的是取得 Hacker News 的頁面文本。因此，我可以建立一個名為 HNWebPage 的抽象，讓它承擔「提供頁面文本」的職責。

下面的 HNWebPage 抽象類別就是實現 DIP 的關鍵：

```python
from abc import ABC, abstractmethod

class HNWebPage(ABC):
    """ 抽象類別：Hacker News 網站頁面 """

    @abstractmethod
    def get_text(self) -> str:
        raise NotImplementedError()
```

定義好抽象後，接下來分別讓高層模組和低層模組與抽象產生相依關係。我們從低層模組開始。

低層模組與抽象間的相依關係表現為它會提供抽象的具體實現。在下面的程式裡，我實現了 RemoteHNWebPage 類別，它的作用是透過 requests 模組請求 Hacker News 頁面，回傳頁面內容：

```python
class RemoteHNWebPage(HNWebPage):  ❶
    """ 遠端頁面，透過請求 Hacker News 網站回傳內容 """

    def __init__(self, url: str):
        self.url = url

    def get_text(self) -> str:
        resp = requests.get(self.url)
        return resp.text
```

❶ 此時的相依關係表現為類別與類別的繼承。除繼承外，與抽象類別的相依關係還有許多其他表現形式，例如使用抽象類別的 .register() 方法，或者定義子類別化掛鉤方法，等等。詳情可參考 9.1.4 節

處理完低層模組的相依關係後，接下來我們需要調整高層模組 SiteSourceGrouper 類別的程式：

```python
class SiteSourceGrouper:
    """ 對 Hacker News 頁面的新聞來源網站進行分組統計 """

    def __init__(self, page: HNWebPage):  ❶
        self.page = page

    def get_groups(self) -> Dict[str, int]:
```

```
        """ 取得（ 功能變數名稱 ，  個數 ） 分組 """
        html = etree.HTML(self.page.get_text()) ❷
        ...


def main():
    page = RemoteHNWebPage(url="https://news.ycombinator.com/") ❸
    grouper = SiteSourceGrouper(page).get_groups()
```

❶ 在初始化方法裡，我用型態註解表明了所相依的是抽象的 HNWebPage 型態

❷ 呼叫 HNWebPage 型態的 get_text() 方法，取得頁面文本內容

❸ 產生實體一個符合抽象 HNWebPage 的具體實現：RemoteHNWebPage 對象

做完這些修改後，我們再看看現在的模組相依關係，如圖 11-3 所示。

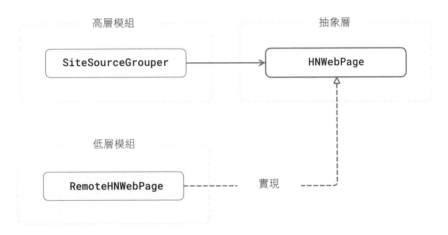

▲ 圖 11-3　SiteSourceGrouper 和 RemoteHNWebPage 都相依抽象 HNWebPage

可以看到，圖 11-3 裡的高層模組不再直接相依低層模組，而是相依處於中間的抽象：HNWebPage。低層模組也不再是被相依的一方，而是反過來相依處於上方的抽象層，這便是 DIP 裡 inversion（倒置）一詞的由來。

11.2.4　反轉後的單元測試

透過建立抽象實現 DIP 後，我們回到之前的單元測試問題。為了滿足單元測試的無網路需求，基於 HNWebPage 抽象類別，我可以實現一個不相依網路的新型態 LocalHNWebPage：

```
class LocalHNWebPage(HNWebPage):
    """ 本機頁面，根據本機檔案回傳頁面內容
```

```
    :param path: 本機檔案路徑
    """

    def __init__(self, path: str):
        self.path = path

    def get_text(self) -> str:
        with open(self.path, 'r') as fp:
            return fp.read()
```

單元測試程式也可以進行相應的調整：

```
 def test_grouper_from_local():
     page = LocalHNWebPage(path="./static_hn.html")
     grouper = SiteSourceGrouper(page)
     result = grouper.get_groups()
     assert isinstance(result, Counter), "groups should be Counter instance"
```

有額外的抽象後，我們解耦了 SiteSourceGrouper 裡的外網存取行為。現在的
測試程式不需要任何 mock 技術，在無法存取外網的 CI 伺服器上也能正常執行。

 為了示範，我對單元測試邏輯進行了極大的簡化，其實上面的程式遠
算不上是一個合格的測試程式。在真實專案裡，你應該準備一個虛構
的 Hacker News 頁面，裡面剛好包含 N 個來源自 foo.com 的條目，
然後判斷 assert result['foo.com'] == N，這樣才能真正驗證
SiteSourceGrouper 的核心邏輯是否正常。

11.2.5 DIP 小結

透過前面的樣例我們瞭解到，DIP 要求程式在互相相依的模組間建立新的抽象
概念。當高層模組相依抽象而不是具體實現後，我們就能更方便地用其他實現
替換底層模組，提高程式靈活性。

以下是有關 DIP 的兩點額外思考。

1. 退後一步是「鴨子」，向前一步是「協議」

為了實現 DIP，我在上面的例子中定義了抽象類別：HNWebPage。但正如我在
第 10 章中所說，在這個例子裡，同樣可以去掉抽象類別 —— 並非只有抽象類
別才能讓相依關係倒過來。

如果在抽象類別方案下，往後退一步，從程式裡刪掉抽象類別，同時刪掉所有的型態註解，你會發現程式仍然可以正常執行。在這種情況下，相依關係仍然是倒過來的，但是處在中間的「抽象」變成了一個隱含概念。

沒有抽象類別後，程式變成了「鴨子型態」，相依倒置也變成了一種符合「鴨子型態」的倒置。

反過來，假設你對「抽象」的要求更為嚴格，往前走一步，馬上就會發現 Python 裡的抽象類別其實並非完全抽象。例如在抽象類別裡，你不光可以定義抽象方法，甚至可以把它當成普通基底類別，提供許多有具體實現的工具方法。

那麼除了抽象類別以外，還有沒有其他更嚴格的抽象方案呢？答案是肯定的。

在 Python 3.8 版本裡，型態註解 typing 模組增加了一個名為「協議」（Protocol）的型態。從各種意義上來說，Protocol 都比抽象類別更接近傳統的「介面」。

下面是用 Protocol 實現的 HNWebPage：

```python
class HNWebPage(Protocol):
    """ 協議：Hacker News 網站頁面 """

    def get_text(self) -> str:
        ...
```

雖然 Protocol 提供了定義協議的能力，但像型態註解一樣，它並不提供執行時的協議檢查，它的真正實力仍然需要搭配 mypy 才能發揮出來。

透過 Protocol 與 mypy 型態檢查工具，你能實現真正的基於協定的抽象與結構化子類別技術。也就是說，只要某個類別實現了 get_text() 方法，並且回傳了 str 型態，那麼它便可以當作 HNWebPage 使用。

不過，Protocol 與 mypy 的上手門檻較高，如果不是大型專案，實在沒必要使用。在多數情況下，普通的抽象類別或鴨子型態已經夠用了。

2. 抽象一定是好的嗎

有關 DIP 的全部內容，基本都是在反復說同一件事：抽象是好東西，抽象讓程式變得更靈活。但是，抽象多的程式真的就更好嗎？缺少抽象的程式就一定不夠靈活嗎？

和所有這類問題的標準回答一樣，答案是：視情況而定。

當你習慣了 DIP 以後，會發現抽象不僅僅是一種程式設計手法，更是一種思考問題的特殊方式。只要願意動腦子，你可以在程式的任何角落裡都硬擠出一層額外抽象。

❏ 程式相依了 lxml 模組的 **XPath** 具體實現，假設 lxml 模組未來要改怎麼辦？我是不是需要定義一層 HNTitleDigester 把它抽象進去？

❏ 程式裡的字串字面量也是具體實現，萬一以後要用其他字串型態怎麼辦？我是不是要定義一個 StringLike 型態把它抽象進去？

❏ ⋯⋯

如果真像上面這樣思考，程式裡似乎不再有真正可靠的東西，我們的大腦很快就會不堪重負。

事實是，抽象的好處顯而易見：它解耦了模組間的相依關係，讓程式變得更靈活。但抽象同時也帶來了額外的編碼與理解成本。所以，瞭解何時不抽象與何時抽象同樣重要。只有對程式中那些容易變化的東西進行抽象，才能獲得最大的收益。

下面我們學習最後一條原則：ISP。

11.3 ISP：介面隔離原則

顧名思義，這是一條與「介面」有關的原則。

在上一節中我描述過介面的定義。介面是程式設計語言裡的一種特殊物件，它包含一些公開的抽象協議，可以用來構建模組間的相依關係。在不同的程式設計語言裡，介面有不同的表現形態。在 **Python** 中，介面可以是抽象類別、Protocol，也可以是鴨子型態裡的某個隱含概念。

介面是一種非常有用的設計工具，為了更好地發揮它的能力，ISP 對如何使用介面提出了要求：**客戶**（client）不應該相依任何它不使用的方法。

ISP 裡的「客戶」不是使用軟體的客戶，而是介面的使用方 —— 客戶模組，也就是相依介面的高層模組。

拿上一節統計 Hacker News 頁面條目的例子來說：

❑ 使用方（客戶模組）── SiteSourceGrouper。

❑ 介面（其實是抽象類別）── HNWebPage。

❑ 相依關係 ── 呼叫介面方法 get_text() 取得頁面文本。

按照 ISP，一個介面所提供的方法應該剛好滿足使用方的需求，一個不多，一個不少。

在例子裡，我設計的介面 HNWebPage 就是符合 ISP 的，因為它沒有提供任何使用方不需要的方法。

看上去，ISP 似乎比較容易遵守。但違反 ISP 究竟會帶來什麼後果呢？我們接著上個例子，透過一個新需求來試試違反 ISP。

11.3.1　案例：處理頁面歸檔需求

在上一節的例子中，我寫了一個代表 Hacker News 網站頁面的抽象類別 HNWebPage，它只提供一種行為 ── 取得當前頁面的文本內容：

```python
class HNWebPage(ABC):
    """ 抽象 ：Hacker News 站  面 """

    @abstractmethod
    def get_text(self) -> str:
        raise NotImplementedError()
```

現在，我想開發一個新功能：定期對 Hacker News 首頁內容進行歸檔，觀察熱點新聞在不同時間點的變化規律。因此，除了頁面文本內容外，我還需要取得頁面大小、生成時間等額外資訊。

為了實現這個功能，我們可以對 HNWebPage 抽象類別做一些擴展：

```python
class HNWebPage(metaclass=ABC):

    @abstractmethod
    def get_text(self) -> str:
        """ 取得頁面文本內容 """

    # 新增 get_size 與 get_generated_at

    @abstractmethod
    def get_size(self) -> int:
        """ 取得頁面大小 """
```

```
@abstractmethod
def get_generated_at(self) -> datetime.datetime:
    """ 取得頁面生成時間 """
```

我們在抽象類別上增加了兩個新方法：get_size() 和 get_generated_at()。透過這兩個方法，程式就能取得頁面大小和生成時間了。

修改完抽象類別後，接下來的任務是調整抽象類別的具體實現。

11.3.2　修改實體類別

在調整介面前，我有兩個實現了介面協定的實體型態：RemoteHNWebPage 和 LocalHNWebPage。

如今 HNWebPage 介面增加了兩個新方法，我自然需要修改這兩個實體類別，給它們加上這兩個新方法。

修改 RemoteHNWebPage 類別很容易，只要讓 get_size() 回傳頁面長度，get_generated_at() 回傳當前時間即可：

```
class RemoteHNWebPage(HNWebPage):
    """ 遠端頁面，透過請求 Hacker News 網站回傳內容 """

    def __init__(self, url: str):
        self.url = url
        # 儲存當前請求結果
        self._resp = None
        self._generated_at = None

    def get_text(self) -> str:
        """ 取得頁面內容 """
        self._request_on_demand()
        return self._resp.text

    def get_size(self) -> int:
        """ 取得頁面大小 """
        return len(self.get_text())

    def get_generated_at(self) -> datetime.datetime:
        """ 取得頁面生成時間 """
        self._request_on_demand()
        return self._generated_at

    def _request_on_demand(self): ❶
```

```
    """ 請求遠程位址並避免重複 """
    if self._resp is None:
        self._resp = requests.get(self.url)
        self._generated_at = datetime.datetime.now()
```

❶ 因為使用方可能會反復呼叫 `get_generated_at()` 等方法，所以我給類別添加了一個簡單的結果快取功能

完成 RemoteHNWebPage 類別的修改後，接下來修改 LocalHNWebPage 類別。但是，在給它添加 `get_generated_at()` 的過程中，我遇到了一個小問題。

LocalHNWebPage 的頁面資料完全來源於本地檔，但僅僅透過一個本地檔，我根本就無法知道它的內容是何時生成的。

這時，有兩個選擇擺在我們面前：

（1）讓 `get_generated_at()` 回傳一個錯誤結果，例如本地檔的修改時間。

（2）讓 `get_generated_at()` 方法直接拋出 NotImplementedError 例外。

但不論哪種做法，都不符合介面方法的定義，都很糟糕。所以，對 HNWebPage 介面的盲目擴展暴露出一個問題：更豐富的介面協定，意味著更高的實現成本，也更容易給實現方帶來麻煩。

不過，我們暫且把這個問題放到一旁，先讓 `LocalHNWebPage.get_generated_at()` 直接拋出例外，繼續寫 SiteAchiever 類別，補完頁面歸檔功能鏈條：

```python
class SiteAchiever:
    """ 將不同時間點的 Hacker News 頁面歸檔 """

    def save_page(self, page: HNWebPage):
        """ 將頁面儲存到後端資料庫 """
        data = {
            "content": page.get_text(),
            "generated_at": page.get_generated_at(),
            "size": page.get_size(),
        }
        # 將 data 儲存到資料庫中
        # ...
```

11.3.3　違反 ISP

完成整個頁面歸檔任務後，不知道你是否還記得上一節的「按 Hacker News 來源統計條目數量」程式。現在所有模組間的相依關係如圖 11-4 所示。

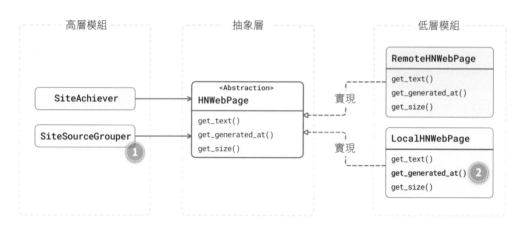

▲ 圖 11-4　頁面歸檔功能類別關係圖

仔細看圖 11-4，有沒有發現什麼問題？

❑ 問題 1：SiteSourceGrouper 類別相依了 HNWebPage，但是並不使用後者的 get_size()、get_generated_at() 方法。

❑ 問題 2：LocalHNWebPage 類別為了實現 HNWebPage 抽象，需要「退化」 get_generated_at() 方法。

你會發現，在我擴展完 HNWebPage 抽象類別後，雖然按來源分組類別 SiteSourceGrouper 仍然相依 HNWebPage，但它其實只用到了 get_text() 這一個方法而已。

上面的設計明顯違反了 ISP。為了修復這個問題，我需要把大介面拆分成多個小介面。

11.3.4　拆解介面

在設計介面時有一個簡單的技巧：讓客戶（呼叫方）來驅動協議設計。在現在的程式裡，HNWebPage 介面共有兩個客戶。

（1）SiteSourceGrouper：按功能變數名稱來源統計，相依 get_text()。

（2）SiteAchiever：頁面歸檔程式，相依 get_text()、get_size() 和 get_generated_at()。

根據這兩個客戶的需求，我可以把 HNWebPage 分離成兩個不同的抽象類別：

```
class ContentOnlyHNWebPage(ABC):
    """ 抽象類別：Hacker News 網站頁面（僅提供內容）"""
```

```python
    @abstractmethod
    def get_text(self) -> str:
        raise NotImplementedError()


class HNWebPage(ABC):
    """ 抽象類別：Hacker New 網站頁面（含元資料）"""

    @abstractmethod
    def get_text(self) -> str:
        raise NotImplementedError()

    @abstractmethod
    def get_size(self) -> int:
        """ 取得頁面大小 """
        raise NotImplementedError()

    @abstractmethod
    def get_generated_at(self) -> datetime.datetime:
        """ 取得頁面生成時間 """
        raise NotImplementedError()
```

完成拆分後，SiteSourceGrouper 和 SiteAchiever 便能各自相依不同的抽象類別了。

同時，對於 LocalHNWebPage 類別來說，它也不需要再糾結如何實現 get_generated_at() 方法，而只要認准那個只回傳文本的 ContentOnlyHNWebPage 介面，實現其中的 get_text() 方法就行，如圖 11-5 所示。

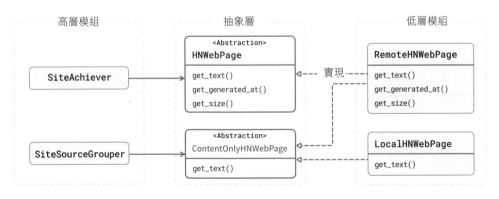

▲ 圖 11-5　實施介面隔離後的結果

從圖 11-5 中可以看出，相比之前，符合 ISP 的相依關係看起來要清爽得多。

11.3.5 其他違反 ISP 的情況

雖然花了很長的篇幅，用了好幾個抽象類別才把 ISP 講明白，但其實在平時寫程式中，違反 ISP 的例子並不少見，它常常出現在一些容易被我們忽視的地方。

舉個例子，在開發 Web 網站時，我們常常需要判斷使用者請求的 Cookies 或請求頭（HTTP request header）裡，是否包含某個標記值。為此，我們常常直接寫出許多相依整個 request 物件的函式：

```python
def is_new_visitor(request: HttpRequest) -> bool:
    """ 從 Cookies 判斷是否新訪客 """
    return request.COOKIES.get('is_new_visitor') == 'y'
```

但事實上，除了 COOKIES 以外，is_new_visitor() 根本不需要 request 物件裡面的任何其他內容。

因此，我們完全可以把函式改成隻接收 cookies 字典：

```python
def is_new_visitor(cookies: Dict) -> bool:
    """ 從 Cookies 判斷是否新訪客 """
    return cookies.get('is_new_visitor') == 'y'
```

類似的情況還有許多，例如一個負責發簡訊的函式，本身只需要兩個參數：電話號碼（phone_number）和使用者姓名（username），但是函式相依了整個使用者物件（User），裡面包含了幾十個它根本不關心的其他欄位和方法。

所有這些問題，既是抽象上的一種不合理，也可以視作 ISP 的一種反例。

現實世界裡的介面隔離

當你認識到 ISP 帶來的種種好處後，很自然地會養成寫小類別、小介面的習慣。在現實世界裡，其實已經有很多小而精的介面設計可供參考，例如：

☐ Python 的 collections.abc 模組裡面有非常多的小介面；
☐ Go 語言標準函式庫裡的 Reader 和 Writer 介面。

11.4 總結

在本章中，我們學習了 SOLID 原則的後三條：

☐ ISP（里式替換原則）。

❑ DIP（相依倒置原則）。

❑ ISP（介面隔離原則）。

ISP 與繼承有關。在設計繼承關係時，我們常常會讓子類別重寫父類別的某些行為，但一些不假思索的隨意重寫，會導致子類別物件無法完全替代父類別物件，最終讓程式的靈活性大打折扣。

DIP 要求我們在高層與底層模組之間建立出抽象概念，以此反轉模組間的相依關係，提高程式靈活性。但抽象並非沒有代價，只有對最恰當的事物進行抽象，才能獲得最大的收益。

DIP 鼓勵我們建立抽象，ISP 指導我們如何建立出好的抽象。好的抽象應該是精准的，沒有任何多餘內容。

至此，SOLID 原則的所有內容就都介紹完畢了。

以下是本章要點知識總結。

（1）LSP

    ❑ LSP 認為子類別應該可以任意替代父類別使用。

    ❑ 子類別不應該拋出父類別不認識的例外。

    ❑ 子類別方法應該回傳與父類別一致的型態，或者回傳父類別回傳值的子型態對象。

    ❑ 子類別的方法參數應該和父類別方法完全一致，或者要求更為寬鬆。

    ❑ 某些類別可能會存在隱含合約，違反這些合約也會導致違反 LSP。

（2）DIP

    ❑ DIP 認為高層模組和低層模組都應該相依於抽象。

    ❑ 寫單元測試有一個原則：測試行為，而不是測試實現。

    ❑ 單元測試不宜使用太多 mock，否則需要調整設計。

    ❑ 相依抽象的好處是，修改低層模組實現不會影響高層程式。

    ❑ 在 Python 中，你可以用 abc 模組來定義抽象類別。

    ❑ 除 abc 以外，你也可以用 Protocol 等技術來完成相依倒置。

（3）ISP

    ❑ DIP 認為客戶相依的介面不應該包含任何它不需要的方法。

    ❑ 設計介面就是設計抽象。

    ❑ 寫更小的類別、更小的介面在大多數情況下是個好主意。

12

資料模型與描述符

在 Python 中，**資料模型**（data model）是個非常重要的概念。我們已經知道，Python 裡萬物皆物件，任何資料都透過物件來表達。而在用物件建模資料時，肯定不能毫無章法，一定需要一套嚴格的規則。

我們常說的資料模型（或者叫物件模型）就是這套規則。假設把 Python 語言看作一個框架，資料模型就是這個框架的說明書。資料模型描述了框架如何工作，建立怎樣的物件才能更好地融入 Python 這個框架。

也許你還不清楚，資料模型究竟如何影響我們的程式。為此，我們從一個最簡單的問題開始：當用 print 輸出某個對象時，應該輸出什麼？

假設我定義了一個表示人的物件 Person：

```python
class Person:
    """人

    :param name: 姓名
    :param age: 年齡
    :param favorite_color: 最喜歡的顏色
    """

    def __init__(self, name, age, favorite_color):
        self.name = name
        self.age = age
        self.favorite_color = favorite_color
```

當我用 print 輸出一個 Person 物件時，輸出如下：

```python
>>> p = Person('piglei', 18, 'black')
>>> print(p)
<__main__.Person object at 0x10d1e4250>
```

可以看到，輸出 Person 物件會輸出類別名（Person）加上一長串記憶體位址（0x10d1e4250）。不過，這只是普通對象的預設行為。當你在 Person 類別裡定義 __str__ 方法後，事情就會發生變化：

```
class Person:
    ...

    def __str__(self):
        return self.name
```

再試著輸出一次對象，輸出如下：

```
>>> print(p)
piglei
>>> str(d) ❶
'piglei'
>>> "I'm {}".format(p)
"I'm piglei"
```

❶ 除了 `print()` 以外，`str()` 與 `.format()` 函式同樣也會觸發 `__str__` 方法

上面展示的 `__str__` 就是 Python 資料模型裡最基礎的一部分。當物件需要當作字串使用時，我們可以用 `__str__` 方法來定義物件的字串化結果。

雖然從本章標題看來，資料模型似乎是一個新話題，但其實在之前的章節裡，我們已經運用過非常多與資料模型有關的知識。表 12-1 整理了其中一部分。

表 12-1　本書前 11 章中出現過的資料模型有關內容

位置	方法名	相關操作	說明
第 3 章	`__getitem__`	`obj[key]`	定義按索引讀取行為
第 3 章	`__setitem__`	`obj[key] = value`	定義按索引寫入行為
第 3 章	`__delitem__`	`del obj[key]`	定義按索引刪除行為
第 4 章	`__len__`	`len(obj)`	定義物件的長度
第 4 章	`__bool__`	`bool(obj)`	定義物件的布林值真假
第 4 章	`__eq__`	`obj == another_obj`	定義 `==` 運算時的行為
第 5 章	`__enter__`、`__exit__`	`with obj:`	定義物件作為上下文管理器時的行為
第 6 章	`__iter__`、`__next__`	`for _ in obj`	定義物件被迭代時的行為
第 8 章	`__call__`	`obj()`	定義被呼叫時的行為
第 8 章	`__new__`	`obj_class()`	定義建立實例時的行為

從表 12-1 中可以發現，所有與資料模型有關的方法，基本都以雙底線 __ 開頭和結尾，它們通常被稱為**魔法方法**（magic method）。

在本章中，除了這些已經學過的魔法方法外，我將介紹一些與 Python 資料模型相關的實用知識。例如，如何用 dataclass 來快速建立一個資料類別、如何透過 __get__ 與 __set__ 來定義一個描述符物件等。

在本章的案例故事裡，我將介紹如何巧妙地利用資料模型來解決真實需求。

要寫出 Pythonic 的程式，恰當地使用資料模型是關鍵之一。接下來我們進入正題。

12.1 基礎知識

12.1.1 字串魔法方法

在本章一開始，我示範了如何使用 __str__ 方法來自訂物件的字串表示形式。但其實除了 __str__ 以外，還有兩個與字串有關的魔法方法，一起來看看吧。

1. __repr__

當你需要把一個 Python 物件用字串表現出來時，實際上可分為兩種情形。第一種情形是非正式的，例如用 print() 輸出到螢幕、用 str() 轉換為字串。這種情況下的字串注重可讀性，格式應當對使用者友好，由型態的 __str__ 方法所驅動。

第二種情形則更為正式，它一般發生在偵錯工具時。在偵錯工具時，你常常需要快速獲知物件的詳細內容，最好一下子就看到所有屬性的值。該情況下的字串注重內容的完整性，由型態的 __repr__ 方法所驅動。

要模擬第二種情形，最快的辦法是在命令列裡輸入一個 Person 物件，然後直接按 Enter 鍵：

```
>>> p = Person('piglei', 18, 'black')
>>> str(p) ❶
'piglei'
>>> p ❷
<__main__.Person object at 0x10d993250>
>>> repr(p) ❸
'<__main__.Person object at 0x10d993250>'
```

❶ 接著前面的例子，Person 類別已定義了 __str__ 方法

❷ 直接輸入物件後，你仍然能看到包含一長串記憶體位址的字串

❸ 和 str() 類似，repr() 可以用來取得第二種情形的字串

要讓物件在除錯情況提供更多有用的資訊，我們需要實現 __repr__ 方法。

當你在 __repr__ 方法裡組裝結果時，一般會盡可能地涵蓋當前物件的所有資訊，假設其他人能透過複製 repr() 的字串結果直接建立一個同樣的物件，就再好不過了。

下面，我試著給 Person 加上 __repr__ 方法：

```python
class Person:
    ...

    def __str__(self):
        return self.name

    def __repr__(self):
        return '{cls_name}(name={name!r}, age={age!r}, favorite_color={color!r})'.
format(  ❶
            cls_name=self.__class__.__name__,  ❷
            name=self.name,
            age=self.age,
            color=self.favorite_color,
        )
```

❶ 在字串模板裡，我使用了 {name!r} 這樣的語法，變數名後的 !r 表示在渲染字串模板時，程式會優先使用 repr() 而非 str() 的結果。這麼做以後，self.name 這種字串型態在渲染時會包含左右引號，省去了手動添加的麻煩

❷ 類別名稱不直接寫成 Person 以便更好地相容子類別

再來試試看結果如何：

```python
>>> p = Person('piglei', 18, 'black')
>>> print(p)
piglei
>>> p
Person(name='piglei', age=18, favorite_color='black')
```

當物件定義了 __repr__ 方法後，它便可以在任何需要的時候，快速提供一種詳盡的字串展現形式，為程度除錯提供幫助。

假設一個型態沒定義 __str__ 方法,只定義了 __repr__,那麼 __repr__ 的結果會用於所有需要字串的情況。

2. __format__

如前面所說,當你直接把某個對象作為 .format() 的參數,用於渲染字串模板時,預設會使用 str() 化的字串結果:

```
>>> p = Person('piglei', 18, 'black')
>>> "I'm {}".format(p)
"I'm piglei"
```

但是,Python 裡的字串格式化語法,其實不光只有上面這種最簡單的寫法。透過定義 __format__ 魔法方法,你可以為一種物件定義多種字串表現形式。

繼續以 Person 舉例:

```
class Person:
    ...

    def __format__(self, format_spec):
        """ 定義物件在字串格式化時的行為

        :param format_spec: 需要的格式,預設為 ''
        """
        if format_spec == 'verbose':
            return f'{self.name}({self.age})[{self.favorite_color}]'
        elif format_spec == 'simple':
            return f'{self.name}({self.age})'
        return self.name
```

上面的程式給 Person 類別增加了 __format__ 方法,並在裡面實現了不同的字串表現形式。

接下來,我們可以在字串模板裡使用 {variable:format_spec} 語法,來觸發這些不同的字串格式:

```
>>> print('{p:verbose}'.format(p=p)) ❶
piglei(18)[black]
>>> print(f'{p:verbose}') ❷
piglei(18)[black]
>>> print(f'{p:simple}') ❸
piglei(18)
```

```
>>> print(f'{p}')
piglei
```

❶ 此時傳遞的 `format_spec` 為 verbose

❷ 模板語法同樣適用於 f-string

❸ 使用不同的格式

假設你的物件需要提供不同的字串表現形式，那麼可以使用 `__format__` 方法。

12.1.2 比較運算子重載

比較運算子是指專門用來比對兩個物件的運算子，例如 ==、!=、> 等。在 Python 中，你可以透過魔法方法來重載它們的行為，例如在第 4 章中，我們就透過 `__eq__` 方法重載過 == 行為。

包含 `__eq__` 在內，與比較運算子相關的魔法方法共 6 個，如表 12-2 所示。

表 12-2　所有用於重載比較運算子的魔法方法

方法名	相關運算	說明
`__lt__`	`obj < other`	小於（less than）
`__le__`	`obj <= other`	小於等於（less than or equal）
`__eq__`	`obj == other`	等於（equal）
`__ne__`	`obj != other`	不等於（not equal）
`__gt__`	`obj > other`	大於（greater than）
`__ge__`	`obj >= other`	大於等於（greater than or equal）

一般來說，我們沒必要重載比較運算子。但在合適的場景下，重載運算子可以讓物件變得更好用，程式變得更直觀，是一種非常有用的技巧。

舉個例子，假設我有一個用來表示正方形的類別 Square，它的程式如下：

```python
class Square:
    """ 正方形

    :param length: 邊長
    """

    def __init__(self, length):
        self.length = length
```

```
def area(self):
    return self.length ** 2
```

雖然 Square 看上去挺好，但用起來特別不方便。具體來說，假設我有兩個邊長一樣的正方形 x 和 y，在進行等於運算 x == y 時，會回傳下面的結果：

```
>>> x = Square(4)
>>> y = Square(4)
>>> x == y
False
```

看到了嗎？雖然兩個正方形邊長相同，但在 **Python** 看來，它們其實是不相等的。因為在預設情況下，對兩個使用者定義物件進行 == 運算，其實是在比對它倆在記憶體裡的位址（透過 id() 函式取得）。因此，兩個不同物件的 == 運算結果肯定是 False。

透過在 Square 類別上實現比較運算子魔法方法，我們就能解決上面的問題。我們可以給 Square 類別加上一系列規則，例如邊長相等的正方形就是相等，邊長更長的正方形更大。這樣一來，Square 類別可以變得更好用。

增加魔法方法後的程式如下：

```
class Square:
    """ 正方形

    :param length: 邊長
    """

    def __init__(self, length):
        self.length = length

    def area(self):
        return self.length ** 2

    def __eq__(self, other):
        # 在判斷兩個物件是否相等時，先檢驗 other 是否同為當前型態
        if isinstance(other, self.__class__):
            return self.length == other.length
        return False

    def __ne__(self, other):
        # 「不等」運算的結果一般會直接對「等於」取反
        return not (self == other)
```

```
    def __lt__(self, other):
        if isinstance(other, self.__class__):
            return self.length < other.length
        # 如果物件不支援某種運算，可以回傳 NotImplemented 值
        return NotImplemented

    def __le__(self, other):
        return self.__lt__(other) or self.__eq__(other)

    def __gt__(self, other):
        if isinstance(other, self.__class__):
            return self.length > other.length
        return NotImplemented

    def __ge__(self, other):
        return self.__gt__(other) or self.__eq__(other)
```

程式蠻長的，不過先別在意，我們看看結果：

```
# 邊長相等，正方形就相等
>>> Square(4) == Square(4)
True
# 邊長不同，正方形不同
>>> Square(5) == Square(4)
False
# 測試「不等」運算
>>> Square(5) != Square(4)
True
# 邊長更大，正方形就更大
>>> Square(5) > Square(4)
True
...
```

透過重載這些魔法方法，Square 類別確實變得更好用了。當我們有多個正方形物件時，可以任意對它們進行比較運算，運算結果全都符合預期。

但上面的程式有一個顯而易見的缺點 —— 程式量太大了，而且魔法方法之間還有冗餘的嫌疑。例如，明明已經實現了「等於」運算，那為什麼「不等於」運算還得手動去寫呢？Python 就不能自動對「等於」取相反嗎？

好消息是，Python 開發者早就意識到了這個問題，並提供了解決方案。利用接下來介紹的這個工具，我們可以把重載比較描述符的工作量減少一大半。

使用 @total_ordering@total_ordering 是 functools 內建模組下的一個裝飾器。它的功能是讓重載比較運算子變得更簡單。

如果使用 @total_ordering 裝飾一個類別，那麼在重載類別的比較運算子時，你只要先實現 __eq__ 方法，然後在 __lt__、__le__、__gt__、__ge__ 四個方法裡隨意挑一個實現即可，@total_ordering 會幫你自動補全剩下的所有方法。

使用 @total_ordering，前面的 Square 類別可以簡化成下面這樣：

```python
from functools import total_ordering


@total_ordering
class Square:
    """正方形

    :param length: 邊長
    """

    def __init__(self, length):
        self.length = length

    def area(self):
        return self.length ** 2

    def __eq__(self, other):
        if isinstance(other, self.__class__):
            return self.length == other.length
        return False

    def __lt__(self, other):
        if isinstance(other, self.__class__):
            return self.length < other.length
        return NotImplemented
```

雖然功能與之前一致，但在 @total_ordering 的幫助下，程式變短了一大半。

12.1.3 描述符

在所有 Python 物件協定裡，描述符可能是其中應用最廣卻又最鮮為人知的協定之一。你也許從來沒聽說過描述符，但肯定早就使用過它。這是因為所有的方法、類別方法、靜態方法以及屬性等諸多 Python 內建物件，都是基於描述符協議實現的。

在日常工作中，描述符的使用並不算頻繁。但假設你要開發一些框架類別工具，就會發現描述符非常有用。接下來我們透過開發一個小功能，來看看描述符究竟能如何幫助我們。

1. 無描述符時，實現屬性驗證功能

在下面的程式裡，我實現了一個 Person 類別：

```python
class Person:

    def __init__(self, name, age):
        self.name = name
        self.age = age
```

Person 是個特別簡單的資料類別，沒有任何約束，因此人們很容易建立出一些不合理的資料，例如年齡為 1000、年齡不是合法數位的 Person 物件等。為了確保物件資料的合法性，我需要給 Person 的年齡屬性加上一些正確性驗證。

使用 @property 把 age 定義為 property 物件後，我可以很方便地增加驗證邏輯：

```python
class Person:
    ...

    @property
    def age(self):
        return self._age

    @age.setter
    def age(self, value):
        """ 設定年齡，只允許 0 ～ 150 之間的數值 """
        try:
            value = int(value)
        except (TypeError, ValueError):
            raise ValueError('value is not a valid integer!')

        if not (0 < value < 150):
            raise ValueError('value must between 0 and 150!')
        self._age = value
```

透過在 age 屬性的 setter 方法裡增加驗證，我最終實現了想要的結果：

```python
>>> p = Person('piglei', 'invalid_age') ❶
...
```

```
ValueError: value is not a valid integer!
>>> p = Person('piglei', '200') ❷
...
ValueError: value must between 0 and 150!

>>> p = Person('piglei', 18) ❸
>>> p.age
18
```

❶ age 值不能轉換為整數
❷ age 值不在合法的年齡範圍內
❸ age 值符合要求，物件建立成功

粗看上去，上面使用 @property 的方案還挺不錯的，但實際上有許多不如人意的地方。

使用屬性物件最大的缺點是：很難複用。假設我現在開發了一個長方形類別 Rectangle，想對長方形的邊長做一些與 Person.age 類似的整數驗證，那麼我根本無法很好地複用上面的驗證邏輯，只能手動為長方形的邊長建立多個 @property 物件，然後在每個 setter 方法裡做重複工作：

```
class Rectangle:

    @property
    def width(self): ...

    @width.setter
    def width(self): ...

    @property
    def height(self): ...

    @height.setter
    def height(self): ...
```

如果非得基於 @property 來實現複用，我也可以繼續用**類別裝飾器**（class decorator）或**元類別**（metaclass）在建立類別時介入處理，把普通屬性自動替換為 property 物件來達到重複使用目的。但是，這種方案不但實現起來複雜，使用起來也不方便。

而使用描述符，我們可以更輕鬆地實現這類別需求。不過在用描述符實現欄位驗證前，我們先瞭解一下描述符的基本工作原理。

2. 描述符簡介

描述符（descriptor）是 Python 物件模型裡的一種特殊協定，它主要和 4 個魔法方法有關：`__get__`、`__set__`、`__delete__` 和 `__set_name__`。

從定義上來說，除了最後一個方法 `__set_name__` 以外，任何一個實現了 `__get__`、`__set__` 或 `__delete__` 的類別，都可以稱為描述符類別，它的實例則叫作描述符物件。

描述符之所以叫這個名字，是因為它「描述」了 Python 取得與設定一個類別（實例）成員的整個過程。我們透過簡單的程式範例，來看看描述符的幾個魔法方法究竟有什麼用。

從最常用的 `__get__` 方法開始：

```python
class InfoDescriptor:
    """ 輸出幫助資訊的描述符 """

    def __get__(self, instance, owner=None):
        print(f'Calling __get__, instance: {instance}, owner: {owner}')
        if not instance:
            print('Calling without instance...')
            return self
        return 'informative descriptor'
```

上面的 `InfoDescriptor` 是一個實現了 `__get__` 方法的描述符類別。

要使用一個描述符，最常見的方式是把它的實例物件設定為其他類別（常被稱為 owner 類別）的屬性：

```python
class Foo:
    bar = InfoDescriptor()
```

描述符的 `__get__` 方法，會在存取 owner 類別或 owner 類別實例的對應屬性時被觸發。

`__get__` 方法裡的兩個參數的含義如下。

❑ `owner`：描述符物件所綁定的類別。

❑ `instance`：假設用實例來存取描述符屬性，該參數值為實例物件；如果透過類別來存取，該值為 None。

下面，我們試著透過 Foo 類別存取 bar 屬性：

```
>>> Foo.bar
Calling __get__, instance: None, owner: <class '__main__.Foo'>
Calling without instance... ❶
<__main__.InfoDescriptor object at 0x105b0adc0>
```

❶ 觸發描述符的 __get__ 方法，因為 instance 為 None，所以 __get__ 回傳了
   描述符物件本身

再試試透過 Foo 實例存取 bar 屬性：

```
>>> Foo().bar
Calling __get__, instance: <__main__.Foo object at 0x105b48280>, owner: <class
'__main__.Foo'>
'informative descriptor' ❶
```

❶ 同樣觸發了 __get__ 方法，但 instance 參數變成了當前綁定的 Foo 實例，因
   此最後回傳了我在 __get__ 裡定義的字串

與 __get__ 方法相對應的是 __set__ 方法，它可以用來自定義設定某個實例屬
性時的行為。

下面的程式給 InfoDescriptor 增加了 __set__ 方法：

```
class InfoDescriptor:
    ...

    def __set__(self, instance, value):
        print(f'Calling __set__, instance: {instance}, value: {value}')
```

__set__ 方法的後兩個參數的含義如下。

❑ instance：屬性當前綁定的實例物件。

❑ value：待設定的屬性值。

當我嘗試修改 Foo 實例的 bar 屬性時，描述符的 __set__ 方法就會被觸發：

```
>>> f = Foo()
>>> f.bar = 42
Calling __set__, instance: <__main__.Foo object at 0x106543340>, value: 42
```

值得一提的是，描述符的 __set__ 僅對實例起作用，對類別不起作用。這和
__get__ 方法不一樣，__get__ 會同時影響描述符所綁定的類別和類別實例。
當你透過類別設定描述符屬性值時，不會觸發任何特殊邏輯，整個描述符物件
會被覆蓋：

```
>>> Foo.bar = None ❶
>>> f = Foo()
>>> f.bar = 42 ❷
```

❶ 使用 None 覆蓋類別的描述符物件
❷ 當描述符物件不存在後，設定實例屬性就不會觸發任何描述符邏輯了

除了 __get__ 與 __set__ 外，描述符協議還有一個 __delete__ 方法，它用來控制實例屬性被刪除時的行為。在下面的程式裡，我給 InfoDescriptor 類別增加了 __delete__ 方法：

```
class InfoDescriptor:
    ...

    def __delete__(self, instance):
        raise RuntimeError('Deletion not supported!')
```

試試看結果如何：

```
>>> f = Foo()
>>> del f.bar
...
RuntimeError: Deletion not supported!
```

除了上面的三個方法以外，描述符還有一個 __set_name__ 方法，不過我們暫先略過它。下面我們試著運用描述符來實現前面的年齡欄位。

3. 用描述符實現屬性驗證功能

前面我用 property() 為 Person 類別的 age 欄位增加了驗證功能，但這種方式的可重複使用性很差。下面我們試著用描述符來完成同樣的功能。

為了提供更高的可重複使用性，這次我在年齡欄位的基礎上抽象出了一個支持驗證功能的整數描述符型態：IntegerField。它的程式如下：

```
class IntegerField:
    """ 整數欄位，只允許一定範圍內的整數值

    :param min_value: 允許的最小值
    :param max_value: 允許的最大值
    """

    def __init__(self, min_value, max_value):
```

```
            self.min_value = min_value
            self.max_value = max_value

    def __get__(self, instance, owner=None):
        # 當不是透過實例存取時，直接回傳描述符物件
        if not instance:
            return self
        # 回傳儲存在實例字典裡的值
        return instance.__dict__['_integer_field']

    def __set__(self, instance, value):
        # 驗證後將值儲存在實例字典裡
        value = self._validate_value(value)
        instance.__dict__['_integer_field'] = value

    def _validate_value(self, value):
        """ 驗證值是否為符合要求的整數 """
        try:
            value = int(value)
        except (TypeError, ValueError):
            raise ValueError('value is not a valid integer!')

        if not (self.min_value <= value <= self.max_value):
            raise ValueError(
                f'value must between {self.min_value} and {self.max_value}!'
            )
        return value
```

IntegerField 最核心的邏輯，就是在設定屬性值時先做有效性驗證，然後再儲存資料。

除了我已介紹過的描述符基本方法外，上面的程式裡還有一個值得注意的細節，那就是描述符儲存資料的方式。

在 __set__ 方法裡，我使用了 instance.dict['_integer_field'] = value 這樣的語句來儲存整數數字的值。也許你想問：為什麼不直接寫 self._integer_field = value，把值存放在描述符物件 self 裡呢？

這是因為每個描述符物件都是 owner 類別的屬性，而不是類別實例的屬性。也就是說，所有從 owner 類別派生出的實例，其實都共用了同一個描述符物件。假設把值存入描述符物件裡，不同實例間的值就會發生衝突，互相覆蓋。

所以，為了避免覆蓋問題，我把值放在了每個實例各自的 __dict__ 字典裡。

下面是使用了描述符的 Person 類別：

```python
class Person:
    age = IntegerField(min_value=0, max_value=150)

    def __init__(self, name, age):
        self.name = name
        self.age = age
```

透過把 age 類別屬性定義為 IntegerField 描述符，我實現了與之前的 property() 方案完全一樣的結果。不過，雖然 IntegerField 能滿足 Person 類別的需求，但它其實有一個嚴重的問題。

由於 IntegerField 往實例裡存值時使用了固定的欄位名 _integer_field，因此它其實只支持一個類別裡最多使用一個描述符物件，否則不同屬性值會發生衝突，舉個例子：

```python
class Rectangle:
    width = IntegerField(min_value=1, max_value=10)
    height = IntegerField(min_value=1, max_value=5)
```

上面 Rectangle 類別的 width 和 height 都使用了 IntegerField 描述符，但這兩個欄位的值會因為前面所說的原因而互相覆蓋：

```python
>>> r = Rectangle(1, 1)
>>> r.width = 5
>>> r.width
5
>>> r.height ❶
5
```

❶ 修改 width 後，height 也變了

要解決這個問題，最佳方案是使用 __set_name__ 方法。

4. 使用 __set_name__ 方法

__set_name__(self, owner, name) 是 Python 在 3.6 版本以後，為描述符協議增加的新方法，它所接收的兩個參數的含義如下。

❑ owner：描述符物件當前綁定的類別。

❑ name：描述符所綁定的屬性名稱。

__set_name__ 方法的觸發時機是在 owner 類別被建立時。

透過給 IntegerField 類別增加 __set_name__ 方法，我們可以方便地解決前面的資料衝突問題：

```python
class IntegerField:

    def __init__(self, min_value, max_value):
        self.min_value = min_value
        self.max_value = max_value

    def __set_name__(self, owner, name):
        # 將綁定屬性名儲存在描述子物件中
        # 對於 age = IntegerField(...) 來說，此處的 name 就是「age」
        self._name = name

    def __get__(self, instance, owner=None):
        if not instance:
            return self
        # 在資料存取時，使用動態的 self._name
        return instance.__dict__[self._name]

    def __set__(self, instance, value):
        value = self._validate_value(value)
        instance.__dict__[self._name] = value

    def _validate_value(self, value):
        """ 驗證值是否為符合要求的整數 """
        # ...
```

試試看結果如何：

```python
>>> r = Rectangle(1, 1)
>>> r.width = 3
>>> r.height ❶
1
>>> r.width = 100
...
ValueError: width must between 1 and 10!
```

❶ 不同欄位間不會互相影響使用描述符，我們最終實現了一個可重複使用的 IntegerField 類別，它使用起來非常方便 —— 無須繼承任何父類別、聲明任何元類別，直接將類別屬性定義為描述符物件即可。

資料描述符與非資料描述子

按描實現方法的不同，描述符可分為兩大類。

（1）非資料描述符：只實現了 __get__ 方法的描述符。

（2）資料描述符：實現了 __set__ 或 __delete__ 其中任何一個方法的描述符。

這兩類描述符的區別主要體現在所綁定實例的屬性存取優先順序上。

對於非資料描述符來說，你可以直接用 instance.attr = ... 來在實例級別重寫描述符屬性 attr，讓其讀取邏輯不再受描述符的 __get__ 方法管控。

而對於資料描述符來說，你無法做到同樣的事情。資料描述符所定義的屬性儲存邏輯擁有極高的優先順序，無法輕易在實例層面被重寫。

所有的 Python 實例方法、類別方法、靜態方法，都是非資料描述符，你可以輕易覆蓋它們。而 property() 是資料描述符，你無法直接透過重寫修改它的行為。

拿一段具體的程式舉例。下面定義了兩個包含 color 成員的鴨子類別，一個使用屬性物件，另一個使用靜態方法：

```python
class DuckWithProperty:
    @property
    def color(self):
        return 'gray'


class DuckWithStaticMethod:
    @staticmethod
    def color(self):
        return 'gray'
```

因為屬性物件是資料描述符，所以無法被隨意重寫：

```python
>>> d = DuckWithProperty()
>>> d.color = 'yellow'
Traceback (most recent call last):
  File "<stdin>", line 1, in <module>
AttributeError: can't set attribute
```

而靜態方法屬於非資料描述符，可以被任意重寫：

```python
>>> d = DuckWithStaticMethod()
>>> d.color = 'yellow'  ❶
>>> d.color
'yellow'
```

❶ 直接把靜態方法替換成一個普通字串屬性

12.2 案例故事

2017 年 3 月,我在任天堂的 Switch 遊戲主機上,玩到了一個令我大開眼界的遊戲:《薩爾達傳說:曠野之息》(下面簡稱《曠野之息》)。

《曠野之息》是一款開放世界冒險遊戲。簡單來說,它講述了一個名為林克 (Link) 的角色在沉睡 100 年以後突然醒來,然後拯救整個海拉魯大陸的故事。

不過,作為一本 Python 書的作者,我突然在書中提起一個電子遊戲,並不是因為它是我最喜歡的遊戲之一,而是因為《曠野之息》裡的一個設計,與我們在講的資料模型之間有奇妙的聯繫。

在《曠野之息》裡,有一個難倒許多新手玩家的任務。遊戲主角林克需要前往一座冰雪覆蓋的高山頂峰;雪山上的溫度特別低,假設你什麼都不準備,直接往山頂上跑,林克馬上就會進入一個「寒冷」的負面狀態,生命值不斷降低,直至死亡。

要完成這個任務,有多種方式。

例如,你可以在山腳下找到一口鐵鍋,然後烹製一些放了辣椒的食物。吃了帶辣椒的食物後,林克便會進入「溫暖」狀態,就能無視寒冷一口氣跑上雪山頂。或者,你可以去山腳下找到一座老舊的木房子,從那裡拿到一件厚棉襖穿在身上。當角色的體溫升高後,在雪山上同樣可以暢行無阻。

到達雪山頂端的方式,絕不止上面這兩種。例如你還可以找到一些樹枝,然後將它們作為火把點燃。舉著火把取暖的林克,也能順利衝上雪山。

《曠野之息》與其他遊戲的不同之處在於,它不限定你完成某件事的方式,而是構造出了一個精巧的規則體系。當你熟悉了規則以後,就能用任何你能想到的方式完成同一件事。

假設我們把 Python 比作一個類似于《曠野之息》的電子遊戲,資料模型就是我們的遊戲規則。當你在 Python 世界裡玩耍,依據遊戲規則創造出自己的型態、物件以後,這些東西會在整個 Python 世界的規則下,與其他事物發生奇妙的連鎖反應,迸發出一些令人意想不到的火花。

下面的故事就是一個例子。

處理旅遊資料的三種方案

一個普通的工作日，在一家經營國外旅遊的公司辦公室裡，商務同事小 Y 興沖沖地跑到我的工位前，一臉激動地跟我說道：「R 哥，跟你說件好事。我昨天去 XX 公司出差，和對方談攏了商務合作，打通了兩家公司的客戶資料。利用這些資料，我感覺可以做一波精準行銷。」

說完小 Y 打開筆記型電腦，從電腦桌面上的資料夾裡翻出兩個 Excel 表格檔。

「在這兩個檔裡，分別存著最近去過泰國普吉島和紐西蘭旅遊的旅客資訊，姓名、電話號碼和旅遊時間都有。」小 Y 看著我，稍作停頓後繼續說「看著這堆資料，我突然有個大膽的想法。我覺得，那些去過普吉島的人，肯定對紐西蘭旅遊也特別感興趣。只要 R 哥你能從這兩份資料裡，找出那些**去過普吉島但沒去過紐西蘭的人**，我再讓銷售人員向他們推銷一些紐西蘭精品旅遊路線，肯定能賣瘋！」

雖然聽上去並沒什麼邏輯，但我看著小 Y 一臉認真的樣子，一時竟找不到什麼理由來反駁他，於是接下了這個任務。五分鐘後，我從小 Y 那拿到了兩份資料檔案：紐西蘭旅客資訊 .xlsx 和普吉島旅客資訊 .xlsx。

將檔案轉換為 JSON 格式後，裡面的內容大致如下：

```
# 去過普吉島的人員資料
users_visited_phuket = [
    {
        "first_name": "Sirena",
        "last_name": "Gross",
        "phone_number": "650-568-0388",
        "date_visited": "2018-03-14",
    },
    ...
]


# 去過紐西蘭的人員資料
users_visited_nz = [
    {
        "first_name": "Justin",
        "last_name": "Malcom",
        "phone_number": "267-282-1964",
        "date_visited": "2011-03-13",
    },
    ...
]
```

每條旅遊資料裡都包含旅客的 last_name（姓）、first_name（名）、phone_number（電話號碼）和 date_visited（旅遊時間）四個欄位。

有了規範的資料和明確的需求，接下來寫程式。

1. 第一次蠻力嘗試

因為在我拿到的旅客資料裡，並沒有「旅客 ID」之類的唯一識別碼，所以我其實無法精確地找出重複旅客，只能用「姓名＋電話號碼」來判斷兩位旅客是不是同一個人。

很快，我就寫出了第一版程式：

```python
def find_potential_customers_v1():
    """ 找到去過普吉島但是沒去過紐西蘭的人

    :return: 透過 Generator 回傳符合條件的旅客記錄
    """
    for puket_record in users_visited_puket:
        is_potential = True
        for nz_record in users_visited_nz:
            if (
                puket_record['first_name'] == nz_record['first_name']
                and puket_record['last_name'] == nz_record['last_name']
                and puket_record['phone_number'] == nz_record['phone_number']
            ):
                is_potential = False
                break

        if is_potential:
            yield puket_record
```

為了找到符合要求的旅客，find_potential_customers_v1 函式先搜尋了所有的普吉島旅客記錄，然後在迴圈內逐個尋找紐西蘭旅客記錄。假設找不到任何匹配的資料，函式就會把它當作「潛在客戶」回傳。

雖然這段程式能完成任務，但相信不用我說你也能發現，它有非常嚴重的性能問題。對於每條普吉島旅客記錄，我們都需要不斷重複搜尋所有的紐西蘭旅客記錄，嘗試找到匹配項目。

如果從時間複雜度上來看，上面函式的時間複雜度是可怕的 $O(n*m)$[1]，執行時間將隨著旅客記錄條數的增加呈指數型增長。

1　其中 n 和 m 分別代表兩份旅客記錄的資料量。

為了能更高效完成任務，我們需要提升查找匹配記錄的效率。

2. 使用集合優化函式

在第 3 章中，我們瞭解到 Python 裡的集合是基於雜湊表實現的，判斷一個東西是否在集合裡，速度非常快，平均時間複雜度是 O(1)。

因此，對於上面的函式來說，我們其實可以先將所有的紐西蘭旅客記錄轉換成一個集合，之後查找匹配時，程式就不需要再搜尋所有記錄，直接做一次集合成員判斷就行。這樣函式的性能可以得到極大提升，時間複雜度會直接線性下降：O(n+m)。

下面是修改後的函式程式：

```python
def find_potential_customers_v2():
    """ 找到去過普吉島但是沒去過紐西蘭的人，性能改進版 """
    # 首先，搜尋所有紐西蘭旅客記錄，建立查找索引
    nz_records_idx = {
        (rec['first_name'], rec['last_name'], rec['phone_number'])
        for rec in users_visited_nz
    }

    for rec in users_visited_puket:
        key = (rec['first_name'], rec['last_name'], rec['phone_number'])
        if key not in nz_records_idx:
            yield rec
```

引入集合後，新函式的性能有了突破性的增長，足夠滿足需求。不過，盯著上面的集合程式看了兩分鐘以後，我隱隱覺得，這個需求似乎還有一種更直接、更有趣的解決方案。

3. 對問題的重新思考

我重新梳理一遍整件事情，看看能不能找到一些新點子。

首先，有兩份旅客記錄資料 A 和 B，A 裡存放了所有普吉島旅客記錄，B 裡存放著所有紐西蘭旅客記錄。隨後我定義了一個判斷記錄相等的規則：「姓名與電話號碼一致」。最後基於這個規則，我找到了在 A 裡出現，但在 B 裡沒有的旅客記錄。

有趣的地方來了，如果把 A 和 B 看作兩個集合，上面的事情不就是在求 A 和 B 的差集嗎？如圖 12-1 所示。

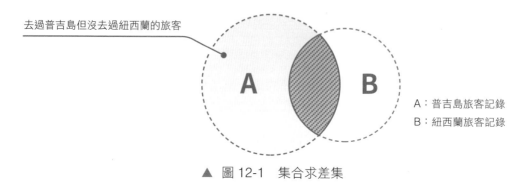

去過普吉島但沒去過紐西蘭的旅客

A：普吉島旅客記錄
B：紐西蘭旅客記錄

▲ 圖 12-1　集合求差集

而在 Python 中，假設你有兩個集合，就可以直接用 A － B 這樣的數學運算來計算二者之間的差集：

```
>>> A = {1, 3, 5, 7}
>>> B = {3, 5, 8}
# 產生新集合：所有在 A 裡但是不在 B 裡的元素
>>> A - B
{1, 7}
```

所以，計算「去過普吉島但沒去過紐西蘭的人」，其實就是一次集合的差值運算。但在我們熟悉的集合運算裡，成員都是簡單的資料型態，例如整數、字串等，而這次我們的資料型態明顯更複雜。

究竟要怎麼做，才能把問題套入集合的遊戲規則裡呢？

4. 利用集合的遊戲規則

要用集合來解決我們的問題，第一步是建模一個用來表示旅客記錄的新型態，暫且叫它 VisitRecord 吧：

```
class VisitRecord:
    """ 旅客記錄

    :param first_name: 名字
    :param last_name: 姓氏
    :param phone_number: 電話號碼
    :param date_visited: 旅遊時間
    """

    def __init__(self, first_name, last_name, phone_number, date_visited):
        self.first_name = first_name
        self.last_name = last_name
        self.phone_number = phone_number
        self.date_visited = date_visited
```

預設情況下，Python 的使用者自訂型態都是可雜湊的。因此，VisitRecord 物件可以直接放進集合裡，但行為可能會和你預想中的有些不同：

```
# 初始化兩個屬性完全一致的 VisitRecord 物件
>>> v1 = VisitRecord('a', 'b', phone_number='100-100-1000', date_visited='2000-01-01')
>>> v2 = VisitRecord('a', 'b', phone_number='100-100-1000', date_visited='2000-01-01')

# 往集合裡放入一個物件
>>> s = set()
>>> s.add(v1)
>>> s
{<__main__.VisitRecord object at 0x1076063a0>}

# 放入第二個屬性完全一致的物件後，集合並沒有起到去重作用
>>> s.add(v2)
>>> s
{<__main__.VisitRecord object at 0x1076063a0>, <__main__.VisitRecord object at 0x1076062e0>}

# 比對兩個對象，結果並不相等
>>> v1 == v2
False
```

出現上面這樣的結果其實並不奇怪。因為對於任何自訂型態來說，當你對兩個物件進行相等比較時，Python 只會判斷它們是不是指向記憶體裡的同一個位址。換句話說，任何物件都只和它自身相等。

因此，為了讓集合能正確處理 VisitRecord 型態，我們首先要重寫型態的 __eq__ 魔法方法，讓 Python 在比對兩個 VisitRecord 物件時，不再關注物件 ID，只關心記錄的姓名與電話號碼。

在 VisitRecord 類別裡增加以下方法：

```python
def __eq__(self, other):
    if isinstance(other, self.__class__):
        return self.comparable_fields == other.comparable_fields
    return False

@property
def comparable_fields(self):
    """ 取得用於匹配對象的欄位值 """
    return (self.first_name, self.last_name, self.phone_number)
```

完成這一步後，VisitRecord 的相等運算就重寫成了我們所需要的邏輯：

```
>>> v1 = VisitRecord('a', 'b', phone_number='100-100-1000', date_visited='2000-01-01')
>>> v2 = VisitRecord('a', 'b', phone_number='100-100-1000', date_visited='2000-01-01')
```

```
>>> v1 == v2
True
```

但要達到計算差集的目的，僅重寫 __eq__ 是不夠的。如果我現在試著把一個新的 VisitRecord 物件塞進集合，程式馬上會報錯：

```
>>> set().add(v1)
Traceback (most recent call last):
  File "<stdin>", line 1, in <module>
TypeError: unhashable type: 'VisitRecord'
```

發生什麼事了？ VisitRecord 型態突然從可雜湊變成了不可雜湊！要弄清楚原因，得先從雜湊表的工作原理講起。

當 Python 把一個物件放入雜湊表資料結構（如集合、字典）中時，它會先使用 hash() 函式計算出物件的雜湊值，然後利用該值在表裡找到物件應在的位置，之後完成儲存。而當 Python 需要獲知雜湊表裡是否包含某個物件時，同樣也會先計算出物件的雜湊值，之後直接定位到雜湊表裡的對應位置，再和表裡的內容進行精確比較。

也就是說，無論是往集合裡存入物件，還是判斷某物件是否在集合裡，物件的雜湊值都會作為一個重要的前置索引被使用。

在我重寫 __eq__ 前，物件的雜湊值其實是物件的 ID（值經過一些轉換，和 id() 呼叫結果並非完全一樣）。但當 __eq__ 方法被重寫後，假設程式仍然使用物件 ID 作為雜湊值，那麼一個嚴重的悖論就會出現：**即便兩個不同的 VisitRecordC 物件在邏輯上相等，但它們的雜湊值不一樣，這在原理上和雜湊表結構相衝突。**

因為對於雜湊表來說，兩個相等的物件，其雜湊值也必須一樣，否則一切演算法邏輯都不再成立。所以，Python 才會在發現重寫了 __eq__ 方法的型態後，直接將其變為不可雜湊，以此強制要求你為其設計新的雜湊值演算法。

幸運的是，只要簡單地重寫 VisitRecord 的 __hash__ 方法，我們就能解決這個問題：

```python
def __hash__(self):
    return hash(self.comparable_fields)
```

因為 `.comparable_fields` 屬性回傳了由姓名、電話號碼構成的元組，而組本身就是可雜湊型態，所以我可以直接把元組的雜湊值當作 VisitRecord 的雜湊值使用。

完成 VisitRecord 建模，做完所有的準備工作後，剩下的事情便順水推舟了。基於集合差值運算的新版函式，只要一行核心程式就能完成操作：

```python
class VisitRecord:
    """ 旅客記錄

    - 當兩條旅客記錄的姓名與電話號碼相同時，判定二者相等。
    """

    def __init__(self, first_name, last_name, phone_number, date_visited):
        self.first_name = first_name
        self.last_name = last_name
        self.phone_number = phone_number
        self.date_visited = date_visited

    def __hash__(self):
        return hash(self.comparable_fields)

    def __eq__(self, other):
        if isinstance(other, self.__class__):
            return self.comparable_fields == other.comparable_fields
        return False

    @property
    def comparable_fields(self):
        """ 取得用於比較物件的欄位值 """
        return (self.first_name, self.last_name, self.phone_number)

def find_potential_customers_v3():
    # 轉換為 VisitRecord 物件後計算集合差值
    return set(VisitRecord(**r) for r in users_visited_puket) - set(
        VisitRecord(**r) for r in users_visited_nz
    )
```

雜湊值必須獨一無二嗎？

看了上面的雜湊值演算法，也許你會有一個疑問：一個物件的雜湊值必須獨一無二嗎？

答案是「不需要」。對於兩個不同的物件，它們的雜湊值最好不同，但即便雜湊值一樣也沒關係。有個術語專門用來描述這種情況：**雜湊衝突**（hash

> collision）。一個正常的雜湊表，一定會處理好雜湊衝突，同一個雜湊值確實
> 可能會指向多個物件。
>
> 因此，當 Python 透過雜湊值在表裡搜索時，並不會完全相依雜湊值，而一定
> 會再做一次精准的相等比較運算 ==（使用 __eq__），這樣才能最終保證程式
> 的正確性。
>
> 話雖如此，一個設計優秀的雜湊演算法，應該儘量做到讓不同物件擁有不同
> 雜湊值，減少雜湊衝突的可能性，這樣才能讓雜湊表的性能最大化，讓內容
> 存取的時間複雜度保持在 O(1)。

故事到這還沒有結束。

如果讓我評價一下上面這份程式，非讓我說：「它比『使用集合優化函式』階段
的簡單『預計算集合 + 迴圈檢查』方案更好」，我還真開不了口。上面的程式很
複雜，而且用到了許多高級方法，完全稱不上是一段多麼務實的好程式，它最
大的用途其實是闡述了集合與雜湊演算法的工作原理。

基本沒有人會在實際工作中寫出上面這種程式來解決這麼一個簡單問題。但
是，有了下面這個模組的 明，事情也許會有一些變化。

5. 使用 `dataclasses`

`dataclasses` 是 Python 在 3.7 版本後新增的一個內建模組。它最主要的用途是
利用型態註解語法來快速定義像上面的 `VisitRecord` 一樣的資料類別。使用
`dataclasses` 可以極大地簡化 `VisitRecord` 類別，程式最終會變成下面這樣：

```python
from dataclasses import dataclass, field

@dataclass(frozen=True)
class VisitRecordDC:
    first_name: str ❶
    last_name: str
    phone_number: str
    date_visited: str = field(compare=False) ❷


def find_potential_customers_v4():
    return set(VisitRecordDC(**r) for r in users_visited_puket) - set(
        VisitRecordDC(**r) for r in users_visited_nz
    )
```

❶ 要定義一個 dataclass 欄位，只需提供欄位名和型態註解即可

❷ 因為旅遊時間 date_visited 不用於比較運算，所以需要指定 compare=False
跳過該欄位

透過 @dataclass 來定義一個資料類別，我完全不用再手動實現 __init__
方法，也不用重寫任何 __eq__ 與 __hash__ 方法，所有的邏輯都會由
@dataclass 自動完成。

在上面的程式裡，尤其需要說明的是 @dataclass(frozen=True) 語句裡的
frozen 參數。在預設情況下，由 @dataclass 建立的資料類別都是可修改的，
不支持任何雜湊操作。因此你必須指定 frozen=True，明確地將當前類別變為
不可變型態，這樣才能正常計算物件的雜湊值。

最後，在集合運算和資料類別的幫助之下，不用做任何苦差事，總共不到十行
程式碼就能完成所有的工作。

6. 小結

問題解決後，我們簡單做一下總結。在處理這個問題時，我一共使用了三種
方案：

（1）使用普通的兩層迴圈篩選符合規則的結果集。

（2）利用雜湊表結構（set 物件）建立索引，提升處理效率。

（3）將資料轉換為自訂物件，直接使用集合進行運算。

方案（1）的性能問題太大，不做過多討論。

方案（2）其實是個非常務實的問題解決辦法，它程式不多，容易理解，並且由於
不需要建立任何自訂物件，所以它在性能與記憶體佔用上甚至略優於方案（3）。

但我之所以繼續推導出了方案（3），是因為我覺得它非常有趣：它有效地利用
了 Python 世界的規則，創造性地達成了目的。這條規則可具體化為：「Python
擁有集合型態，集合間可以透過運算子 - 進行差值運算」。

希望你可以從這個故事裡體會到用資料模型與規則來解決實際問題的美妙。

12.3 程式設計建議

12.3.1 認識 __hash__ 的危險性

在案例故事裡,我展示了如何透過重寫 __hash__ 方法來重寫物件的雜湊值,並以此改變對象在存入雜湊表時的行為。但是,在設計 __hash__ 方法時,不是任何東西都適用於計算雜湊值,而必須遵守一個原則。

我們透過下面這個類別來看看究竟是什麼原則:

```python
class HashByValue:
    """ 根據 value 屬性計算雜湊值 """

    def __init__(self, value):
        self.value = value

    def __hash__(self):
        return hash(self.value)
```

HashByValue 類別重寫了預設的物件雜湊方法,總是使用 value 屬性的雜湊值來當作物件雜湊值。但是,假設一個 HashByValue 物件的 value 屬性在物件生命週期裡發生變化,就會產生古怪的現象。

先看看下面這段程式:

```python
>>> h = HashByValue(3)
>>> s = set()
>>> s.add(h)
>>> s
{<__main__.HashByValue object at 0x108416dc0>}
>>> h in s
True
```

在上面這段程式裡,我建立了一個 HashByValue 物件,並把它放進了一個空集合裡。看上去一切都很正常,但是假設我稍微修改一下物件的 value 屬性:

```python
>>> h.value = 4
>>> h in s
False
```

h 的 value 變成 4 以後,h 從集合裡消失了!

因為 value 取值變了，h 物件的雜湊值也隨之改變。而當雜湊值改變後，Python 就無法透過新的雜湊值從集合裡找到原本存在的物件了。

所以，設計雜湊演算法的原則是：在一個物件的生命週期裡，它的雜湊值必須保持不變，否則就會出現各種奇怪的事情。這也是 Python 把所有可變型態（清單、字典）設定為「不可雜湊」的原因。

每當你想要重寫 __hash__ 方法時，一定要保證方法產生的雜湊值是穩定的，不會隨著物件狀態而改變。要做到這點，要麼你的物件不可變，不允許任何修改 —— 就像定義 dataclass 時指定的 frozen=True；要麼至少應該保證，被捲入雜湊值計算的條件不會改變。

12.3.2　資料模型不是「穩贏」之道

在談論 Python 的資料模型時，有個觀點常會被我們提起：資料模型是寫出 Pythonic 程式的關鍵，自訂資料模型的程式更地道。

在大多數情況下，這個觀點是有道理的。舉個例子，下面的 Events 類別是個用來裝事件的容器型態，我給它定義「是否為空」「按索引值取得事件」等方法：

```python
class Events:
    def __init__(self, events):
        self.events = events

    def is_empty(self):
        return not bool(self.events)

    def list_events_by_range(self, start, end):
        return self.events[start:end]
```

使用 Events 類別：

```python
events = Events(
    [
        'computer started',
        'os launched',
        'docker started',
        'os stopped',
    ]
)

# 判斷有內容後，輸出第二個和第三個物件
if not events.is_empty():
    print(events.list_events_by_range(1, 3))
```

上面的程式散發著濃濃的傳統物件導向氣味。我給 Events 型態支持的操作起一些直觀的名字，然後將它們定義成普通方法，之後透過這些方法來使用物件。

不過，Events 類別的這兩個操作，其實可以精確匹配 Python 資料模型裡的概念。假設應用一些資料模型知識，我們可以把 Events 類別改造得更符合 Python 風格：

```python
class Events:
    def __init__(self, events):
        self.events = events

    def __len__(self):
        """ 自訂長度，將會用來做布林判斷 """
        return len(self.events)

    def __getitem__(self, index):
        """ 自訂切片方法 """
        # 直接將 slice 切片物件透明傳輸給 events 處理
        return self.events[index]
```

使用新的 Events 類別：

```python
# 判斷是否有內容，輸出第二個和第三個物件
if events:
    print(events[1:3])
```

相比舊程式，新的 Events 類別提供了更簡潔的 API，也更符合 Python 物件的使用習慣。

正如 Events 類別所展示的，許多基於 Python 資料模型設計出來的型態更地道，API 也更好用。但我想補充的是：不要把資料模型當成寫程式時的萬能藥，把所有腳都塞進資料模型這雙靴子裡。

舉個例子，假設你有一個用來處理使用者物件的規則型態 UserRule，它支援唯一的公開方法 apply()。那麼，你是不是應該把 apply 改成 __call__ 呢？這樣一來，UserRule 物件會直接變為可呼叫，它的使用方式也會從 rule.apply(...) 變成 rule(...)，看上去似乎更短也更簡單。

不過我倒覺得，把 UserRule 往資料模型裡套未必是個好主意。明確呼叫 apply 方法，實際上比隱含的可呼叫物件更好、更清晰。

恰當地使用資料模型，確實能讓我們寫出更符合 Python 習慣的程式，設計出更地道的 API。但也得注意不要過度，有時，「聰明」的程式反而不如「笨」程式，平鋪直敘的「笨」程式或許更能表達出設計者的意圖，更容易讓人理解。

12.3.3 不要相依 `__del__` 方法

我常常見到人們把 `__del__` 當成一種自動化的資源回收方法來用。例如，一個請求其他服務的 Client 物件會在初始化時建立一個連接池。那麼寫程式的人極有可能會重寫物件的 `__del__` 方法，把關閉連接池的邏輯放在方法裡。

但上面這種做法實際上很危險。因為 `__del__` 方法其實沒那麼可靠，下面我來告訴你為什麼。

對於 `__del__` 方法，人們常常會做一種望文生義的簡單化理解。那就是如果 Foo 類別定義了 `__del__` 方法，那麼當我呼叫 del 語句，刪除一個 Foo 型態物件時，它的 `__del__` 方法就一定會被觸發。

舉例來說，下面的 Foo 類別就定義了 `__del__` 方法：

```python
class Foo:
    def __del__(self):
        print(f'cleaning up {self}...')
```

試著初始化一個 foo 物件，然後刪除它：

```python
>>> foo = Foo()
>>> del foo
cleaning up <__main__.Foo object at 0x10ac288b0>...
```

foo 物件的 `__del__` 方法的確被觸發了。但是，假設我稍微做一些調整，情況就會發生改變：

```python
>>> foo = Foo()
>>> l = [foo, ]
>>> del foo
```

這一次，我在刪除 foo 之前，先把它放進了一個串列裡。這時 del foo 語句就沒有產生任何結果，只有當我繼續用 del l 刪除串列物件時，foo 物件的 `__del__` 才會被觸發：

```
>>> del l
cleaning up <__main__.Foo object at 0x101cce610>...
```

現在你應該明白了,一個物件的 __del__ 方法,並非在使用 del 語句時被觸發,而是在它被作為垃圾回收時觸發。del 語句無法直接回收任何東西,它只是簡單地刪掉了指向當前物件的一個引用(變數名)而已。

換句話說,del 讓物件的引用計數減 1,但只有當引用計數降為 0 時,它才會馬上被 Python 解譯器回收。因此,在 foo 仍然被串列 l 引用時,刪除 foo 的其中一個引用是不會觸發 __del__ 的。

總而言之,垃圾回收機制是一門程式設計語言的實現細節。我所說的引用計數這套邏輯,也只針對 CPython 目前的版本有效。對於未來的 CPython 版本,或者 Python 語言的其他實現來說,它們完全有可能採用一些截然不同的垃圾回收策略。因此,__del__ 方法的觸發機制實際上是一個謎,它可能在任何時機觸發,也可能很長時間都不觸發。

正因為如此,相依 __del__ 方法來做一些清理資源、釋放鎖、關閉連接池之類的關鍵工作,其實非常危險。因為你建立的任何物件,完全有可能因為某些原因一直都不被作為垃圾回收。這時,網路連接會不斷增長,鎖也一直無法被釋放,最後整個程式會在某一刻轟然崩塌。

如果你要給物件定義資源清理邏輯,請避免使用 __del__。你可以要求使用方明確呼叫清理方法,或者實現一個上下文管理器協議 —— 用 with 語句來自動清理(參考 Python 的檔物件),這些方式全都比 __del__ 好得多。

12.4　總結

在本章中,我們學習了不少與 Python 資料模型有關的知識。

瞭解 Python 的一些資料模型知識,可以讓你更容易寫出符合 Python 風格的程式,設計出更好用的框架和工具。有時,資料模型甚至能助你事半功倍。

以下是本章要點知識總結。

(1)字串相關協定

- 使用 __str__ 方法,可以定義物件的字串值(被 str() 觸發)。
- 使用 __repr__ 方法,可以定義物件對除錯友好的詳細字串值(被 repr() 觸發)。

❑ 如果物件只定義了 `__repr__` 方法，它同時會用於替代 `__str__`。

❑ 使用 `__format__` 方法，可以在物件被用於字串模板渲染時，提供多種字串值（被 `.format()` 觸發）。

（2）比較運算子重載

❑ 透過重載與比較運算子有關的 6 個魔法方法，你可以讓物件支援 `==`、`>=` 等比較運算。

❑ 使用 `functools.total_ordering` 可以極大地減少重載比較運算子的工作量。

（3）描述符協議

❑ 使用描述符協議，你可以輕鬆實現可重複使用的屬性物件。

❑ 實現了 `__get__`、`__set__`、`__delete__` 其中任何一個方法的類別都是描述符類別。

❑ 要在描述符裡儲存實例級別的資料，你需要將其存放在 `instance.__dict__` 裡，而不是直接放在描述符物件上。

❑ 使用 `__set_name__` 方法能讓描述符物件知道自己被綁定了什麼名字。

（4）資料類別與自訂雜湊運算

❑ 要讓自訂類別支援集合運算，你需要實現 `__eq__` 與 `__hash__` 兩個方法。

❑ 如果兩個物件相等，它們的雜湊值也必須相等，否則會破壞雜湊表的正確性。

❑ 不同物件的雜湊值可以一樣，雜湊衝突並不會破壞程式正確性，但會影響效率。

❑ 使用 `dataclasses` 模組，你可以快速建立一個支援雜湊操作的資料類別。

❑ 要讓資料類別支援雜湊操作，你必須指定 `frozen=True` 參數將其聲明為不可變型態。

❑ 一個物件的雜湊值必須在它的生命週期裡保持不變。

（5）其他建議

❑ 雖然資料模型能幫我們寫出更 Pythonic 的程式，但切勿過度推崇。

❑ `__del__` 方法不是在執行 del 語句時被觸發，而是在對象被作為垃圾回收時被觸發。

❑ 不要使用 `__del__` 來做任何「自動化」的資源回收工作。

13

開發大型專案

1991 年，在發布 Python 的第一個版本 .9.0 時，Guido 肯定沒想過，這門在當時看來有些怪異、依靠縮排來區分程式區段的程式設計語言，會在之後一路高歌猛進，三十年後一躍成為全世界最為流行的程式設計語言之一 [1]。

但 Python 的流行並非偶然，簡潔的語法、強大的標準函式庫以及極低的上手成本，都是 Python 贏得眾人喜愛的重要原因。以我自己為例，我最初就是被 Python 的簡潔語法所吸引，而後成為了一名忠實的 Python 愛好者。

但除了那些顯而易見的優點外，我喜歡 Python 還有另一個原因：「自由感」。

對我而言，Python 的「自由感」體現在，我既可以用它來寫一些快速的小腳本，同時也能用它來做一些真正的「大專案」，解決一些更為複雜的問題。

在任何時候，當遇到某個小問題時，我都可以隨手打開一個文字編輯器，馬上開始寫 Python 程式。程式寫好後直接儲存成 .py 檔，然後呼叫解譯器執行，一眨眼的時間就能解決問題。

而在面對更複雜的需求時，Python 仍然是一個不錯的選擇。在經歷了多年發展後，如今的 Python 有著成熟的打包機制、強大的工具鏈以及繁榮的第三方生態，無數企業樂於用 Python 來開發重要專案。

在國外，許多大企業在或多或少地使用 Python，YouTube、Instagram 以及 Dropbox 的後臺程式幾乎完全使用 Python 撰寫 [2]。而在中國，豆瓣、搜狐郵箱、知乎等許多產品，也大量用到了 Python。

1　在 2021 年 7 月發布的 TIOBE 程式設計語言流行榜單上，Python 名列第三，僅次於 C 語言和 Java。

2　此處的「幾乎完全使用」特指這些專案的早期階段。這是因為隨著專案變得龐大，新服務不斷誕生，舊的功能模組也會被持續拆分和重寫。在這個過程中，原本的 Python 程式會被其他程式設計語言部分替換。

但是，寫個幾百行程式的 Python 腳本是一回事，參與一個有數萬行程式的專案，用它來服務成千上萬的使用者則完全是另一回事。當專案規模變大，參與人數變多後，許多在寫小腳本時完全不用考慮的問題會跳出來：

❑ 縮排用 Tab 還是空格？如何讓所有人的程式格式保持統一？

❑ 為什麼每次發布新版本都心驚膽戰？如何在程式上線前發現錯誤？

❑ 如何在快速開發新功能的同時，對程式做安全重構？

在本章中，我會圍繞上面這些問題分享一些經驗。

雖然 Python 有官方的 PEP 8 規範，但在實際專案裡，區區紙面規範遠遠不夠。在 13.1 節中，我會介紹一些常用的程式格式化工具，利用這些工具，你可以在大型專案裡輕鬆統一程式風格，提升程式品質。

在開發大型專案時，自動化測試是必不可少的一環。它能讓我們可以更容易發現程式裡的問題，更好地保證程式的正確性。在 13.2 節中，我會對常用的測試工具 pytest 做簡單介紹，同時分享一些實用的單元測試技巧。

希望本章內容能在你參與大型專案開發時提供一些幫助。

13.1　常用工具介紹

在很多事情上，百花齊放是件好事，但在開發大型專案時，百花齊放的程式風格卻會毀滅整個專案。

試想一下，在合作開發專案時，如果每個人都堅持自己的一套程式風格，最後的專案程式肯定會破碎不堪、難以入目。因此，在多人參與的大型專案裡，最基本的一件事就是讓所有人的程式風格保持一致，整潔得就像是出自同一人之手。

下面介紹 4 個與程式風格有關的工具。如果能讓所有開發者都使用這些工具，你就可以輕鬆統一專案的程式風格。

　如無特殊說明，本節提到的所有工具都可以透過 pip 直接安裝。

13.1.1 flake8

在 1.1.4 節中，我提到 Python 有一份官方程式風格指南：PEP 8。PEP 8 對程式風格提出了許多具體要求，例如每行程式不能超過 79 個字元、運算子兩側一定要添加空格，等等。

但正如章首所說，在開發專案時，光有一套紙面上的規範是不夠的。紙面規範只適合閱讀，無法用來快速檢驗真實程式是否符合規範。只有透過自動化程式檢查工具（常被稱為 Linter[3]）才能最大地發揮 PEP 8 的作用。

flake8 就是這麼一個工具。利用 flake8，你可以輕鬆檢查程式是否遵循了 PEP 8 規範。

例如，下面這段程式：

```python
class Duck:
    """ 鴨子類別

    :param color: 鴨子顏色
    """

    def __init__(self,color):
        self.color= color
```

雖然語法正確，但如果用 flake8 掃描它，會報出下面的錯誤：

```
flake8_demo.py:3:3: E111 indentation is not a multiple of four ❶
flake8_demo.py:8:3: E111 indentation is not a multiple of four
flake8_demo.py:8:20: E231 missing whitespace after ',' ❷
flake8_demo.py:9:15: E225 missing whitespace around operator ❸
```

❶ PEP 8 規定必須縮進必須使用 4 個空格，但上面的程式只用了 2 個
❷ PEP 8 規定逗號，後必須有空格，應改為 def init(self, color):
❸ PEP 8 規定操作符兩邊必須有空格，應改為 self.color = color

值得一提的是，flake8 的 PEP 8 檢查功能，並非由 flake8 自己實現，而是主要由集成在 flake8 裡的另一個 Linter 工具 pycodestyle 提供。

除了 PEP 8 檢查工具 pycodestyle 以外，flake8 還集成了另一個重要的 Linter，它同時也是 flake8 名字裡單詞「flake」的由來，這個 Linter 就是

3　Linter 指一類別特殊的程式靜態分析工具，專門用來找出程式裡的格式問題、語法問題等，明提升程式品質。

pyflakes。同 pycodestyle 相較，pyflakes 更專注於檢查程式的正確性，例如語法錯誤、變數名未定義等。

以下面這個檔為例：

```
import os
import re


def find_number(input_string):
    """ 找到字串裡的第一個整數 """
    matched_obj = re.search(r'\d+', input_sstring)
    if matched_obj:
        return int(matched_obj.group())
    return None
```

假設用 flake8 掃描它，會得到下面的結果：

```
flake8_error.py:1:1: F401 'os' imported but unused ❶
flake8_error.py:7:37: F821 undefined name 'input_sstring' ❷
```

❶ os 模組被導入了，但沒有使用

❷ input_sstring 變數未被定義（名字裡多了一個 s）

這兩個錯誤就是由 pyflakes 掃描出來的。

flake8 為每類錯誤定義了不同的錯誤程式，例如 F401、E111 等。這些程式的首字母代表了不同的錯誤來源，例如以 E 和 W 開頭的都違反了 PEP 8 規範，以 F 開頭的則來自於 pyflakes。

除了 PEP 8 與錯誤檢查以外，flake8 還可以用來掃描程式的循環複雜度（見 7.3.1 小節），這部分功能由集成在工具裡的 mccabe 模組提供。當 flake8 發現某個函式的循環複雜度過高時，會輸出下面這種錯誤：

```
$ flake8 --max-complexity 8 flake8_error.py ❶
flake8_error.py:5:1: C901 'complex_func' is too complex (12)
```

❶ --max-complexity 參數可以修改允許的最大循環複雜度，建議該值不要超過 10

如之前所說，flake8 的主要檢查能力是由它所集成的其他工具所提供的。而更有趣的是，flake8 其實把這種集成工具的能力完全透過外掛程式機制開放給了我們。這意味著，當我們想定制自己的程式規範檢查時，完全可以透過寫一個 flake8 外掛程式來實現。

在 flake8 的官方文件中，你可以找到詳細的外掛程式開發教學。一個極為嚴格的流行程式規範檢查工具：wemake-python-styleguide，就是完全基於 flake8 的外掛程式機制開發的。

掃描結果範例：wemake-python-styleguide 對程式的要求極為嚴格。安裝它以後，如果再用 flake8 掃描之前的 find_number() 函式，你會發現許多新錯誤冒了出來，其中大部分和函式文件有關：

```
$ flake8 flake8_error.py
flake8_error.py:1:1: D100 Missing docstring in public module
flake8_error.py:1:1: F401 'os' imported but unused
flake8_error.py:6:1: D400 First line should end with a period
flake8_error.py:6:1: DAR101 Missing parameter(s) in Docstring: - input_string
flake8_error.py:6:1: DAR201 Missing "Returns" in Docstring: - return
flake8_error.py:7:37: F821 undefined name 'input_sstring'
```

由此可見，flake8 是一個非常全能的工具，它不光可以檢查程式是否符合 PEP 8 規範，還能幫你找出程式裡的錯誤，找出循環複雜度過高的函式。此外，flake8 還透過外掛程式機制提供了強大的定制能力，可謂 Python 程式檢查領域的一把「瑞士刀」，非常值得在專案中使用。

13.1.2　isort

在寫模組時，我們會用 import 語句來導入其他相依模組。假設相依模組很多，這些 import 語句也會隨之變多。此時如果缺少規範，這許許多多的 import 就會變得雜亂無章，難以閱讀。

為了解決這個問題，PEP 8 規範提出了一些建議。PEP 8 認為，一個原始碼檔案內的所有 import 語句，都應該依照以下規則分為三組：

（1）導入 Python 標準函式庫的 import 語句。

（2）導入相關聯的第三方函式庫的 import 語句。

（3）與當前應用（或當前函式庫）相關的 import 語句。

不同的 import 語句組之間應該用空格分開。

如果用上面的規則來組織程式，import 語句會變得更整齊、更有規律，閱讀程式的人也能更輕鬆地得知每個相依模組的來源。

但問題是，雖然上面的分組規則很有用，但要遵守它，比你想的要麻煩許多。試想一下，在寫程式時，每當你新增一個外部相依，都得先掃一遍檔案開始的所有 import 分組，確定新相依屬於哪個分組，然後才能繼續寫程式，整個過程非常繁瑣。

幸運的是，isort 工具可以幫你簡化這個過程。借助 isort，我們不用手動進行任何分組，它會幫我們自動做好這些事。

舉個例子，某個文件開始部分的 import 語句如下所示：

源碼文件：isort_demo.py

```
import os
import requests
import myweb.models ❶
from myweb.views import menu
from urllib import parse
import django
```

❶ 其中 myweb 是本地應用的模組名

執行 isortisort_demo.py 命令後，這些 import 語句都會被排列整齊：

```
import os ❶
from urllib import parse

import django ❷
import requests

import myweb.models ❸
from myweb.views import menu
```

❶ 第一部分：標準函式庫部分
❷ 第二部分：第三方部分
❸ 第三部分：本機部分

除了能自動分組以外，isort 還有許多其他功能。例如，某個 import 語句特別長，超出了 PEP 8 規範所規定的最大長度限制，isort 就會將它自動換行，免去了手動換行的麻煩。

總之，有了 isort 以後，你在調整 import 語句時可以變得隨心所欲，只需負責一些簡單的編輯工作，isort 會幫你搞定剩下的所有事情 —— 只要執行 isort，整段 import 程式就會自動變得整齊且漂亮。

13.1.3 **black**

在 13.1.1 節中，我介紹了 Linter 工具：flake8。使用 flake8，我們可以檢驗程式是否遵循 PEP 8 規範，保持專案風格統一。

不過，雖然 PEP 8 規範為許多程式風格問題提供了標準答案，但這份答案其實非常宏觀，在許多細節要求上並不嚴格。在許多情況中，同一段程式在符合 PEP 8 規範的前提下，可以寫成好幾種風格。

以下面的程式為例，同一個方法呼叫語句可以寫成三種風格。

第一種風格：在不超過單行長度限制時，把所有方法參數寫在同一行。

```
User.objects.create(name='piglei', gender='M', lang='Python', status='active')
```

第二種風格：在第二個參數時換行，並讓後面的參數與之對齊。

```
User.objects.create(name='piglei',
                    gender='M',
                    language='Python',
                    status='active')
```

第三種風格：統一使用一層縮排，每個參數單獨佔用一行。

```
User.objects.create(
    name='piglei',
    gender='M',
    language='Python',
    status='active'
)
```

假設你用 flake8 來掃描上面這三段程式，會發現它們雖然風格迥異，但全都符合 PEP 8 規範。

從各種角度來說，上面三種風格並沒有絕對的優劣之分，一切都只與個人喜好有關。但問題是，不同人的喜好存在差異，而這種差異最終只會給專案帶來不必要的溝通成本，影響開發效率。

舉個例子，有一位開發人員是第二種程式風格的堅決擁護者。在審查程式時，他發現另一位開發者的所有函式呼叫程式都寫成了第三種風格。這時，他倆可能會圍繞這個問題展開討論，互相爭辯自己的風格才是最好的。到最後，程式審查裡的大多數討論變成了程式風格之爭，消耗了大家的大部分精力。那些真正需要關注的程式問題，反而變得無人問津。

此外，透過手動編輯程式讓其維持 PEP 8 風格，其實還有另一個問題。

假設你喜歡第一種程式風格：只要函式參數沒超過長度限制，就堅決都放在一行裡。某天你在開發新功能時，給函式呼叫增加了一些新參數，修改後發現新程式的長度超過了最大長度限制，於是手動對所有參數進行換行、對齊，整個過程既機械又麻煩。

因此，在多人參與的專案中，除了用 flake8 來掃描程式是否符合 PEP 8 規範外，我推薦一個更為激進的程式格式化工具：black。

black 用起來很簡單，只要執行 black{filename} 命令即可。

舉個例子，上面三種風格的函式呼叫程式被 black 自動格式化後，都會統一變成下面這樣：

```
User.objects.create(name="piglei", gender="M", language="Python", status="active") ❶
```

❶ 因為程式沒有超過單行長度限制，所以 black 不會進行任何換行，已有的換行也會被壓縮到同一行。與此同時，程式裡字串字面量兩側的單引號也全被替換成了雙引號

當函式增加了新參數，超出單行長度限制以後，black 會根據情況自動將程式格式化成以下兩種風格：

```
# 1. 程式稍微長了一點，black 會嘗試將所有參數單獨換行
User.objects.create(
    name="piglei", gender="M", language="Python", status="active", points=100
)

# 2. 程式過長，black 會讓每個參數各占一行
User.objects.create(
    name="piglei",
    gender="M",
    language="Python",
    status="active",
    points=100,
    location="Shenzhen",
)
```

作為一個程式格式化工具，black 最大的特點在於它的不可配置性。正如官方介紹所言，black 是一個「毫不妥協的程式格式化工具」（The Uncompromising Code Formatter）。和許多其他格式化工具相比，black 的配置項可以用「貧瘠」兩個字來形容。除了單行長度以外，你基本無法對 black 的行為做任何調整。

black 的少數幾個配置項如表 13-1 所示。

表 13-1 black 配置項

配置項	說明
-l / --line-length	允許的最大單行寬度，預設為 88
-S / --skip-string-normalization	是否關閉調整字串引號

總之，black 是個非常強勢的程式格式化工具，基本沒有任何可定制性。在某些人看來，這種設計理念免去了配置上的許多麻煩，非常省心。而對於另一部分人來說，這種不支援任何個性化設定的設計，令他們完全無法接受。

從我個人的經驗來看，雖然 black 格式化過的程式並非十全十美，肯定不能在所有細節上讓大家都滿意，但它確實能讓我們不用在各種程式風格間糾結，能有效解決許多問題。整體來看，在大型專案中引入 black，利遠大於弊。

13.1.4　pre-commit

前面我介紹了三個常用的程式檢查與格式化工具。利用這些工具，你可以更好地統一專案內的程式風格，提升程式可讀性。

但只是安裝好工具，再偶爾手動執行那麼一兩次是遠遠不夠的。要最大地發揮工具的能力，你必須讓它們融入所有人的開發流程裡。這意味著，對於專案的每位開發者來說，無論是誰改動了程式，都必須保證新程式一定被 black 格式化過，並且能透過 flake8 的檢查。

那麼，究竟如何實現這一點呢？

一個最容易想到的方式是透過 IDE 入手。大部分 IDE 支持在儲存原始碼檔案的同時執行一些額外程式，因此你可以調整 IDE 配置，讓它在每次儲存 .py 檔時，都自動用 black 格式化程式，執行 flake8 掃描程式裡的錯誤。

但這個方案有個致命的缺點：在多人參與的大型專案裡，你根本無法讓所有人使用同一種 IDE。例如，有些人喜歡用 PyCharm 寫程式，有些人則更習慣用 VS Code，還有些人常年只用 Vim 程式設計。

因此，要讓工具融入每個人的開發流程，依靠 IDE 顯然不現實。

不過，雖然我們沒辦法統一每個人的 IDE，但至少大部分專案使用的版本控制軟體是一樣的 —— Git。而 Git 有個特殊的掛鉤功能，它允許你給每個倉庫配置一些鉤副程式（hook），之後每當你進行特定的 Git 操作時 —— 例如 `git commit`、`git push`，這些鉤副程式就會執行。

`pre-commit` 就是一個基於掛鉤功能開發的工具。從名字就能看出來，`pre-commit` 是一個專門用於預提交階段的工具。要使用它，你需要先建立一個設定檔 .pre-commit-config.yaml。

舉個例子，下面是一個我常用的 pre-commit 設定檔內容：

```
fail_fast: true
repos:
- repo: https://github.com/timothycrosley/isort
  rev: 5.7.0
  hooks:
  - id: isort
    additional_dependencies: [toml]
- repo: https://github.com/psf/black
  rev: 20.8b1
  hooks:
  - id: black
    args: [--config=./pyproject.toml]
- repo: https://github.com/pre-commit/pre-commit-hooks
  rev: v2.4.0
  hooks:
  -   id: flake8
```

可以看到，在上面的設定檔裡，我定義了 isort、**black**、flake8 三個外掛程式。基於這份配置，每當我修改完程式，執行 `git commit` 時，這些外掛程式就會由 pre-commit 依次觸發執行：

```
$ git commit -m 'Update'
isort..................................Passed ❶
black..................................Passed
Flake8.................................Passed

[dev fac43421] Update
 1 file changed, 1 insertion(+), 1 deletion(-)
```

❶ 依次執行配置在 pre-commit 裡的外掛程式，完成程式檢查與格式化工作

假設某次改動後的程式無法透過 pre-commit 檢查，這次提交流程就會中斷。此時作者必須修正程式使其符合規範，之後再嘗試提交。

由於 pre-commit 的設定檔與專案原始碼存放在一起，都在程式倉庫中，因此專案的所有開發者天然共用 pre-commit 的外掛程式配置，每個人不用單獨維護各自的配置，只要安裝 pre-commit 工具就行。

使用 pre-commit，你可以讓程式檢查工具融入每位專案成員的開發流程裡。所有程式改動在被提交到 Git 倉庫前，都會經工具的規範化處理，從而真正實現專案內程式風格的統一。

13.1.5　mypy

Python 是一門動態型態語言。大多數情況下，我們會把動態型態當成 Python 的一個優點，因為它讓我們不必聲明每個變數的型態，不用關心太多型態問題，只專注於用程式實現功能就好。

但現實情況是，我們寫的程式裡的許多 bug 和型態系統息息相關。例如，我在 10.1.1 節介紹型態註解時，寫了短短幾行範例程式，其實裡面就藏著一個 bug：

```
def create_random_ducks(number: int) -> List[Duck]:
    ducks: List[Duck] = []
    for _ in number: ❶
        ...
```

❶ 這一行有錯誤，因為整數 number 不能被迭代，range(number) 物件才行

為了在程式執行前就找出由型態導致的潛在 bug，提升程式正確性，人們為 Python 開發了不少靜態型態檢查工具，其中 mypy 最為流行。

舉個例子，假設你用 mypy 檢查上面的程式，它會直接報錯：

```
> mypy type_hints.py
type_hints.py:_: error: "int" has no attribute "__iter__"; maybe "__str__", "__int__",
or "__invert__"? (not iterable)
```

mypy 找這些型態錯誤又快又准，根本不用真正執行程式。

在大型專案中，型態註解與 mypy 的組合能大大提升專案程式的可讀性與正確性。給程式寫上型態註解後，函式參數與變數的型態會變得更明確，人們在閱

讀程式時更不容易感到困惑。再配合 mypy 做靜態檢查,可以輕鬆找出藏在程式裡的許多型態問題。

mypy 讓動態型態的 Python 擁有了部分靜態型態語言才有的能力,值得在大型專案中推廣使用。

 雖然相比傳統 Python 程式,寫帶型態註解的程式總是更麻煩一些,需要進行額外的工作,但和型態註解所帶來的諸多好處相比是完全值得。

13.2　單元測試簡介

在許多年以前,大型軟體專案的發布週期都很長。軟體的每個新版本都要經過漫長的需求設計、功能開發、測試驗證等不同階段,常常會花費數周乃至數月的時間。

但如今,事情發生了很多變化。由於敏捷開發與快速迭代理論的流行,人們現在開始想盡辦法壓縮發布週期、提升發布頻率,態度近乎狂熱。不少百萬行程式量級的互聯網專案,每天要建構數十個版本,每週發布數次。由於建構和發布幾乎無時無刻都在進行,大家給這種實踐起了一個貼切的名字:持續集成(CI)與持續交付(CD)。

在這種高頻次的發布節奏下,如何保障軟體品質成了一個難題。如果依靠人力來手動測試驗證每個新版本,整體工作量會非常巨大,根本不現實,只有自動化測試才能擔此重任。

根據關注點的不同,自動化測試可分為不同的型態,例如 UI 測試、集成測試、單元測試等。不同型態的測試,各自關注著不同的領域,覆蓋了不一樣的情況。例如,UI 測試是模擬一位真實使用者真正使用軟體,以此驗證軟體的行為是否與預期一致。而單元測試透過單獨執行專案程式裡的每個功能單元,來驗證它們的行為是否正常。

在所有測試中,單元測試數量最多、測試成本最低,是整個自動化測試的基礎和重中之重,如圖 13-1 所示。

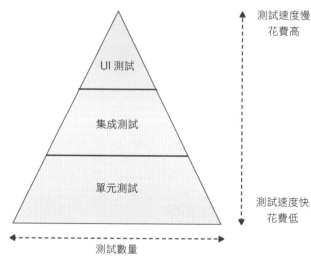

▲ 圖 13-1　測試金字塔

13.2.1 **unittest**

在 Python 裡寫單元測試，最正統的方式是使用 unittest 模組。unittest 是標準函式庫裡的單元測試模組，使用方便，無須額外安裝。

我們先透過一個簡單的測試檔案來感受一下 unittest 的功能：

文件：test_upper.py

```python
import unittest

class TestStringUpper(unittest.TestCase):
    def test_normal(self):
        self.assertEqual('foo'.upper(), 'FOO')


if __name__ == '__main__':
    unittest.main()
```

用 unittest 寫測試程式的第一步，是建立一個繼承 unittest.TestCase 的子類別，然後寫許多以 test 開頭的測試方法。在方法內部，透過呼叫一些以 assert 開頭的方法來進行測試斷言，如下所示。

❑ self.assertEqual(x, y)：斷言 x 和 y 必須相等。

❑ self.assertTrue(x)：斷言 x 必須為布林真。

❑ self.assertGreaterEqual(x, y)：斷言 x 必須大於等於 y。

在 unittest 包內，這樣的 assert{X} 方法超過 30 個。

如果一個測試方法內的所有測試斷言都能透過，那麼這個測試方法就會被標記為成功；而如果有任何一個斷言無法透過，就會被標記為失敗。

使用 python test_upper.py 來執行測試檔案，會輸出測試程式的執行結果：

```
.
-------------------------------------------------------
Ran 1 test in 0.000s

OK
```

除了定義測試方法外，你還可以在 TestCase 類別裡定義一些特殊方法。例如，透過定義 setUp() 和 tearDown() 方法，你可以讓程式在執行每個測試方法的前後，執行額外的程式邏輯。

在看過一個簡單的 unittest 測試檔案後，不知道你有沒有感覺到，雖然是 unittest 是標準函式庫裡的模組，但它的許多設計有些奇怪。

例如，使用 unittest 建立一個測試程式，你必須寫一個繼承 TestCase 的子類別，而不是簡單定義一個函式就行。又例如，TestCase 裡的所有斷言方法 self.assert{X}，全都使用了駝峰命名法 —— assertEqual，而非 PEP 8 所推薦的蛇形風格 —— assert_equal。

要搞清楚為什麼 unittest 會採用這些奇怪設計，需要從模組的歷史出發。**Python** 的 unittest 模組在最初實現時，大量參考了 Java 語言的單元測試框架 JUnit。因此，它的許多「奇怪」設計其實是「Java 化」的表現，例如只能用類別來定義測試程式，又例如方法都採用駝峰命名法等。

但千萬別誤會，我並不是在說 unittest 的 **API** 設計很彆扭，不要用它來寫單元測試。恰恰相反，我認為 unittest 是個功能非常全面的單元測試框架，當你不想引入任何複雜的東西，只想用最簡單實用的方式來寫單元測試時，unittest 是最佳選擇，能很好地滿足需求。

但在日常工作中，我其實更偏愛另一個在 API 設計上更接近 Python 語言習慣的單元測試框架：pytest。接下來我們看看如何用 pytest 做單元測試。

13.2.2　pytest

pytest 是一個開源的第三方單元測試框架,第一個版本發布於 2009 年。
同 unittest 比起來,pytest 功能更多,設計更複雜,上手難度也更高。
但 pytest 的最大優勢在於,它把 Python 的一些慣用寫法與單元測試很好地
融合了起來。因此,當你掌握了 pytest 以後,用它寫出的測試程式遠比用
unittest 寫的簡潔。

為了更好地展示 pytest 的能力,下面我試著用它來寫單元測試。

假設 Python 裡的字串沒有提供 upper() 方法,我得自己寫一個函式,來實現將
字串轉換為大寫的功能。

程式清單 13-1 就是我寫的 string_upper() 函式。

程式清單 13-1　string_utils.py

```python
def string_upper(s: str) -> str:
    """ 將某個字串裡的所有英文字母由小寫轉換為大寫 """
    chars = []
    for ch in s:
        # 32 是小寫字母與大寫字母在 ASCII 碼表中的距離
        chars.append(chr(ord(ch) - 32))
    return ''.join(chars)
```

為了測試函式的功能,我用 pytest 寫了一份單元測試:

```python
from string_utils import string_upper

def test_string_upper():
    assert string_upper('foo') == 'FOO'
```

相信你已經發現了,用 pytest 寫的單元測試程式與 unittest 有很大不同。

首先,TestCase 類別消失了。使用 pytest 時,你不必用一個 TestCase 類別
來定義測試程式,用一個以 test 開頭的普通函式也行。

其次,當你要進行斷言判斷時,不需要呼叫任何特殊的 assert{X}() 方法,只
要寫一條原生的斷言語句 assert {expression} 就好。

正因為這些簡化,用 pytest 來寫測試程式變得非常容易。

用 pytest 執行上面的測試檔案，會輸出以下結果：

```
$ pytest test_string_utils.py
===================== test session starts =====================
platform darwin -- Python 3.8.1, pytest-6.2.2
rootdir: /python_craftman/
collected 1 item

test_string_utils.py .                              [100%]


===================== 1 passed in 0.01s =====================
```

看上去一切順利，string_upper() 函式可以透過測試。

但話說回來，就測試程式的覆蓋率來說，我寫的測試程式根本就不合格。因為我的用例只有輸入字元全為小寫的情況，並沒有考慮到其他場景。例如，當輸入字串為空、輸入字串混合了大小寫時，我們其實並不知道函式是否能回傳正確結果。

為了讓單元測試覆蓋更多場景，最直接的辦法是在 test_string_utils.py 裡增加測試函式。

例如：

```
from string_utils import string_upper


def test_string_upper():
    assert string_upper('foo') == 'FOO'

def test_string_empty():  ❶
    assert string_upper('') == ''

def test_string_mixed_cases():
    assert string_upper('foo BAR') == 'FOO BAR'
```

❶ 新增兩個測試函式

雖然像上面這樣增加函式很簡單，但 pytest 其實為我們提供了更好的工具。

1. 用 **parametrize** 寫參數化測試

在單元測試領域，有一種常用的寫測試程式的技術：**表驅動測試**（table-driven testing）。

當你要測試某個函式在接收到不同輸入參數的行為時，最直接的做法是像上面那樣，直接寫許多不同的測試程式。但這種做法其實並不好，因為它很容易催生出重複的測試程式。

表驅動測試是一種簡化單元測試程式的技術。它鼓勵你將不同測試程式間的差異點抽象出來，提煉成一張包含多份輸入參數、期望結果的資料表，以此驅動測試執行。如果你要增加測試程式，直接往表裡增加一份資料就可以，不用寫任何重複的測試程式。

在 pytest 中實踐表驅動測試非常容易。pytest 為我們提供了一個強大的參數測試工具：pytest.mark.parametrize。利用該裝飾器，你可以方便地定義表驅動測試程式。

以測試檔案 test_string_utils.py 為例，使用參數化工具，我可以把測試程式改造成程式清單 13-2。

程式清單 13-2　使用 parametrize 後的測試程式

```
import pytest
from string_utils import string_upper

@pytest.mark.parametrize(
    's,expected', ❶
    [
        ('foo', 'FOO'), ❷
        ('', ''),
        ('foo BAR', 'FOO BAR'),
    ],
)
def test_string_upper(s, expected): ❸
    assert string_upper(s) == expected ❹
```

❶ 用逗號分隔的參數名串列，也可以理解為資料表每一列欄位的名稱
❷ 資料表的每行資料透過元組定義，元組成員與參數名一一對應
❸ 在測試函式的參數部分，按 parametrize 定義的欄位名，增加對應參數
❹ 在測試函式內部，用參數替換靜態測試資料

利用 parametrize 改造測試程式後，程式會變精簡許多。接著，我們試著執行測試程式：

```
$ pytest test_string_utils.py
================= test session starts =================
platform darwin -- Python 3.8.1, pytest-6.2.2
```

```
rootdir: /python_craftman/
collected 1 item

test_string_utils.py ..F                        [100%]

======================= FAILURES =======================
_____ test_string_upper[foo BAR-FOO BAR] _____

s = 'foo BAR', expected = 'FOO BAR'

    @pytest.mark.parametrize(
        's,expected',
        [
            ('foo', 'FOO'),
            ('', ''),
            ('foo BAR', 'FOO BAR'),
        ],
    )
    def test_string_upper(s, expected):
>       assert string_upper(s) == expected
E       assert 'FOO\x00"!2' == 'FOO BAR'
E         - FOO BAR
E         + FOO"!2

test_string_utils.py:25: AssertionError
================ short test summary info ================
FAILED test_string_utils.py::test_string_upper[foo BAR-FOO BAR]
============== 1 failed, 2 passed in 0.13s ==============
```

哦！測試出錯了。

可以看到，在處理字串 'foo BAR' 時，string_upper() 並不能給出預期的結果，導致測試失敗。

接下來我們嘗試修復這個問題。在 string_upper() 函式的迴圈內部，我可以增加一條過濾邏輯：只有當字元是小寫字母時，才將它轉換成大寫。程式如下所示：

```python
def string_upper(s: str) -> str:
    """ 將某個字串裡的所有英文字母由小寫轉換為大寫 """
    chars = []
    for ch in s:
        if ch >= 'a' and ch <= 'z':
            # 32 是小寫字母與大寫字母在 ASCII 碼表中的距離
            chars.append(chr(ord(ch) - 32))
        else:
```

```
            chars.append(ch)
    return ''.join(chars)
```

❶ 新增過濾邏輯，只處理小寫字母

再次執行單元測試：

```
================== test session starts ==================
platform darwin -- Python 3.8.1, pytest-6.2.2
rootdir: /python_craftman/

collected 3 items

test_string_utils.py ...                      [100%]

=================== 3 passed in 0.01s ===================
```

這次，修改後的 string_upper() 函式完美透過了所有的測試程式。

在本節中，我示範了如何使用 @pytest.mark.parametrize 定義參數化測試，避免寫重複的測試程式。下面，我會介紹 pytest 的另一個重要功能：fixture（測試固定件）。

2. 使用 @pytest.fixture 建立 fixture 對象

在寫單元測試時，我們常常需要重重複使用到一些東西。例如，當你測試一個圖片操作模組時，可能需要在每個測試程式開始時，重複建立一張臨時圖片用於測試。

這種被許多單元測試相依、需要重複使用的物件，常被稱為 fixture。在 pytest 框架下，你可以非常方便地用 @pytest.fixture 裝飾器建立 fixture 對象。

舉個例子，在為某模組寫測試程式時，我需要不斷用到一個長度為 32 的隨機 token 字串。為了簡化測試程式，我可以創造一個名為 random_token 的 fixture，如程式清單 13-3 所示。

程式清單 13-2 包含 fixture 的 conftest.py

```
import pytest
import string
import random


@pytest.fixture
```

```
def random_token() -> str:
    """ 隨機生成 token"""
    token_l = []
    char_pool = string.ascii_lowercase + string.digits
    for _ in range(32):
        token_l.append(random.choice(char_pool))
    return ''.join(token_l)
```

定義完 fixture 後，假設任何一個測試程式需要用到隨機 token，不用執行 import，也不用手動呼叫 random_token() 函式，只要簡單調整測試函式的參數串列，增加 random_token 參數即可：

```
def test_foo(random_token):
    print(random_token)
```

之後每次執行 test_foo() 時，pytest 都會自動找到名為 random_token 的 fixutre 物件，然後將 fixture 函式的執行結果注入測試方法中。

假設你在 fixture 函式中使用 yield 關鍵字，把它變成一個生成器函式，那麼就能為 fixture 增加額外的清理邏輯。例如，下面的 db_connection 會在作為 fixture 使用時回傳一個資料庫連接，並在測試結束需要銷毀 fixture 前，關閉這個連接：

```
@pytest.fixture
def db_connection():
    """ 建立並回傳一個資料庫連接 """
    conn = create_db_conn() ❶
    yield conn
    conn.close() ❷
```

❶ yield 前的程式在建立 fixture 前被呼叫
❷ yield 後的程式在銷毀 fixture 前被呼叫

除了作為函式參數，被主動注入測試方法中以外，pytest 的 fixture 還有另一種觸發方式：自動執行。

透過在呼叫 @pytest.fixture 時傳入 autouse=True 參數，你可以建立一個會自動執行的 fixture。舉個例子，下面的 prepare_data 就是一個會自動執行的 fixture：

```
@pytest.fixture(autouse=True)
def prepare_data():
```

```
    # 在測試開始前，建立兩個使用者
    User.objects.create(...)
    User.objects.create(...)
    yield
    # 在測試結束時，銷毀所有使用者
    User.objects.all().delete()
```

無論測試函式的參數清單裡是否添加 prepare_data，prepare_data fixture 裡的資料準備與銷毀邏輯，都會在每個測試方法的開始與結束階段自動執行。這種自動執行的 fixture，非常適合用來做一些測試準備與事後清理工作。

除了 autouse 以外，fixture 還有一個非常重要的概念：作用域（scope）。

在 pyetst 執行測試時，每當測試程式第一次引用某個 fixture，pytest 就會執行 fixture 函式，將結果提供給測試程式使用，同時將其快取起來。之後，根據 scope 的不同，這個被快取的 fixture 結果會在不同的時機被銷毀。而再次引用 fixture 會重新執行 fixture 函式獲得新的結果，如此周而復始。

pyetst 裡的 fixture 可以使用五種作用域，它們的區別如下。

（1）function（函式）：預設作用域，結果會在每個測試函式結束後銷毀。

（2）class（類別）：結果會在執行完類裡的所有測試方法後銷毀。

（3）module（模組）：結果會在執行完整個模組的所有測試後銷毀。

（4）package（包）：結果會在執行完整個包的所有測試後銷毀。

（5）session（測試會話）：結果會在測試會話（也就是一次完整的 pytest 執行過程）結束後銷毀。

舉個例子，假設你把上面 random_token fixture 的 scope 改為 session：

```
@pytest.fixture(scope='session')
def random_token() -> str:
    ...
```

那麼，無論你在測試程式裡引用了多少次 random_token，在一次完整的 pytest 會話裡，所有地方拿到的隨機 token 都是同一個值。

因為 random_token 的作用域是 session，所以當 random_token 第一次被測試程式引用，建立出第一個隨機值以後，這個值會被後續的所有測試程式重複使用。只有等到整個測試會話結束，random_token 的結果才會被銷毀。

總結一下，fixture 是 pytest 最為核心的功能之一。透過定義 fixture，你可以快速建立出一些可重複使用的測試固定件，並在每個測試的開始和結束階段自動執行特定的程式邏輯。

pytest 的功能非常強大，本節只對它做了最基本的介紹。如果你想在專案裡使用 pytest，可以閱讀它的官方文件，裡面的內容非常詳細。

13.3　有關單元測試的建議

雖然好像人人都認為單元測試很有用，但在實際工作中，有完善單元測試的專案仍然是個稀奇的東西。大家拒絕寫測試的理由總是千奇百怪：「專案時程太緊，沒時間寫測試了，先這麼用吧！」「這個模組太複雜了，根本沒辦法寫測試啊！」「我提交的這個模組太簡單了，看上去就不可能有 bug，寫單元測試幹嘛？」

這些理由乍聽上去都有道理，但其實都不對，它們代表了人們對單元測試的一些常見誤解。

（1）「時程緊迫沒時間寫測試」：寫單元測試看上去要多花費時間，但其實會在未來節約你的時間。

（2）「模組複雜沒辦法寫測試」：也許這正代表了你的程式設計有問題，需要調整。

（3）「模組簡單不需要測試」：是否應該寫單元測試，和模組簡單或複雜沒有任何關係。

在長期寫單元測試的過程中，我總結了幾條相關建議，希望它們能幫你更好地理解單元測試。

13.3.1　寫單元測試不是浪費時間

對於從來沒寫過單元測試的人來說，他們往往會這麼想：「寫測試太浪費時間了，會降低我的開發效率。」從直覺上來看，這個說法似乎有一定道理，因為寫測試程式確實要花費額外的時間，如果不寫測試，這部分時間不就省出來了嗎？

但真的是這樣嗎？不寫測試真能節省時間？我們看看下面這個場景。

假設你在為某個部落客專案開發一個新功能:支援在文章裡插入圖片。在花了一些時間寫好功能程式後,由於這個專案沒有任何單元測試,因此你在本機端開發環境裡簡單測試了一下,確認功能正常後就提交了改動。一天后,這個功能上線了。

但令人意外的是,功能發布以後,雖然文章裡能正常插入圖片,但系統後臺開始接到大量使用者回饋:所有人都沒辦法上傳使用者頭貼了。仔細一查才發現,由於你開發新功能時調整了圖像模組的某個 API,而頭貼處理功能剛好使用了這個 API,因此新功能妨害了八竿子打不著的頭貼上傳功能。

如果有單元測試,上面這種事根本就不會發生。當測試覆蓋了專案的大部分功能以後,每當你對程式做出任何調整,只要執行一遍所有的單元測試,絕大多數問題會自動浮出水面,許多隱蔽的 bug 根本不可能被發布出去。

因此,雖然不寫單元測試看上去節約了一點時間,但有問題的程式上線後,你會花費更多的時間去定位、去處理這個 bug。缺少單元測試的 明,你需要耐心找到改動可能會影響到的每個模組,手動驗證它們是否正常工作。所有這些事所花費的時間,足夠你寫好幾十遍單元測試。

單元測試能節約時間的另一個場景,發生在專案需要重構時。

假設你要對某個模組做大規模的重構,那麼,這個模組是否有單元測試,對應的重構難度天差地別。對於沒有任何單元測試的模組來說,重構是地獄難度。在這種環境下,每當你調整任何程式,都必須仔細找到模組的每一個被引用處,小心翼翼地手動測試每一個場景。稍有不慎,重構就會引入新 bug,好心辦壞事。

而在有著完善單元測試的模組裡,重構是件輕鬆愜意的事情。在重構時,可以按照任何你想要的方式隨意調整和優化舊程式。每次調整後,只要重新執行一遍測試程式,幾秒鐘之內就能得到完善和準確的回饋。

所以,寫單元測試不是浪費時間,也不會降低開發效率。你在單元測試上花費的那點時間,會在未來的日子裡為專案的所有參與者節約不計其數的時間。

13.3.2　不要總想著「補」測試

「先幫我 review 下剛提交的這個 PR[4]，功能已經全實現好了。單元測試我等等補上來！」

在工作中，我常常會聽到上面這句話。情況通常是，某人開發了一個或複雜或簡單的功能，他在本機端開發除錯時，主要依靠手動測試，並沒有同步寫功能的單元測試。但專案對單元測試又有要求。因此，為了讓改動儘早進入程式審查階段，他決定先提交已實現的功能程式，晚點再補上單元測試。

在上面的情況裡，單元測試被當成了一種驗證正確性的事後工具，對開發功能程式沒有任何影響，因此，人們總是可以在完成開發後補上測試。

但事實是，單元測試不光能驗證程式的正確性，還能極大地幫助你改進程式設計。但這種幫助有一個前提，那就是你必須在寫程式的同時寫單元測試。當開發功能與寫測試同步進行時，你會來回切換自己的角色，分別作為程式的設計者和使用者，不斷從程式裡找出問題，調整設計。經過多次調整與打磨後，你的程式會變得更好、更具擴展性。

但是，當你已經開發完功能，準備「補」單元測試時，你的心態和所處環境已經完全不同了。假設這時你在寫單元測試時遇到一些障礙，就會想盡辦法將其移除，例如引入大量 mock，或者只測好測的，不好測的乾脆不測。在這種心態下，你最不想幹的事，就是調整程式設計，讓它變得更容易測試。為什麼？因為功能已經實現了，再改來改去又得重新測，多麻煩呀！所以，不論最後的測試程式有多麼彆扭，只要能執行就好。

測試程式並不比普通程式地位低，選擇事後補測試，你其實白白丟掉了用測試驅動程式設計的機會。只有在寫程式時同步寫單元測試，才能更好地發揮單元測試的能力。

4　PR 是 Pull Request 的首字母縮寫，它由開發者建立，裡面包含對專案的程式修改。PR 在經過程式審查、討論、調整的流程後，會併入主分支。PR 是人們透過 GitHub 進行程式協作的主要工具。

我應該使用 TDD 嗎？

TDD（test-driven development，測試驅動開發）是由 Kent Beck 提出的一種軟體發展方式。在 TDD 工作流下，要對軟體做一個改動，你不會直接修改程式，而會先寫出這個改動所需要的測試程式。

TDD 的工作流大致如下：

（1）寫測試程式（哪怕測試程式引用的模組根本不存在）。

（2）執行測試程式，讓其失敗。

（3）寫最簡單的程式（此時只關心實現功能，不關心程式整潔度）。

（4）執行測試程式，讓測試透過。

（5）重構程式，刪除重複內容，讓程式變得更整潔。

（6）執行測試程式，驗證重構。

（7）重複整個過程。

在我看來，TDD 是一種行之有效的工作方式，它很好地發揮了單元測試驅動設計的能力，能幫助你寫出更好的程式。

但在實際工作中，我其實很少宣稱自己在實踐 TDD。因為在開發時，我基本不會嚴格遵循上面的 TDD 標準流程。例如，有時我會直接跳過 TDD 的前兩個步驟，不寫任何會失敗的測試程式，直接就開始寫功能程式。

假設你從來沒試過 TDD，建議瞭解一下它的基本概念，試著在專案中用 TDD 流程寫幾天程式。也許到最後，你會像我一樣，雖然不會成為 TDD 的忠實信徒，但透過 TDD 的幫助找到了最適合自己的開發流程。

13.3.3　難測試的程式就是爛程式

在為程式寫單元測試時，我們常常會遇到一些特別棘手的情況。

舉個例子，當模組相依了一個全域物件時，寫單元測試就會變得很難。全域物件的基本特徵決定了它在記憶體中永遠只會存在一份。而在寫單元測試時，為了驗證程式在不同場景下的行為，我們需要用到多份不同的全域物件。這時，全域對象的唯一性就會成為寫測試最大的阻礙。

再舉一個例子，專案中有一個負責使用者文章的類別 UserPostService，它的功能非常複雜，初始化一個 UserPostService 物件，需要提供多達十幾個相依參數,例如使用者物件、資料庫連線物件、某外部服務的 Client 物件、Redis 快取池對象等。

這時你會發現,很難給 UserPostService 寫單元測試,因為寫測試的第一個步驟就會難倒你:建立不出一個有效的 UserPostService 物件。光是想辦法搞定它所相依的那些複雜參數,都要花費大半天的時間。

所以我的結論很簡單:**難測試的程式就是爛程式**。

在不寫單元測試時,爛程式就已經是爛程式了,只是我們沒有很好地意識到這一點。也許在程式審查階段,某個經驗豐富的同事會在審查留言裡,友善而委婉地提到:「我覺得 UserPostService 類別好像有點複雜?要不要考慮拆分一下?」但也許他也不能準確說出拆分的深層理由。也許經過妥協後,這堆複雜的程式最終就這麼上線了。

但有了單元測試後,情況就完全不同了。每當你寫出難以測試的程式時,單元測試總會無差別地大聲告訴你:「你寫的程式太爛了!」不留半點情面。

因此,每當你發現很難為程式寫測試時,就應該意識到程式設計可能存在問題,需要努力調整設計,讓程式變得更容易測試。也許你應該直接刪掉全域物件,僅在它被用到的那幾個地方每次手動建立一個新物件。也許你應該把 UserPostService 類別按照不同的抽象級別,拆分為許多個不同的小類別,把相依 I/O 的功能和純粹的資料處理完全隔離開來。

單元測試是評估程式品質的尺規。每當你寫好一段程式,都能清楚地知道到底寫得好還是壞,因為單元測試不會撒謊。

13.3.4　像應用程式一樣對待測試程式

隨著專案的不斷發展,應用程式會越來越多,測試程式也會隨之增長。在看過許許多多的應用程式與測試程式後,我發現,人們在對待這兩類程式的態度上,常常有一些微妙的區別。

第一個區別,是對重複程式的容忍程度。舉個例子,假設在應用程式裡,你提交了 10 行非常相似的重複程式,那麼這些程式幾乎一定會在程式審查階段,被其他同事作為爛程式指出來,最後它們非得抽象成函式不可。但在測試程式裡,出現 10 行重複程式是件稀鬆平常的事情,人們甚至能容忍更長的重複程式碼片段。

第二個區別，是對程式執行效率的重視程度。在寫應用程式時，我們非常關心程式的執行效率。假設某個核心 API 的執行時間突然從 100 毫秒變成了 130 毫秒，會是個嚴重的問題，需要盡快解決。但是，假設有人在測試程式裡偶然引入了一個效率低下的 fixture，導致整個測試的執行執行時間突然增加了 30%，似乎也不是什麼大事，極少會有人關心。

最後一個區別，是對「重構」的態度。在寫應用程式時，我們會定期回顧一些品質糟糕的模組，在必要時做一些重構工作加以改善。但是，我們很少對測試程式做同樣的事情 —— 除非某個舊測試程式突然壞掉了，否則我們絕不去動它。

總體來說，在大部分人看來，測試程式更像是程式世界裡的「二等公民」。人們很少關心測試程式的執行效率，也很少會想辦法提升它的品質。

但這樣其實是不對的。如果對測試程式缺少必要的重視，那麼它就會慢慢「腐爛」。當它最終變得不堪入目，執行執行時間以小時計時，人們就會從心理上開始排斥寫測試，也不願意執行測試。

所以，我建議你像對待應用程式一樣對待測試程式。

例如，你應該關心測試程式的品質，常常想著把如何把它寫得更好。具體來說，你應該像學習專案 Web 開發框架一樣，深入學習測試框架，而不只是每天重複使用測試框架最簡單的功能。只有在了解工具後，你才能寫出更好的測試程式。拿之前的 pytest 例子來說，假設你並不知道 @pytest.mark.parametrize 的存在，那就得重複寫許多相似的測試程式。

測試程式的執行效率同樣十分重要。只有當整個單元測試總能在足夠短的時間內執行完時，大家才會更願意頻繁地執行測試。在開發專案時，所有人能更快、更頻繁地從測試中獲得回饋，寫程式的節奏才會變得更好。

13.3.5　避免教條主義

說起來很奇怪，在單元測試領域有非常多的理論與說法。人們總是樂於發表各種對單元測試的見解，在文章、演講以及與同事的交談中，你常常能聽到下面這些話：

❏ 「只有 TDD 才是寫單元測試的正確方式，其他都不行！」

❏ 「TDD 已死，測試萬歲！」

❏ 「單元測試應該純粹，任何相依都應該被 mock 掉！」

❏　「mock 是一種垃圾技術，mock 越多，表示程式越爛！」

❏　「只有專案測試覆蓋率達到 100%，才算是合格！」

❏　……

這些觀點各自都有許多狂熱的追隨者，但我有個建議：你應該了解這些理論，越多越好，但是千萬不要陷入教條主義。因為在現實世界裡，每個人參與的專案千差萬別，別人的理論不一定適用於你，如果盲目遵從，反而會給自己增加麻煩。

拿是否應該隔離測試相依來說，我參與過一個與 Kubernetes[5] 有關的專案，專案裡有一個核心模組，其主要職責是按規則組裝好 Kubernetes 資源，然後利用 Client 模組將這些資源提交到 Kubernetes 集群中。

要搭建一個完整的 Kubernetes 集群特別不容易。因此，為了給這個模組寫單元測試，從理論上來說，我們需要實現一套假的 Kubernetes Client 物件（fake implementation）—— 它會提供一些介面，回傳一些假資料，但並不會存取真正的 Kubernetes 集群。用假物件替換原本的 Client 後，我們就可以完全 mock 掉 Kubernetes 相依。

但最後，專案其實並沒有引入任何假 Client 物件。因為我們發現，如果使用 Docker，我們其實能在 3 秒鐘之內快速啟動一套全新的 Kubernetes apiserver 服務。而對於單元測試來說，一個 apiserver 服務足夠完成所有的測試程式，根本不需要其他 Kubernetes 元件。

透過 Docker 來啟動真正的相依服務，我們不僅節省了用來開發假物件的大量時間，並且在某種程度上，這樣的測試方式其實更好，因為它會和真正的 apiserver 打交道，更接近專案執行的真實環境。

也許有人會說：「這種做法不對啊！單元測試就是要隔離相依服務，單獨測試每個函式（方法）單元！你說的這個根本不是單元測試，而是集成測試！」

好吧，我承認這個指責聽上去有一些道理。但首先，單元測試裡的**單元**（unit）其實並不嚴格地指某個方法、函式，其實指的是軟體模組的一個行為單元，或者說功能單元。其次，某個測試程式應該算作集成測試或單元測試，這真的重要嗎？在我看來，所有的自動化測試只要能滿足幾條基本特徵：快、測試程式間互相隔離、沒有副作用，這樣就夠了。

5　Kubernetes 是目前一個相當流行的容器編排框架，由 Google 設計並捐贈給 CNCF。

單元測試領域的理論確實很多，這剛好說明了一件事，那就是要做好單元測試真的很難。要更好地實踐單元測試，你要做的第一件事就是拋棄教條主義，腳踏實地，不斷尋求最合適當前專案的測試方案，這樣才能最大地享受單元測試的好處。

13.4 總結

在本章中，我分享了一些開發大型 Python 專案的建議。簡而言之，無非是使用一些 Linter 工具、寫規範的單元測試罷了。

雖然我非常希望能告訴你：「用 Python 開發大專案，只要配置好 Linter，寫上型態註解，然後再寫點單元測試就夠了！」但其實你我都知道，現實中的大型專案千奇百怪，許多專案的開發難度之高，遠不是一些工具、幾個測試就能搞定的。

要開發一個成功的大型專案（注意：這裡的「成功」不是商業意義上的，而是工程意義上的），你不光需要 Linter 工具和單元測試，還需注重與團隊成員間的溝通，積極推行程式審查，營造更好的合作氛圍，等等。所有這些無一不需要大量的實踐和長期的專注。作為作者的我能力有限，無法在一章或一本書內，把這些事情都講清楚。

如果你正身處一個大型專案的開發團隊中，抑或正準備啟動一個大型專案，我希望你對本章提到的所有工具和理念不要停留於「知道就好」，而是做一些真正的落地和嘗試。希望你最終發現：它們真的有用。

除了本章提到的這些內容以外，我還建議你繼續學習一些敏捷程式設計、領域驅動設計、整潔架構方面的內容。從我的個人經歷來看，這些知識對於大型專案開發有很好的啟發作用。無論如何，永遠不要停止學習。

結語

本書的最後，請容我再多說幾句。

雖然本書自始至終都在說「如何把 Python 程式寫得更好」這件事，但我還是希望在最後提醒你：**不要掉進完美主義的陷阱**。因為寫程式不是什麼純粹的藝術創作，完美的程式是不存在的。有時，程式只要能滿足當前需求，又為未來擴展留了空間就足夠了。

在從事程式設計工作十餘年後，我深知寫程式這件事很難，而為大型專案寫程式更是難上加難。寫好程式沒有捷徑，無非是要多看書、多看別人的程式、多寫程式而已，但這些事說起來簡單，要做好並不容易。

親愛的讀者朋友，希望在未來的日子裡，你能寫出更多讓自己和他人滿意的程式，每天都能從 Python 中收穫樂趣。

再會！

Python 工匠｜案例、技巧與開發實戰

作　　者：朱　雷
譯　　者：22dotsstudio
企劃編輯：蔡彤孟
文字編輯：詹祐甯
設計裝幀：張寶莉
發 行 人：廖文良

發 行 所：碁峰資訊股份有限公司
地　　址：台北市南港區三重路 66 號 7 樓之 6
電　　話：(02)2788-2408
傳　　真：(02)8192-4433
網　　站：www.gotop.com.tw
書　　號：ACL066700
版　　次：2023 年 07 月初版
建議售價：NT$550

國家圖書館出版品預行編目資料

Python 工匠：案例、技巧與開發實戰 / 朱雷原著；22dotsstudio
　譯. -- 初版. -- 臺北市：碁峰資訊, 2023.07
　　面；　公分
　ISBN 978-626-324-517-4(平裝)
　1.CST：Python(電腦程式語言)
312.32P97　　　　　　　　　　　　　　　112007086

讀者服務

● 感謝您購買碁峰圖書，如果您
對本書的內容或表達上有不清
楚的地方或其他建議，請至碁
峰網站：「聯絡我們」\「圖書問
題」留下您所購買之書籍及問
題。(請註明購買書籍之書號及
書名，以及問題頁數，以便能
儘快為您處理)
http://www.gotop.com.tw

● 售後服務僅限書籍本身內容，
若是軟、硬體問題，請您直接
與軟體廠商聯絡。

● 若於購買書籍後發現有破損、
缺頁、裝訂錯誤之問題，請直
接將書寄回更換，並註明您的
姓名、連絡電話及地址，將有
專人與您連絡補寄商品。